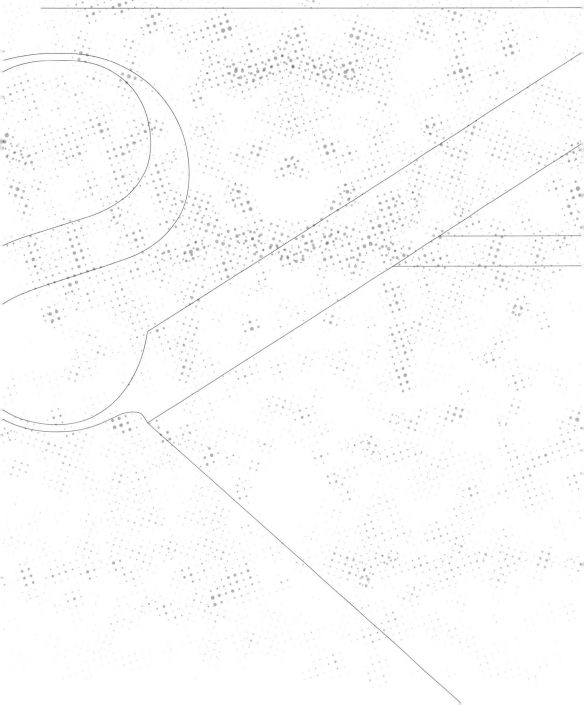

Development and Innovation Practice in
Science Popularization Resources

科普资源开发与创新实践

中国科学技术馆 编

社会科学文献出版社
SOCIAL SCIENCES ACADEMIC PRESS (CHINA)

编委会

前　言

为贯彻和落实《全民科学素质行动计划纲要实施方案（2016－2020年）》，加强高层次科普专门人才培养，引导和支持高校科普相关专业方向在读研究生积极参与科普工作实践，增强广大高校师生对科普工作的兴趣和创新创业能力，2017年中国科协科普部与中国自然科学博物馆学会、中国科技馆一起组织实施"中国科协研究生科普能力提升项目"（以下简称"项目"），对"科普展品及衍生品设计""新媒体科普作品创作""科普活动策划"等三类项目进行资助。2017年度，共计收到来自全国66所高校及科研院所的300份申报材料，最终有50个项目受到资助。项目均顺利通过结题验收，并且产生了一批包括展品、文创衍生品设计方案，科普视频、漫画及游戏等新媒体作品，教育活动方案等在内的成果。为了更好地展示项目成果，促进优秀项目成果转化，特将各项目结题报告修饰成文，集结出版。

目　录

科普展品及衍生品

1

新媒体科普作品

科普活动

科普展品及衍生品

植物的使命

——城市河道污水的生态治理

项目负责人：李霖

项目成员：王腾飞　李麓

指导教师：于历战

摘　要：项目以植物在水净化中的作用为出发点，通过设计手段给城市居民科普节水意识，同时通过设计改善城市空间景观氛围。植物生态景观的展示方式直接呈现给环境中的人群，给大众科普"循环生态生活"珍惜水资源的理念。设计中针对南长河沿线的植被类型、植物种类及其生长环境进行判读、识别和分类，选择可供景观设计使用的植物种类，以及值得保留的植物群落及生境。参照现有河流植被及其环境，对景观进行维护性种植设计，营造具备持续更新功能的河流湿地系统。综合城市湿地保护、合理利用、科普建设、合理分区等要求以及河流景观设计在安全、亲水、自然、生态、科普和文化等方面的要求，最终得出景观及其周边设计方案。

一　项目概述

（一）项目源起

水是生命的源泉，然而近几十年来水生态环境遭遇了不同程度的破坏，对城市居民用水安全和生活质量产生了极大的影响。曾经的河道是城市文化的源头，在这里文化交融碰撞。如何行之有效地保护河道、净化水质、改善水环境成为社会关注的话题。通过对各国河道治理发展历程的研究可以看出，由单一的工程治理向生态治理和生态恢复转变是河道整治的必然选择，是不可逆转的国际趋势。河道生态系统是在浩瀚时光中不断演变的，其进化趋势是内部秩序更为稳定、结构更为复杂。

（二）研究目的

生态作为文化体系建设的重要组成部分，对建设节水型社会和实行严格水资源管理制度具有重大意义。科普教育工作必须深入基层社区，在全社会形成节约用水、合理用水的良好风尚。

展示设计特别是开放性展览对科普工作具有积极的推广意义。引导和吸引观众、使展览信息得到更好的传达，是展示设计的首要任务。信息时代，展览除了作为展示场所和公众教育基地，更重要的是成为一个开放的社会空间。本项目将展示的研究从曾经对物与形式的研究，转向了对展示思维、空间、物、人等多种因素相互交织融合的整体的研究。同时通过对大量国内外相关文献资料的查阅以及实地调研和设计研究，最终选择生态主题科普，力图使水生态治理和展示设计并驾齐驱，为构建多元化发展的展示设计方式提供了新的设计思路和方法。

二　研究内容

（一）研究方法

首先，对于城市河道水污染治理的国内外文献进行阅读研究，了解目前的研究进展与存在的问题，探究未来设计的切入点。其次，搜索针对北京市河道的调研，以动态发展的视角了解此部分河道的发展历史、现存的问题以及潜在需求。通过实地走访，对于所在地段的重要节点进行调研分析，探讨不同地块的设计潜力。并且借鉴类型学的研究方法，对于不同地块的河道节点进行剖析，总结与探究符合环境的合理设计。最后，搜索已有的生态类科普与展示设计案例，论述评价不同方案在空间中构建采用的方法策略，以分析和总结为基础，为研究提供延展的思路、为设计策略提供参考。

（二）研究内容与过程

项目围绕以下几点科普知识展开研究：生态净水的原理、水质质量的识别、植物培育与维护知识、生态循环的生活理念。基于以上知识点，设计将从以下三点切入。

1. 构建人工与自然结合的物质形态

（1）景观生态技术的运用

结合景观生态学的相关知识，了解生态的设计规范，有效运用生态可持续的方法设计、建设河道周围的物质形态。例如场地内的植物种植、净化水处理、湿地修复、桥梁设计、服务设施设计等。

（2）基于可持续5R原则的生态材料运用

在设计中需要结合场地的具体条件，在尊重5R原则的基础上选取生态材料，运用生态技艺进行设计。

2. 场所展示模式的空间引导设计

（1）保证活动可能性的场所空间设计

根据环境行为学的调查研究，发现场地中的人群活动模式，运用空间设计的手段进行场所设计，以保证场所内人群需求的满足。

（2）场所空间界面的动态更新

为了营造一个受众喜爱的公共展示空间，场所内的空间要素需要不断丰富完善，这样才能保证场所的吸引力。这些空间要素的丰富完善可以通过场地内的人工设施以及绿植的时间性变化来实现。

（3）场所空间与活动模式的适应性转换

此处的适应性转换指的是由行为模式需要引发了场所空间的设计，同时场所空间的构建与使用也会影响周边居民的生活方式，从而引起两者的互动。所以在展示设计中不能忽视公共参与的作用，可以通过与参与者共同设计、参与者认领管理等方式形成良性互动（见图1）。

3. 唤醒地域历史文脉记忆

通过对唤醒地区记忆的事件与意象的梳理，展示元素与空间组合的设计，运用叙事性手法彰显地区特色。

将生态环境营造与展示设计结合，将河道景观规划设计、科普策划脚本、展示设计三步结合研究，并根据植物净化水生态的自身条件特征，归

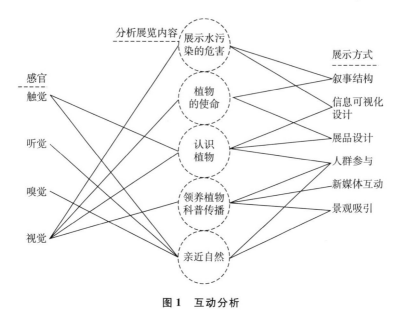

图 1　互动分析

纳和总结出展示设计原则和表现方法。设计将以生态治理为背景，在开放
式科技场馆中直接展示生态治水方法、科普水污染防治，实现教育、观赏、
实践等模式的人与自然和谐共处的自然科学科普展示设计。它在功能上与
传统意义上的景观设计、展览形式以及教育基地相区别。

（三）设计观点

南长河指的是长河南段，北起昆明湖的绣绮闸，南至北护城河的三岔
口。地处在居住功能组团中，周边用地多为二类居住用地，分布有商业用
地、游乐用地、游憩集会广场用地、教育用地和市政停车场用地。用地类
型多样，周边交通条件发达，城市交通性主干道、次干道，生活性主干道
围合场地，城市支路穿越场地。作为人群聚集地，这里作为科普场所首先
有人群互动保障，通过展示内容结合人视听触觉等，对展示方式定位。

南长河中段自身植被条件良好，同时富有场地特色，现已经存在诸多
类型的小生境，应该着意加以保护。由于河流水源与目标水质的差距不大，
用低成本的表流湿地就可以达到净化要求，可用以净化水的河段可以通过
几个表流地段串联的形式保证净化与科普效果。

三　研究成果

（一）展示设计

设计方案

基于公共开放空间的人本主义和绿色生态构成，城市生态科普展示应该既起到活跃城市居民生活的作用，又保障城市健康发展。完整的户外科普展示应该包含三个部分：特定场所下的活动模式、人工与自然相结合的物质形态、社会共有的意义积淀。根据这三方面且结合生态理念，制定了本设计项目的设计策略如下。①展示空间内容：水污染类型、污染比例对生态的影响、景观植被治理手法的运用、水污染危害、植被培育、植被维护。②展览空间类型定位：根据对现代展览空间的研究特点定位，设计一个开放、互动、展览与景观结合、场景式的科普教育知识展示。③科普展品：植物循环装置设计、科普性生态景观设计与规划。

（1）功能分区

分为城市休闲和水域保护两大区，参观、游览、科普活动主要发生在城市休闲区，保证水域保护区域的安宁，净化区域在紧靠城市休闲区位置并设置探索路径和观鸟屋等科普设施，充分合理地利用资源。

（2）水系与交通设计

水系设计上，通过案例分析得到几点处理经验可供吸取。①采用完全自然的驳岸，采用自然石材铺装以减少栈道基础对原有生境的影响；②采用全步行交通体系，路过水体不设桥梁，而设计与路面同高程的裂缝石块铺装，保证水体生态系统的连贯性。

（3）种植设计

种植设计采用模拟自然野生植物群落的设计方法，总体上形成陆生—湿生—挺水—浮水植被的植物群落结构。营造多种生境，如淡水、芦苇床、矮树林、林木区、草地等。

一条河流，其景观的基本要素是水系和植被，维护并发展其自身已形成的运行模式远比毫无根据的改造更有利于河流湿地生态系统的稳定和功能发挥。其设计的基本原则是：最大限度继承河道的整体形态；最大限度保留现状生境，并在此基础上，进一步拓展、丰富自然生境的类型；结合社会赋予河流水净化的功能，对水系进行水净化能力优化设计；对区域的整体景观进行维护性设计。

（二）产品设计

室内公共空间的雨伞放置架，让伞上的雨水浇灌底部的植物，方便又环保（见图2）。

图 2　产品设计

（三）结论与建议

项目计划在文献阅读、实地调研的基础上研究具有代表性的若干场所设计类型。分析这些场所类型的展示设计塑造潜力与对于城市生态发展的促进作用。基于生态设计的理论与方法，运用上述设计策略，重构受众生态生活理念。本项目结合科普展示尝试对河流湿地景观设计。从充分了解现状并分析得到景观特质指导设计，针对河流水净化选择搭配适生湿生植物，最终结合河道设计要求营造具备多样生境和丰富人类活动空间的城市科普景观。

本设计针对南长河中游现状条件良好的河道段进行景观设计，怀着对社会做出有益建设和希望经过历练的愿望，蹒跚而行，到此为一段落。其间经历，总结如下。

本项目依托实际景观项目、以社会需求为研究之本，实际项目提供研究之源。实地测绘的实施是关键，理论上大谈设计前应该如何搜集资料，

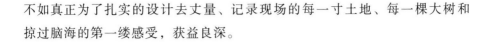

不如真正为了扎实的设计去丈量、记录现场的每一寸土地、每一棵大树和掠过脑海的第一缕感受，获益良深。

四 创新点

本项目以河道水生态空间重构为背景，重新发掘了城市河道污染防治对科普建设的价值，是从景观设计的角度对于城市绿带规划建设的反馈。比起自上而下的规划，更加细致地考虑城市边缘绿地的景观设计问题、体察居民的需求、考虑微观生态，最终提炼出此类绿地的设计原则与范例。

设计中利用可持续设计的 5R 原则——Revalue、Renew、Reuse、Recycle、Reduce 原则。在设计中结合场地的具体条件，在尊重 5R 原则的基础上选取生态材料、运用生态技艺进行设计。本设计在营造良好生态环境与科学展示水污染防治知识的同时，要将场地营造为集休闲、科教、实践于一体的，符合不同人群需求的空间还需要做更多的学习准备。

五 应用价值

对大部分植物而言，从播种到开花结果，其实并不像想象的那样简单。植物生长周期往往较长，根据植物种类的不同，其生活习性有很大区别，植物科普一直在寻找其最佳的传播方式。近年来，随着移动互联网和社交网络的迅速发展，出现了一种全新的文化趋势：人们开始热衷植物话题，越来越多的人也自愿参与进来。作为设计师，我们可以运用工具来引导用户的情感，例如使用形状和图形来创建我们所熟悉的事物和交互；选择字体、颜色和字体的粗细——在整个页面中创建层次结构；通过强调或弱化某些元素帮助用户阅读和理解接下来要发生的事情。我们可以把专业的术语转化为容易理解的图形，同时将美的元素融入其中，使之成为不可或缺的部分。科普设计综合了艺术、科学、美学、可用性，是理解了用户需求和行为的设计。在本项目中，我们探索了此类科普展示设计的普适性设计原则，希望为提升科普力量与城市生态健康可持续发展尽微薄之力。

参考文献

林玉莲、胡正凡：《环境心理学》，中国建筑工业出版社，2006。

陆邵明：《建筑体验——空间中的情节》，中国建筑工业出版社，2007。

彭一刚：《建筑空间组合论》，中国建筑工业出版社，2008。

陈德志：《隐喻与悖论：空间、空间形式与空间叙事学》，《江西社会科学》2009 年第
9 期。

葛坚、赵秀敏、石坚韧：《城市景观中的声景观解析与设计》，《浙江大学学报》2004 年
第 8 期。

孔祥伟：《宣言与叙事——关于当代景观设计学的思考》，《城市建筑》2008 年第 4 期。

龙迪勇：《叙事学研究的空间转向》，《江西社会科学》2006 年第 10 期。

陆邵明：《让自然说点什么：空间情节的生成策略》，《新建筑》2007 年第 3 期。

陈婉：《城市河道生态修复初探》，北京林业大学硕士学位论文，2008。

实体儿童互动游戏

项目负责人：郝雨

项目成员：蔚跃风　王晨阳

指导教师：李朝阳

摘　要： 本项目旨在将科学知识融入儿童互动游戏中，利用创新游戏地图设计，增加游戏交互方式设计，使用户在娱乐的同时，达到学习科学知识的目的。游戏将手牌知识点与游戏地图交互方式相结合，为知识点增加趣味性和多样性。游戏中，儿童通过选择游戏角色确定某类知识的学习方面后，可通过大卡牌了解具体知识详情与交互动作。游戏通过小卡牌强化交互方式，隐形强化儿童对交互方式所代表的知识点的记忆。游戏地图反复出现的知识点对应相应的交互动作，并结合骰子多样化游戏结果。通过注重知识的双向交互式传递，基于受众的科技知识经验，引导受众积极主动参与知识的理解与实践，鼓励受众通过自主探究式学习或与他者互动学习，而非单向、被动、机械地接受科学原理。

一　研究背景

近年来国家对科普的支持力度加大，全国科技馆等科普单位发展迅速，对科普文化衍生品的支持和投入力度加大。以中国科技馆为例，参观人数逐年增加，其商品也受到参观群众的支持和好评。

科普游戏，将知识的载体从书本变为交互式游戏，利用创新游戏地图设计和游戏交互方式设计，方便用户在娱乐的同时，达到学习科学知识的目的。科普游戏注重知识的双向交互式传递，基于受众的科技知识经验，引导受众积极主动参与知识的理解与实践，鼓励受众通过自主探究式学习或与他者互动学习，多感官而非单向、被动、机械地接受科学原理，寓教于乐。

科普文化衍生品收入是科技馆收入的重要组成部分，衍生品的类型、质量及消费者满意度直接影响着科技馆的整体收益。科普文化衍生品的发展有利于提高科技馆的整体经济效益，衍生品的带动作用将关系科技馆甚至科技领域的延伸发展。良好的衍生品开发模式与市场运行销售模式发展，将带动科技馆的运营甚至成为一个新的经济增长点。

二 研究过程

（一）研究目的

合理将科学知识融入科普文化衍生品设计中，有益于科技馆在弘扬科学精神、传播科学思想的基础上，延伸科普的长度及广度。将科技馆展品及其蕴含的科学知识，转化成衍生品，使消费者与科技馆展品的交互式体验延伸到其日常生活中，有助于消费者养成科学的价值观念，形成以消费者为中心的二次科普，最大限度拓宽科普传播的受众范围。本项目以游戏为载体，通过创新游戏地图设计和游戏交互方式设计，使用户在娱乐的同时，达到学习科学知识的目的。

（二）研究方法与路线

项目研究采用调查法、观察法、实验法与文献研究法等多种研究方法相结合，综合调研结果，确定游戏目的、游戏内容、游戏交互方式、游戏架构与迭代规则等，制定具体游戏调研结构、具体游戏研究方式与游戏研发架构（见图1、图2）。

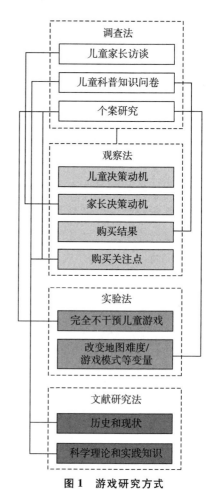

图 1　游戏研究方式

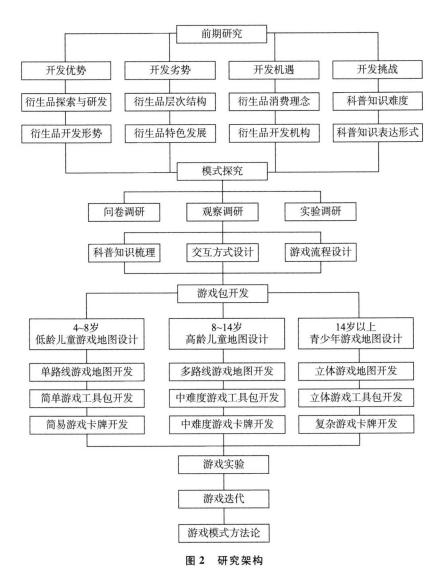

图 2　研究架构

1. 调查法

通过调研儿童感兴趣的科学知识点，发掘儿童对相应知识点的理解角度，综合运用历史法、观察法等方法以及谈话、问卷、个案研究、测验等科学方式，对教育现象进行有计划的、周密和系统的了解，对调研数据进行分析、综合、比较、归纳，从而发现儿童科普兴趣点的规律，优化游戏设计内容。

2. 观察法

在中国科技馆商店和王府井儿童玩具市场设立观察点，实地观察儿童和家长的购买决策过程中的影响因素和购买结果，观察购买过程中的问题和关注点，结合调查法，综合分析用户行为。

3. 实验法

（1）在不干预研究对象的前提下，认识引导研究对象使用儿童科普游戏地图和道具。

（2）改变地图变量：变换地图、增强或减弱地图难度，测试不同地图对游戏体验的影响。

（3）改变卡牌知识难度：变化卡牌知识点架构与难度，测试儿童在不同难度下对交互方式的理解与记忆程度。

4. 文献研究法

查找该课题文献，根据现有的儿童游戏设计科学理论和儿童互动实践的特点，结合科普产品设计相关文献，了解有关问题的历史和现状，结合问卷调研、观察法与实验法的相关结果，提出设计架构。

三　研究内容

（一）科普文化衍生品开发优势

1. 科普场馆和科普企业衍生品探索与研发

随着近年来科技支持投入力度的增大，全国科技馆等科普单位发展迅速，对科普文化衍生品的支持和投入力度加大，从理念、设计、研发等方面着手，关注科普文化衍生品的探索，将科普文化衍生品的发展作为科技馆发展建设中的重要部分。以中国科技馆为例，科技馆建设投入力度极大，参观人数逐年增加，科技馆商品受到参观群众的支持和好评，尤其是与科技馆展品相关的特色玩具，销售数量明显多于其他普通玩具。由此看出，与科技馆展品结合紧密的科普文化衍生品受消费者喜爱的可能性更大。

2. 全球衍生品开发形势

近五年来，国内外各类博物馆、艺术馆、科技馆及旅游景区皆掀起了特色衍生品开发的浪潮，成熟的衍生品开发为其带来了巨大的利润。2015

年全球衍生品市场零售额已经达到 2517 亿美元，较上年同期增长 4.2%。其中，美国和加拿大是全球最大的衍生品市场，达到了 1455 亿美元，比上年增长了 3.9%，占全球市场的 57.8%；其次是西欧，特别是英国、德国、比利时和荷兰，衍生品市场收入共计 518 亿美元，全球占比从 2014 年的 19.8% 上涨到 20.6%，前景广阔；再次是东亚，收入 235 亿美元，占比从 2014 年的 9.1% 上涨到 9.3%，其中中国以 76.1 亿美元（约合 507.6 亿元人民币）的授权市场规模名列全球第五，占全球品牌授权市场的 3.0%，同比增长 23.9%，成为全球授权市场增长最快的国家之一（见图 3）。LIMA 的主席 Charles Riotto 谈到："2016 年的调查结果显示，知识产权的许可商品继续受到世界各地消费者广泛欢迎。全球衍生品市场规模的不断扩大，说明特许授权行业正在全世界扩张。"比如大英博物馆 2016 年相关衍生品的营业额高达 1000 万英镑，精美的衍生品浓缩了其精品展项与特色文化，为消费者带来更多愉悦的自主式消费体验。

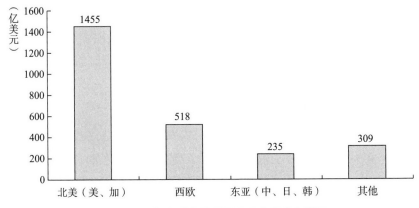

图 3　2015 年全球各地区衍生品市场收入情况

3. 国内其他展馆衍生品研发模式

国内其他展馆，尤其是艺术相关的博物馆与艺术馆的衍生品开发程度相对较深，主要从艺术和馆藏本身出发，将展品进行再深度创作及加工，将原有的精美艺术品与典藏转变成可供消费者购买和把玩的小商品，或者将经典的馆藏艺术品比如雕塑、书画、文物器具等，通过现代化制造工艺复制或以此为原型再创作，将其演变为可以带回家的艺术品。这在增强艺术品推广的同时，提高了其展馆的知名度与经济收益。

从衍生品类型来看，娱乐/角色形象类（包括电影和电视节目）的衍生产品 2015 年创造了 1132 亿美元的收入，占全球特许商品销售额的 45%。其中，玩具类衍生品收入达 337 亿美元（占总额的 13.39%），仅次于服装类（收入 379 亿美元），而时尚配饰类为 285 亿美元（11.3%）。

（二）科普文化衍生品开发劣势

1. 难以满足不同消费人群需求

就消费者年龄结构不同造成的需求差异而言，目前大部分科技馆的科普文化衍生品以低龄儿童玩具为主，造成可适用的人群受限。以上海科技馆为例，其科普文化衍生品仅限于玩具，与国外科普文化衍生品相比，种类少而单调乏味，与科技馆受众的多年龄层次、多需求的现状不符，与现代社会大众科普的发展趋势相违背。

就消费水平不同造成的需求差异而言，科普文化衍生品消费者的消费水平及文化素养不同，由于其购物偏好不同，科普文化衍生品应该满足不同层次消费者的消费需求。高档消费人群较为期待性能完善、做工精良、包装精美的家居摆件或科技新品；消费能力处在中低层次的消费者更愿意选择物美价廉、使用方便的生活用品或耐用的儿童玩具。

2. 展馆特色不足

科普文化衍生品不仅仅是愉悦儿童的商品，更应该是能沿承科技馆展品展项内涵、提供多感官交互体验、启发受众延伸思考的产品。此商品需要准确传递科学知识，又要启发受众思考科学原理，引导受众交互式学习，促使受众思考所传达知识以外的更深层次内涵。

3. 发展理念创新不足

近年来各科普机构虽然陆续推出数量规模较大的科普文化衍生品，但是其与科技馆展项关联较弱，同时缺乏系统性。大部分科普文化衍生品都是独立存在的，主题性与系统性太弱。科普文化衍生品生产者研发能力较弱，主要依托市场已有玩具，对特色科普展项的衍生品设计能力较差，创新科普文化衍生品的意识淡薄，生产经营方式与营销方式相对落后，只考虑单件物品的销售数量，没有主题性与系列性的规划，无法做到迭代式持续发展，进而影响了科普文化衍生品的生产和销售。

（三）科普文化衍生品开发机遇

1. 消费者认知

近年来，科普文化衍生品销售额持续增长，在政府加强旅游景点衍生品消费规范后，社会大众对衍生品的认识有所改观。原本消费者认为衍生品价格过高，实用性不强，冲动消费较多，后续实用功能不能达到日常生活用品标准，低质高价。但近年来消费者对衍生品的认识逐渐转化，认为衍生品设计风格有别于日常生活用品，大多数艺术馆及博物馆的衍生品具有一定的艺术价值，基本能符合消费者的喜好与追求，虽然价格比日常用具略贵，但是消费者愿意为其承载的文化价值买单。

2. 科普机构开发力度

近年来，科普机构和相关科普企业对文化衍生品的开发力度持续增大，对科普文化衍生品的关注程度越来越高。部分机构组织的大型比赛和项目研发，都明确强调对科普文化衍生品的大力支持。科普文化衍生品的经营和管理制度也逐渐完善，精心策划和组织有价值、有创意的科普文化衍生品展销活动，推进科普文化衍生品走向大众日常生活。

3. 品牌市场效应

目前以北京故宫博物院及台北"故宫博物院"为首的博物院衍生品品牌市场规模逐渐扩大，对展馆类衍生品品牌开发的市场推广起到了良好的探索作用，为其他展馆机构探索自身品牌市场提供了巨大指导。

（四）科普文化衍生品开发面临的挑战

优秀的科普文化衍生品既要准确传达科学原理或知识内容，又要避免简单枯燥的知识灌输。将体验式、多感官互动融入其中，增加了科普文化衍生品的研发和生产难度。对于原理的准确把握、对多感官交互方式的研究、对材料工艺等生产环节的把控等都具有较大难度，或可能成为科普文化衍生品走向大众的阻碍。

四　研究成果

本项目采用交互式地图游戏的方式，开发了一套实体儿童玩具，以纸质游戏地图为载体，将科学知识融入游戏地图设计及游戏交互方式设计过程。通过卡牌或掷骰子的简单交互方式引导用户使用地图，随机性的交互可以使用户全方位、多角度地了解某知识体系，从而改进原本静态的、单维度的知识传递形态。单人或多人互动参与，使受众在娱乐的同时，了解更多科学知识，注重知识的双向交互式传递。基于受众的科技知识经验，引导受众积极主动参与知识的理解与实践，鼓励受众进行自主探究式学习，而非单向、被动、机械地接受科学原理。

（一）鸟类科普游戏设计

1. 鸟类科普知识梳理与交互方式提取

以鸟类科普为主题，根据文献资料了解鸟类的历史演进、生理结构特征、物种分区及生活习性，可进一步将鸟类分为六种。对不同鸟类的行为、生活习性、生存劣势进行归类总结，并通过问卷访谈与观察法等调研，结合交互方式相关文献，总结归纳出不同鸟类对应的 6 种属性维度（觅食类别、栖息属性、飞行属性、行走属性、生存环境属性、生理属性）的交互动作，并将属性维度归纳为简易名词（小虫、树木、高山、陆地、湖泊、排便），便于低龄儿童进行抽象认知联想与具象记忆（见表1）。

表 1　鸟种分类

种类（代表鸟）	擅长	习性	劣势	游戏交互
游禽（大雁）	飞行	可长途迁徙	常被猎杀	途中遇到山河湖可直接跨过
涉禽（水鹭）	隐蔽水草中	喜湿地鱼虾	湿地减少	可在水草中躲避攀禽进攻
猛禽（金雕）	升降	捕食猎物	食量大、难存活	可远途传送到有猎物食物地
攀禽（啄木鸟）	隐蔽	喜欢树木	易被捕杀	可在树木处补充能量和隐蔽
陆禽（长尾雉）	陆地行走	求偶争斗	不善远飞	可在陆地上获得 2 倍行速
鸣禽（百灵）	鸣叫	色泽艳丽	喜玩行慢	可通过鸣叫增加生命值

2. 鸟类科普游戏步骤分析

鸟类科普游戏主要设计为以下几个环节：抽签选择游戏角色（鸟类）；选择路线；认识卡牌上的知识点，记忆知识点对应的交互方式（后退/前进/补充能量），初步认知游戏规则；通过小手牌强化知识点与交互动作的对应关系；通过投掷骰子，决定后续的基础游戏动作；识别所在地图上的图案，完成图形对应的交互动作，隐形强化知识点记忆；反复上述操作，直至到达相应目的地。

3. 鸟类科普游戏实体设计

通过大卡牌展示鸟类属性特点，运用通俗的语言将知识与交互方式相对应。手持式鸟类角色卡牌正面为各鸟类代表品种，卡牌背面为知识点对应的游戏交互动作（见图4）。

图 4　手持式鸟类角色卡

通过文献调研和问卷访谈等基础数据收集，制定初步游戏架构；采用实验法，在不干预研究对象的前提下，引导研究对象认识和使用儿童科普游戏地图和道具，如逐渐改变地图变量（变换地图、增强或减弱地图难度）测试不同地图对游戏体验的影响，改变卡牌知识难度、测试儿童在不同难度下对交互方式的理解与记忆程度。经过系列观察与对比实验，项目组不断优化游戏地图，调整知识点难度与游戏交互方式，并针对不同年龄段儿童认知特点，设计了不同难度的游戏地图和交互模式（见图5）。

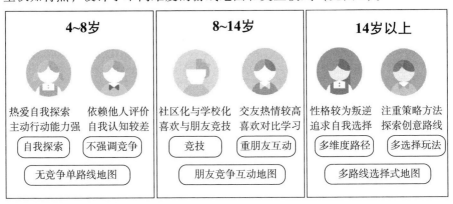

图 5　不同难度的游戏地图和交互模式

（二）罕见病科普游戏设计

1. 罕见病科普知识概述

罕见病是指那些发病率极低的疾病，根据世界卫生组织的定义，罕见病为患病人数占总人口 0.65% ~1% 的疾病。国内为人熟知的罕见疾病包括苯丙酮尿症、地中海贫血、成骨不全症（俗称玻璃娃娃）、高血氨症、有机酸血症、威尔森氏症等。

中国罕见病发展中心整理出了 269 种罕见病名录，其中相对常见的有24 种，包括"渐冻人""瓷娃娃""企鹅人""不食人间烟火的孩子"等。"白塞病"患者在我国估计超过 100 万人，亦无公认的根治办法。而我国"渐冻人"群体估计有 20 万人，"瓷娃娃"有 10 万人。

2. 罕见病科普游戏实体设计

通过大卡牌展示罕见病症状特点，运用通俗的语言将知识与交互方式相对应。手持式罕见病角色卡牌正面为该类代表名称，卡牌背面为知识点对应的游戏交互动作（见图 6）。并针对不同年龄段儿童的认知特点，设计不同难度的游戏地图和交互模式。

图 6　手持式罕见病角色卡

五　总结与思考

本项目的难点在知识梳理内容与游戏地图的结合方式上，如何把知识准确、简洁、有趣地融入游戏地图及交互方式中，让受众既能学习到相应知识又能满足娱乐需求。

本项目最终以交互式游戏为载体，通过创新游戏地图设计和游戏交互方式设计，让用户在娱乐的同时，达到学习科学知识的目的。该形式注重知识的双向交互式传递，在受众的知识与经验上，引导受众积极主动参与知识的理解与实践，鼓励受众通过自主探究式学习、与自我或他者互动学习。通过本项目，我们认识到科普寓教于乐的重要性，更加清晰了解游戏制作的重难点，从实际调研中，感受到了儿童科普游戏给儿童和家长带来的乐趣。

参考文献

杨媛媛：《科技馆科普文化衍生品开发探究》，《科技视界》2016 年第 27 期。

王俊卿、孙颖：《科普博物馆衍生品开发设计研究》，《价值工程》2016 年第 2 期。

赵梅：《博物馆的最后一个展厅——浅论博物馆文化产品开发》，载《2014 年学术前沿论坛文集》，2015。

吴凡：《科普场馆展教衍生品的现状与发展对策》，《科技馆》2008 年第 2 期。

智研咨询集团：《2017－2022 年中国衍生品行业市场深度调研及投资前景分析报告》，2017 年 2 月。

"夜空中的星"

——定制版3D打印星球灯

项目负责人：喻红

项目成员：李培猛　何帆　呼斯勒　刘鹏勇

指导教师：任秀华

摘　要：科普衍生品是科技馆科普文化产业的重要组成部分，是连接科技馆与大众的纽带。本项目梳理了国内外科普场馆衍生品的发展现状，提出了科技馆衍生品设计原则。科技馆衍生品是以场馆教育使命和展品为依托，针对不同参观人群设计的具有科普性、功能性和艺术性综合特征的科普文化产品。本项目自主开发与设计的"定制版3D打印星球灯"是一个悬浮式的家用小夜灯，也是展示星球地貌与色彩的教育展品。家居电器与艺术品的结合，符合现代人追求精致生活的理念，也实现了多感官的教育体验。

一　项目概述

（一）研究背景

科技馆科学普及的作用和教育功能日益重要，催生并发展了自己的科普文化与产业。科普衍生品将科学、艺术、生活融为一体，成为科技馆科普文化产业的重要组成部分。[①] 观众通过衍生品把科技馆里的体验延伸到日常生活中。目前科普衍生品还未形成可借鉴的设计原则与标准，故本项目

---

① 杨媛媛：《科技馆科普文化衍生品开发探究》，《科技视界》2016年第9期。

进行衍生品的文献梳理，以期获得可供借鉴的设计原则与标准，并以定制版 3D 打印星球灯加以说明。

（二）研究方法与技术路线

本项目主要运用文献分析法和实验法，通过对国内外科普衍生品发展现状的研究，结合科技馆特征，总结出科技馆科普衍生品开发原则。再根据总结的开发原则与方法，设计星球灯科普衍生品案例。最后对作品进行评估，总结项目核心理念。综上所述，本项目的研究方法与技术路线如图 1 所示。

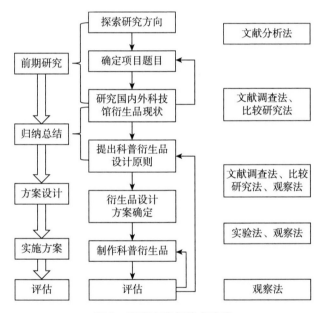

图 1　研究方法与技术路线

二　研究内容

（一）科普衍生品的意义

科技馆属于博物馆的范畴，具有展品收藏、科学研究和教育传播的属性。科技馆科普衍生品是指与场馆的展品或展教理念相关的衍生产品，具有延续参观体验的意义。

第一，教育延续。科普衍生品是具有教育意义的商品，游客们可以通过购买商品获得商品附带的教育价值。

第二，对展品的补充。科技馆通过展品展示科学知识、引发观众对科学的兴趣等，衍生品同样可以实现展品的部分功能，并能突出艺术感和功能性，因此衍生品是对展品的重要补充。

第三，延续与展品交互的体验乐趣。博物馆和科技馆从静态的藏品展示场馆逐步发展为具有可交互、带来愉快学习体验过程的场馆。场馆开发交互式衍生品，能够让参观者延续与展品交互体验的乐趣。

第四，场馆的代表性。科普文化衍生品往往带有独特的场馆印记，可以是内容的独特性，也可以是博物馆的标志。这是一个非常简单且独特的方式，可以满足游客们炫耀他们参观过这里的需求。

第五，场馆使命的延伸。场馆也有自我驱动力，希望能通过某些介质将自己的理念和使命感传达给观众。比如挖掘了地区的历史、文化自豪感。

（二）国内外发展现状

科普衍生品是科普场馆的映射，一系列可以激发孩子想象力、创造力的衍生品也是教育孩子的重要课程。

1. 重视技能建设

展品的目的是激发孩子的创造力，所以衍生品店选择的产品也是基于开发儿童动手操作技能而开发设计的。科技馆鼓励孩子们动手实践的学习方式，科技馆科普产品让孩子继续锻炼动手操作的学习能力，是一种技能建设。[①]

2. 重视产品的迭代

美国每年都会举办不同规模的衍生品推介会，衍生品推介会大多由展览供应商举办。这些展览的供应商专门了解了他们科普场馆客户的需求，使他们的产品能不断更迭实现排他性，同时符合衍生品发展趋势。

3. 与科技场馆展品或展览相结合

科技馆的经典展品和特色展览是礼品开发的灵感来源。通过与展品的

---

① Natalie Hope McDonald, "Toys, Toys and More Toys-The Most Popular Plush at Children's Museums," *Souvenirs, Gifts & Novelties*, 2016（11）.

互动激发观众好奇心，进而促进观众主动学习展品中所蕴含的科学知识和科学精神。展品或展览主题的延伸可以有效地激发观众对产品的认同感。场馆必须激发思维并追溯到科技馆的展品来帮助促进和鼓励客人保持好奇心。[1]

4. 突出传统科技

我国古代科技智慧闻名中外，专家们通过查阅历史文献和实践探索还原古人的智慧，精心打磨一件件展品和衍生品。因工艺精湛且具有纪念价值其常被用作文化交流的礼品。

5. 突出文化艺术特征

从国内博物馆衍生品目前的社会认知状况来看，科普文化衍生品集中在文化艺术的延伸，探索博物馆艺术教育，促进博物馆艺术教育的发展上，提供一个让观众认识和了解博物馆文物的契机。

三　研究成果

（一）衍生品设计原则

经过对国内外文献的梳理，及对科普场馆的衍生品发展现状、产品特征、场馆经验及发展趋势的综合考量，本项目提出科普场馆衍生品是以科普场馆教育使命和展品为依托，针对不同参观人群而设计的具有科普性、功能性、艺术性综合特征的科普文化产品。

具体来说，科普性包含教育功能（知识、技能）和展品的延伸功能（展品或展览、可交互、多感官刺激）；功能性包含纪念功能和实用功能（吃、穿、用、玩）；艺术性包含趣味性（有趣、色彩、造型、风格）、潮流或经典、个性化以及情感的激发。

综上所述，科技场馆衍生品设计原则包括科普性、功能性和艺术性，如表1所示。

---

[1] Natalie Hope McDonald, "Jewelry and Art-How Museum Gift Shops Are Standing Out with Accessories," *Jewelry*, 2015（5）：102 – 110.

表 1　科技场馆衍生品设计原则

设计原则	特征	关注点
科普性	教育功能	知识；技能
	展品的延伸	展品或展览的关联性；可交互；多感官刺激
功能性	纪念功能	场馆标识
	实用性	吃、穿、用、玩
艺术性	趣味性	美观（颜色、造型）；有趣；风格
	潮流或经典	主题相关性；社会相关性
	个性化	场馆特有性；可定制
	情感激发	喜好：可爱、滑稽、神秘

（二）星球灯的设计与展示

1. 星球灯概述

"定制版 3D 打印星球灯"是一个悬浮式的家用小夜灯，也是展示星球地貌的教育展品。星球与灯具的结合，使观众有"夜空中的星"的情感带入，并使家居小电器与艺术品相结合，符合现代人追求精致生活的理念。双色灯光选择和无极变光的电路设计满足了不同场景和个人喜好的需求，触控式开关、内置锂电池和低功耗电路使灯具摆脱了有线的障碍，促成了优质的用户体验。该产品主要由照明球体（浮子）和磁悬浮基座两部分组成，系统框如图 2 所示。

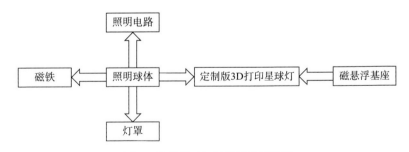

图 2　定制版 3D 打印星球灯系统

（1）照明球体（浮子）

将 3D 打印球体灯罩和照明系统内置于球体，使球体完整、美观和有趣。

①悬浮灯罩内置 LED 照明电路和可充电锂电池，通过触摸开关控制照明系统的开关与模式切换。②3D 打印球体灯罩。利用精准的 3D 打印技术，灯罩还原星球表面地貌纹理。打印材料使用可生物降解无毒聚乳酸（PLA）材料，并具有食品安全性。还原星球地貌纹理，可在视觉和触觉上更有真实感，达到多通道感官教育目的。

（2）磁悬浮基座

小夜灯底座设计为反馈式闭环磁悬浮系统，照明灯体（浮子）内置强力磁铁，保证稳定悬浮，使该展品具有科学性和趣味性。磁悬浮系统的应用，使台灯漂浮于半空中并且能够自转，极大地提高了家居用品的观赏性和科技感。

2. 设计方案

本项目依据科普性、功能性和艺术性所开发，以期从人们的情感上激发对产品知识点的关注。该产品实现科普星球地貌、颜色等科学知识的科普性；实现作为家用灯具的功能性；实现造型独特的艺术性和悬浮状态下的情感激发。

（1）科普性

通过前期的调研和权重分析最终选择星球纹理、色彩作为本项目主要展示的知识点。

第一，3D 打印还原纹理特征。3D 打印是有效实现小规模和定制生产的手段。首先，本项目根据星球的三维模型数据，设置合理的打印参数，如壁厚、支架和打印速度等，得到适合本项目的星球灯外壳，并对灯罩纹理进行适当修改，如去除支架并打磨光滑。

第二，主色调灯光还原星球色彩。色彩是对产品的最直观感受之一。本项目还原星球主色调，辅以特征纹路，直观表达星球色彩特征。本项目中的星球灯主色调由灯光决定，特征纹路由手绘上色。

（2）功能性

观众对星球最感性的认识是夜空中隐约可见的星星。因此本项目将这种点点星光的特征延伸到生活中常见的发光体中，即照明工具——黑夜中的灯。

本项目在白天时为观赏艺术品，夜间可为照明工具。照明的功能由照明电路实现，该照明系统由双色/多色 LED 灯、触控开关、可充电锂电池及无极调光电路等部分组成。

（3）艺术性

从艺术性角度出发产品应具有观赏性和趣味性。色彩和造型特征能迅速引起人们的关注和情绪带入。因此我们突出星球的色彩和纹理，写实的同时增加了艺术的美感，使产品具有吸引力。

首先，纹理触摸。本项目对星球表面纹理、表面的光滑度、视觉明暗美感做了适度的改善，使产品具有吸引力。月球、地球、水星、火星均构造了凹凸纹理，在触觉上给人以冲击体验。

其次，个性化趣味体验。该产品提供个性化自主装配体验。观众可自主组装星球灯，并为星球灯手绘上色。星球灯由灯罩、内置照明电路、磁铁、悬浮基座4个模块组成，学生在辅导员的引导下组装完成完整产品。整个过程操作简单又有教育意义。

最后，科技融合。产品通过悬浮装置体验互动性及变化性，可以激发观众的好奇心，从而增强观众对产品的持续力，激发人们对产品的科学技术和知识点的关注。

木星利用光敏颜料在紫外灯照射下才能显示颜色的特点，实现了木星的纹理变化，增加了科技感。

（三）作品展示

本项目的产品融合了科普性、功能性和艺术性，月球、地球、火星、木星的星球纹理和色彩见图3、图4、图5、图6，悬浮特征见图7、图8。

图3　月球展示　　　　　　　　图4　地球展示

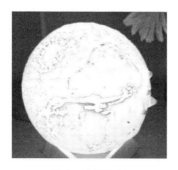

图 5　火星展示

图 6　木星展示

图 7　月球悬浮展示

图 8　水星悬浮展示

四　总结与思考

（一）创新点

1. 总结科技馆衍生品设计原则

本项目通过综合梳理国内外科普场馆的衍生品发展现状、产品特征、场馆经验及发展趋势，总结并提出了科技场馆衍生品的内涵和设计原则。科技场馆衍生品是以科普场馆教育使命和展品为依托，针对不同参观人群设计的具有科普性、功能性、艺术性综合特征的科普文化产品。

2. 开发具有触摸感的星球产品

目前市面上有各类关于星球的商品，大多以平面贴图的形式呈现星球特征。没有开发出拥有八大行星纹理触感的产品，而星球表面纹理对于立体科普星球知识是非常有必要的。因此本项目做创新性尝试，利用 3D 打印技术的优越性，制作行星集的 3D 作品——星球灯。

3. 开发个性化磁悬浮组装产品

通过模块化的产品组件，让观众动手制作属于自己的磁悬浮产品，从而学习磁悬浮技术的原理，让科技简约化。

（二）应用价值

本项目中的 3D 打印星球灯案例，基本验证了科技场馆衍生品设计原则的可行性与合理性，实现科普性、功能性和艺术性三项特征指标的同步。

为科技馆衍生品的开发设计提供借鉴依据。本项目给出科技场馆衍生品设计原则一览表，并通过案例的设计与开发验证设计原则，供他人评判与借鉴。

本项目成果可用作承载星球色彩和陨石坑知识的教具。通过视觉、触觉等多感官刺激与互动引起了观众对产品所蕴含的科学知识和科学技术的关注，优化科技场馆的延伸体验，实现了科技场馆衍生品的教育功能。

（三）思考

在本项目的案例开发中，3D 打印技术和磁悬浮技术本身的不成熟和不稳定，以及个人能力的限制，导致产品的外形和稳定性均有所欠佳，与真正的产品还有很大的差距。合格的产品需要保证安全性和稳定性。

另外，国外衍生品产业包括场馆的内驱力、与供应商的合作、设计专家的开发、衍生品中心的导览设计及员工培训等，拥有完整的产业链和成熟的经营模式，也有相关领域专家定期发表研究成果。而我国仍处于衍生品开发初级阶段，在各方面都比较薄弱，还有很长的路需要探索。

"不插电"的计算思维教育桌游

项目负责人：张亮

项目成员：张勇利　顾巧燕　鲁婷婷

指导教师：张进宝

摘　要：随着信息时代，尤其是人工智能时代的到来，计算思维的培养越来越受到重视。因此，笔者开发了一款桌面卡牌游戏，通过寓教于乐，在游戏中有效地提升青少年的计算思维能力。该游戏利用实体棋盘、道具、卡牌等对青少年的计算思维能力进行启蒙。它体现了程序设计中的顺序、循环、过程的声明和调用等核心思想，并且可以在游戏中锻炼问题分析和解决能力、沟通表达能力等。同时在游戏中能够进行科普教育。通过对比相关计算思维问卷的前测、后测发现，该游戏对青少年计算思维水平的提升有显著作用。

一　项目概述

（一）研究缘起

进入 21 世纪，信息技术突飞猛进。全球对具备较高计算思维水平的人才的需求量越来越大。因此，计算思维的培养越来越受到重视：英国教育部规定孩子从 5 岁起就得学习使用算法公式编程；美国前总统奥巴马宣布投入 40 亿美元推行"全民电脑科学教育"计划；中国教育学会会长钟秉林表示《高中信息技术课程标准》中已经明确地将计算思维作为信息技术学科的核心素养之一。

然而据调查，很多学生在学习编程时感觉很难。究其原因，是在之前的学习中缺少计算思维的启蒙教育，而计算机编程的学习在很大程度上受学生的计算思维水平的影响。因此，设计本桌面卡牌游戏的主要目的之一就是通过寓教于乐，在游戏中有效地提升青少年的计算思维能力。

本项目希望设计一款有教育意义的、线上线下结合的桌面卡牌游戏，以提升青少年的计算思维能力，同时在游戏过程中普及科学知识。

什么是计算思维呢？计算思维是美国卡内基·梅隆大学（CMU）计算机科学系主任周以真（Jeannette M. Wing）教授于2006年提出的。她在美国计算机权威刊物 *Communications of the ACM* 上首次提出了计算思维（Computational Thinking）的概念："计算思维是运用计算机科学的基础概念去求解问题、设计系统和理解人类的行为。它包括了涵盖计算机科学之广度的一系列思维活动。"[①] 简言之，计算思维是利用计算机科学解决问题的一种强有力的思维方式。[②] 它包括分析、预判、问题求解等思维能力。计算思维的本质是抽象和自动化。[③]

假如你是一位外卖送餐员，手里已经有一些待送的外卖了，这时又来了几个可以送的新订单，要不要接，接哪些以让自己在最短的时间内送最多的外卖，选择哪条路线送餐，按什么顺序送最合理，这都用到了计算思维。良好的规划能让你在有限的时间内送出更多的快餐，赚更多的送餐费。

在本桌面卡牌游戏中，玩家通过操作游戏角色，力求以最快速度到达目标位置。在此过程中，游戏角色必须避开或清除路径上的障碍，用最少的步数率先到达终点位置。

同时，我们将在游戏中以"机遇牌""风险牌""问答牌"等形式加入大量最新的科学知识，渗透科学态度与科学精神，同时使游戏更加有趣、有知识、有价值。

（二）研究过程

第一，查阅文献资料。全面了解在计算机科学等学科中所能够体现出

---

① Jeannette M. Wing, "Computational Thinking," *Communications of the ACM*, March 2006, 49 (3): 33-35.

② 孔德宇：《基于计算思维的大学计算机基础MOOC课程模式研究》，河南师范大学硕士学位论文，2015。

③ 董荣胜：《计算思维与计算机导论》，《计算机科学》2009年第36期，第50~52页。

来的计算思维。

第二，购买、分析类似玩具。购买、分析市面上可以买到的各种能够培养计算思维的棋牌玩具等，典型的如 ROBOT Turtles、跑跑龟、Code Master 等。通过深入研究其规则并进行试玩，了解它们的长处和不足，为设计一款更完善、有趣的教育性桌游卡牌积累经验和灵感。

第三，设计规则。设计的原则是难度由小到大，复杂性逐步增强，不断在学生的最近发展区中提高其能力，引导其在"不插电"的游戏中感悟计算思维中的核心算法思维。在不断抽象、简化、重用、修正的过程中，让学生理解计算思维并掌握相应能力。

第四，设计卡牌、道具。找专业平面设计人员进行卡牌、道具等的设计并反复讨论修改。

第五，设计课程。设计开发以该卡牌作为教具的课程，包括教学中使用的示例关卡，要培养学生的何种能力等。

第六，开发程序。找专业人士开发服务器端程序，用于随机获取问答题目和机遇风险题目。

第七，形成题库。阅读科技类科普图书、文献资料，收集适合的知识点进行改编，作为问答题目和机遇风险题目题库。

第八，实施课程。开展课程，针对课堂真实发生的教学活动和学生、家长的反馈修改卡牌和课程。本课程已于 2017 年 11 月 19 日、11 月 26 日、12 月 3 日先后开展了三次。

第九，问卷调查。在课程开始前，对学生进行问卷调查，了解其基本信息、知识基础和已有经验等。并利用 Bebras 国际计算思维挑战赛改编的试题进行前、后测。

第十，数据分析。对前、后测的结果进行分析比较，对课程进行照相、录像、录音，并根据相关量表或量规进行分析。在 2017 年 12 月 3 日开展的课程开始前让每位学生做了 Bebras 国际计算思维邀请赛中的部分相关测试题，并在课程结束后对学生进行了后测。共有 4 道题目，前、后测的结果如表 1 所示。前测平均得分率仅为 20.8%，课程结束后得分率提升到 58.3%。

表 1　前测和后测结果

单位：分

项目	前测				合计	后测				合计
学生	题目 1	题目 2	题目 3	题目 4	—	题目 1	题目 2	题目 3	题目 4	—
A	1	0	1	0	2	1	0	1	1	3
B	0	0	0	0	0	1	0	1	0	2
C	0	0	1	0	1	1	0	1	1	3
D	0	0	0	0	0	1	0	0	1	2
E	0	0	1	0	1	0	0	1	0	1
F	1	0	0	0	1	1	1	1	0	3
总计	—	—	—	—	5	—	—	—	—	14
得分率	—	—	—	—	20.8%	—	—	—	—	58.3%

（三）主要内容

1. 确定卡牌和道具的种类、数量，以及游戏规则

研究人员试图开发一种提升青少年计算思维能力同时进行科普的游戏。通过深入研究计算思维相关的卡牌类、棋类桌面游戏规则并试玩，取长补短，设计开发了本卡牌游戏。并在课程中进行实践，获取反馈信息，再对卡牌、道具和规则进一步完善。

该游戏可以由 2～4 位玩家和 1 位裁判共同完成。最先让自己的游戏角色到达目标的玩家获胜。每局游戏用时 15～30 分钟。

棋盘由 8×8 的格子组成。每位玩家顺时针轮流出牌发出行动指令，由裁判按照指令进行操作，每次让对应的游戏角色在棋盘上执行一个操作。玩家（扮演程序员）不得自己动手操作棋盘上的角色，只能通过出牌下达指令，由裁判（扮演计算机）按照玩家的指令操作对应的游戏角色，同时裁判将维护游戏规则。

每局游戏至少有 2 位玩家。当有 4 个玩家同时游戏时，可以两两结成盟友进行对抗（当然也可以不结盟而各自为战），同盟的 2 名玩家只要有一位第一个到达终点，则该同盟获胜。

每局开始前，由裁判参考游戏说明书给出的若干种初始布局来设置，

也可由玩家在棋盘上互相设置障碍物，这样每局游戏玩家所面对的障碍可能都是不同的，注意障碍物不得造成对方理论上无法到达终点。障碍物的数量可以自主协商安排，初玩者可适当减少障碍物的种类和数量。

　　游戏角色可以走到浇灭后的火堆的位置，但不能与其他玩家的游戏角色共占一格。

　　卡牌道具及其使用规则如下。①坚果道具——游戏的终点。先到达该道具所在位置的玩家获胜。每位玩家距离自己的坚果道具远近相等。②游戏角色道具——小松鼠的立体图片。每个角色的初始位置可以在棋盘各个角或者其他对称位置的格子中。③木箱子道具：不能摧毁，可以向前推着走，但前面不能顶到其他道具或角色，也不能推出棋盘边界。④火堆道具：不能直接走上去，背面是浇灭后的火堆，需用灭火器牌浇灭。⑤石头墙道具：无法移动或摧毁，只能绕行。⑥灭火器牌：用于浇灭"火堆"。⑦前进牌：向游戏角色头部方向前进一格。⑧左转牌：原地左转。⑨右转牌：原地右转。⑩向后转牌：原地向后转。⑪后悔牌：当玩家后悔，撤回前一个下达的指令。⑫循环执行牌：需要结合数字牌确定循环次数。⑬风险机遇位置道具：走到该位置时，玩家要从裁判手里随机抽取已经混合过的风险牌或机遇牌。也可用手机扫码从服务器上随机抽取最新的结合社会热点的科普知识的风险牌或机遇牌。⑭风险牌：在风险机遇位置随机抽取的风险科普知识内容。⑮机遇牌：在风险机遇位置随机抽取的机遇科普知识内容。⑯问答位置道具：走到该位置时，玩家要抽取问答题目牌。也可用手机扫码从服务器上随机抽取最新的结合社会热点的科普知识的问答题目。⑰问答题目牌：在问答题目道具位置随机抽取的科普知识问题及答案。⑱数字牌：包括 0~9，培养循环牌使用。

2. 设计开发一套以该卡牌为教具的、由浅入深的、既有趣又有挑战性的课程

　　该课程先教给学生基本的规则，例如游戏的目标，如何前进、左转、右转，遇到障碍该怎么办等。然后启发学生在挑战不同的关卡过程中，产生对于新的卡牌、道具或规则的需求，例如怎样计算胜负是公平的，怎样设置初始障碍物的布局对于每个玩家是公平的，重复性的步骤该怎样抽象出来和重用。

3. 设置课程中学生数量

2017 年 11 月 19 日上课时有 3 位学生，来自小学一至三年级。课程进展非常顺利，学生兴趣盎然、精力集中、思考问题和回答问题十分积极。

学生在学习和游戏中培养了包括计算思维在内的很多思维方法和其他能力，例如表达能力、抽象思维能力、精益求精的意志品质等。

2017 年 11 月 26 日上课时有 6 位学生，来自小学一、二年级。其中几个学生是同班同学，比较熟悉。在上课过程中学生之间互动过于兴奋和频繁，注意力不够集中，这在一定程度上影响了上课的效果和质量。这给本课程提供了经验和教训：面向年龄较小的孩子（例如小学一、二年级的孩子）开展课程时，要合理设计课程，例如对学生进行分组，组间开展竞赛，对每局比赛的优胜者和有良好表现的学生予以"小红花"等奖励，根据每人得的"小红花"多少确定最终奖励的分配。如果人数较多，则需要在讲授时撤除所有可能分散学生注意力的事物，待讲解完成后，再下发卡牌、道具等。可利用投影或白板来进行典型关卡和玩法的讲解。

2017 年 12 月 3 日开展了第三次课程，共有 6 位一、二年级的小学生参与。这次课程在前几次课程的基础上，由浅入深地培养学生计算思维中的循环等算法思维。

4. 确定课程对象的年龄阶段

课程的设计由浅入深，已经验证初级课程可以在小学一、二年级开展，学生完全能够理解和接受，后续课程会逐渐提高难度，讲解并在卡牌游戏中运用更复杂和抽象的计算思维要素。

5. 检测课程效果

利用 Bebras 计算思维挑战赛的部分试题，对学生进行前、后测。了解学生学习该课程前后在计算思维方面有没有变化。

二 研究成果

（一）课程方案

本研究设计了一套以该桌游卡牌作为教具的课程方案。共设计了 3 节课程，每节约 2.5 小时。以本桌游卡牌作为教具，由浅入深地培养计算思维等多种思维能力。

1. 基本规则的学习

前进、左转、右转牌的使用；角色道具、目标道具的使用；石头墙道具的作用和应对方式，程序顺序结构、公平布局（轴对称、中心对称图形）后悔牌的使用、调试（debug，试验和修改代码中的问题）；灭火器牌的使用；火堆道具的作用和应对方式；木箱子道具的作用和应对方式；向后转牌的使用；复盘、反思与讨论，程序执行过程重现，bug 重现与修正（代码review）。

2. 进阶规则的学习

为对手设置障碍；直线前进情境下如何使用循环代替单步重复执行；未知执行次数的循环；权衡何时使用循环、何时不必使用循环。

3. 高级规则和复杂局面

在折线路径情境下如何抽象出共性，用复杂的循环来解决共性问题。创造一个确定执行次数的循环关卡、一个未知执行次数的循环关卡，创造性思维、循环。

（二）作品

1. 可正常游戏的实体棋盘、卡牌、说明书一套。

2. 成功部署服务器端程序

问答题目服务器地址：http：//115.28.104.95/cardserver/QAServlet

风险 & 机遇题目服务器地址：http：//115.28.104.95/cardserver/RiskServlet

（三）观点

根据三次课的教学实践，确立了"计算思维可以从小学一、二年级就开始通过"不插电"的方式培养"的观点是能够得到实践和事实支撑的。

（四）结论与建议

对于计算思维的评测在学术界尚无成熟的做法，可以对 Bebras 国际计算思维挑战赛试题进行改编，起到一定的辅助测量的效果。另外，可以综合利用访谈法、问卷调查法、观察法、视频内容分析法等研究方法对学生的计算思维发展进行多角度的评价。

在卡牌开发过程中，研究人员越来越深入地认识到，如果将卡牌和课程结合起来，将会在很大程度上提高卡牌的利用价值，卡牌和课程相辅相成。在课程中采用启发的方式引导学生思考，进行问题的分解和抽象，再将抽象的共性东西提炼出来，以便重复使用。很多计算机程序的算法本质上就是对生活中常见问题的抽象、对解决方案的优化和重用。

几次课程的学生数量较少，在样本量较少的情况下用计算思维测试题所测试的结果可能缺少足够的代表性。

三　创新点

本研究针对国内缺乏面向小学一、二年级学生进行"不插电"地培养计算思维能力的现状，借鉴国内外优秀成果，开发出一套有科普价值、有计算思维教育价值的桌游卡牌，并设计了配套课程。

四　应用价值

该卡牌可以在科普场馆作为益智游戏玩具出售，也可以作为小学社会综合实践课程中的一部分进行教学。

脑电可视化

——大脑对情绪与表情的可控性

项目负责人：李宏伟

项目成员：鲁素苗　陈珍　郭熠

指导老师：黄敬华

摘　要： 脑科学一直以来都很神秘，却无不引起人们的强烈兴趣。本项目主要开发了一个控制情绪的小游戏，让观众在互动过程中更好地了解脑科学的相关知识，认识到大脑对于情绪与表情的控制作用，并通过游戏中的角色，将从大脑皮层提取的相关数据变化进行可视化。这一游戏也可以帮助人们认识情绪、学习如何控制情绪，并且是一种更具有趣味性和直观性的脑电可视化手段。

一　项目概述

（一）研究缘起

随着生活水平的提高，生命科学逐渐被人们所关注，其中又以脑科学最为重要和神秘，自然博得了更多关注。另外，人工智能渐渐成为整个社会热议的话题，而人工智能的终极目标不外乎创造出模拟人脑的机器，从这方面来说，脑科学不仅是生命科学的研究对象，更是整个科技领域、经济领域的重点关注对象。同时，社交网络兴起带来信息传播网络复杂化，每个人都可以成为信息的源头，随之而来的是信息爆炸和后真相时代。如何让人们更加理性地看待这一领域的研究现状和研究成果，是一个重要的科普命题。

我们希望通过这个项目帮助人们更好地了解脑科学中的一个细小的领域，提高人们对于脑电波的兴趣与认识。脑电波并不像科幻电影中所描述的无所不能。科幻电影中常常出现的通过脑电波进行记忆读取仍然是很遥远的想象。但是我们确实可以通过脑电波来做一些事情。一方面，脑电的采集方式很多情况下并非通过手术，绝大多数研究者使用的还是非侵入式的脑电采集设备，我们希望通过让人们亲自接触脑电采集设备了解脑科学研究的现状。另一方面，脑电分析领域的一个重要应用是脑机接口，但是脑机接口对于测试环境要求较高，因而我们在项目中采用对环境要求较低的情绪分类，以提高项目可行性和环境适应性。通过一个脑电游戏，我们向观众呈现从情绪到脑电到可视化的过程，以期提高人们对于情绪控制的兴趣。另外，我们在设计游戏的过程中忽略了很多专业名词，希望除了让观众了解到特定知识以外，更重要的是通过轻松的体验激发其科学兴趣。

（二）研究过程

前期项目组本来希望通过一个实体的模型向公众展示脑电波形，但是随着工作开展，我们意识到这样和多数展品存在同质化，同时将大脑展示出来会造成部分人群的不适。所以我们最终决定制作一个游戏来进行脑电知识的展示，并将相关元素卡通化。

5月和6月，主要通过文献研究确定实现的主要方向，通过研究设备的使用明确可行性。7月和8月，原计划通过实物模型的制作展示脑科学的相关内容，但经过尝试发现效果并不理想。后期我们希望通过重点关注游戏和界面交互而不是实物的交互来提高互动性及对于脑电波采集的干扰。9月到11月，进行游戏的开发与调试，主要是进行有关SDK的调整使功能实现。11月中旬，完成了游戏的编译和总结文档的撰写。

（三）主要内容

主要内容包括相关的背景知识研究、相关设备的使用方案，以及一个情绪游戏的开发与使用流程介绍。其中背景知识包括情绪本身、脑电的采集方案介绍，以及利用脑电分类情绪的相关研究成果。而设备的使用方案包括通过与官方API通信、获取设备的相关数据以及设备的状态信息，尤其是表情的变化以及设备采集到的各个频段的值。游戏的开发包括游戏的基本结构以及相关的使用流程。

二 研究成果

（一）背景知识

1. 情绪

情绪作为脑科学研究领域的一个重要部分，一直是热门领域。但是，非专业人士很少会接触相关的研究。随着社交网络的流行，网上充斥着各种关于心理学、成功学、情绪管理的内容，鱼龙混杂，人们很难确定这些说法的准确性与有效性。

我国自古就有"喜怒哀乐悲恐惊"七情的说法，但是这种分类过于主观，不便于研究的规范化。情绪在心理学中有个普遍认可的模型——效价/觉醒度模型，[①] 通过两个维度将所有情绪固定在二维坐标轴上。效价指的是情绪的正面和负面，而觉醒度是另一个维度，表示情绪的强烈程度。比如愤怒是觉醒度很高的情绪，而放松是觉醒度很低的一种情绪。

通过这两个维度可以将情绪的分析变成规范化的值分析，也便于情绪之间的比较以及研究者之间的比较。

2. 脑电

脑电，具体地说是脑部采集到的电信号。一般的研究使用非侵入式的脑电采集设备，非侵入式是随着电信号放大技术的进步发展出来的。主要是因为脑电十分微弱，而且这一部分脑电被称作自发脑电，有 10～150 微伏。另外，与特定认知相关的脑电更为微弱，例如常被用作认知研究的事件——相关电位（Event-Related Potential）只有自发脑电 1/3 的。所以脑电的采集往往受到周围电子器械的影响，通常需要经过信号放大、滤波、去伪迹、特征提取等步骤之后才能进入正式的脑电分析。我们这次是通过设备采集自发脑电，进而分析脑电的整体趋势。

---

① Kensinger, E. A., Corkin, S., "Two Routes to Emotional Memory: Distinct Neural Processes for Valence and Arousal," *Proceedings of the National Academy of Sciences of the United States of America*, 2004, 101 (9): 3310 – 3315.

自发脑电通常可分为五个节律，虽然不同文献中的具体数值存在差异，但是大致可以分为：δ节律（0.5~4Hz）、θ节律（4~8Hz）、α节律（8~12Hz）、β节律（12~30Hz）和λ节律（大于30Hz）。[1]这些节律与相关活动的关系是很多认知科学的研究重点。

3. 脑电与情绪分类

情绪与脑电关系的研究由来已久，一般的研究是通过图片诱发相应的情绪进而激发特定脑电特征，得出情绪与脑电的关系。这一工作中有著名的国际情绪图片系统（International Affective Picture System，IAPS）。研究者通过使用同一套公认的情绪图片规范各自的研究。大量的研究得出了脑电与相应情绪的关系，通过分析得出的脑电特征，这些特征包括时域特征、频域特征、时频特征、对称性特征以及高阶交叉特征等。因为本研究需要实时分析和处理，对于一些高阶的核模型分析的研究结果并不适用（计算机的运算能力有限），主要使用频域分析的相关研究成果。

Schmidt等以音乐作为刺激材料分别诱发被试的开心、愉悦、悲伤和害怕等4种情绪。通过研究发现，听积极情绪的乐曲时，左前脑会产生较强的脑电活动，而当听消极情绪的乐曲时，右前脑则会产生较强的脑电活动，由此可见前脑与情绪有着很大的关联。具体来说，alpha频段与情绪有重要的关系，并且当消极情绪被诱发时，右后脑区会产生强烈的脑电活动。同时，积极情绪被发现与左前脑的脑部活动相关。[2]Li等以图片为刺激材料并通过共同空间模式找出了每个被试的情绪的最佳频段，他们的分析结果显示，大多数被试的最佳频段都分布在gamma频段上，这反映了gamma频段在情绪识别中的重要作用。[3]D. Nie等人以视频为刺激材料分别诱发被试的积极情绪和消极情绪，并提取了50个不依赖被试的共同特征，通过将这些特征映射到脑区和频段上，发现这些共性特征主要分布在alpha

[1] Olejniczak, P. , "Neurophysiologic Basis of EEG," *Journal of Clinical Neurophysiology*, Official Publication of the American Electroencephalographic Society, 2006, 23 (3): 186 – 189.

[2] Sarlo, M, . Buodo, G. , Poli, S. , et al. , "Changes in EEG Alpha Power to Different Disgust Elicitors: the Specificity of Mutilations," *Neuroscience Letters*, 2005, 382 (3): 291 – 296.

[3] M. Li, B. L. Lu, Emotion Alassification Based on Gamma-band EEG, *Engineering in Medicine and Biology Society*, 2009. EMBC 2009. Annual International Conference of the IEEE. IEEE, 2009: 1223 – 1226.

频段的右枕叶和顶叶部位、beta 频段的中间区域、gamma 频段的左额叶和右颞叶。[①]

（二）设备与脑电采集

1. 设备介绍

本项目采集脑电使用 EMOTIV Inc. 开发的 Emoitv Epoc + 头戴式脑电设备。该设备有可以采集 14 个电位的脑电信号（AF3、F7、F3、FC5、T7、P7、O1、O2、P8、T8、FC6、F4、F8、AF4），通过蓝牙无线连接，支持 Windows、OSX、Linux、Android、iOS 等多种设备。可以用作认知相关研究以及 BCI（脑机接口）相关的应用开发。采样频率最高可以达到 256 采样点每秒，因为使用电池供电，所以受到交流电信号的干扰比较小，采样滤波为 0.2Hz ~ 43Hz，采样分辨率达到了 14 bits 1 LSB = 0.51 uV 完全满足本项目的要求。并且使用蓝牙连接，一次充电使用时间在 6 小时左右，能够作为一个普通的展品使用。

2. 设备 API

API（Application Programming Interface）即应用程序接口，通过封装一定的程序保证安全性的同时，开放部分功能，使开发者可以增加自己的功能和应用。

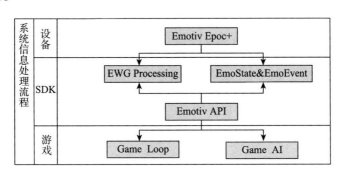

图 1 Emotiv API 具体的运行工作流程

Emotiv API 提供了多种功能的入口，包括表情、频谱能量、精神指令

---

① D. Nie, X. W. Wang, L. C. Shi, et al., EEG-based Emotion Recognition During Watching Movies, Neural Engineering (NER), 2011 5th International IEEE/EMBS Conference on. IEEE, 2011: 667 – 670.

（Mental Commands）等。通过与自有指令相结合获取相应脑电信号并处理。本项目使用 Emotiv 社区版 SDK 开发包 v3.5.1 进行开发，运行环境为 Windows，连接方式为蓝牙。

（三）游戏开发与流程

1. 游戏的开发

游戏使用 Unity 引擎 2017.2.0f3 版本开发。Unity 引擎是业界知名的游戏引擎，能够很好地帮助游戏开发者实现底层代码的隐藏，许多著名的游戏都是采用 Unity 引擎开发的。游戏资源中添加了 DotNetEmotivSDK.dll，这个是作为 Emotiv SDK C#版的编译文件添加的，用来实现相关的 API 功能接口。因为开发经验不足，游戏运行在不同分辨率的屏幕上效果可能会有出入，推荐的分辨率是 1920 × 1080。游戏分为三个场景，分别是开始界面、游戏界面和结束界面，通过结束界面可以回到开始界面重新开始游戏，开始界面可以退出游戏。

2. 游戏的流程

第一步，使用者首先佩戴脑电波采集设备，打开游戏会自动连接。游戏开始界面点击开始按钮进入游戏，退出按钮退出游戏。点击开始按钮之后会显示姓名对话框，输入姓名进入游戏。

第二步，游戏界面如上文所述，包含三个部分——时间轴（剧本）、表情、情绪显示。其中时间轴通过电影胶片的形式显示时间，进度条对应的文字表示该时间段的情绪状态（或称作剧本），玩家必须在特定的时间保持特定的表情和情绪状态才能得分。同时，人脸表情区域显示人的表情，大脑区域通过色条显示不同的情绪的值。图 2 为编辑界面，正式游戏时不会出现四种情绪都为正的情况。不同的色条显示不同的情绪能让信息更加明显和易懂。

现在的版本并没有把表情和情绪分开，例如开心是同时开心的情绪和开心的表情。将来的版本其实可以通过让使用者情绪和表情截然不同来使人们明白脑电波与情绪的关系，如保持开心表情的同时内心很愤怒。当观众改变自己表情的同时，游戏界面的人脸也会改变表情模拟人的表情，这种即时反馈对于游戏玩家十分重要。但是情绪的变化并不会那么快，通过一段时间的累积，采集到相关的脑电波分析不同频带的关系可以初步判定

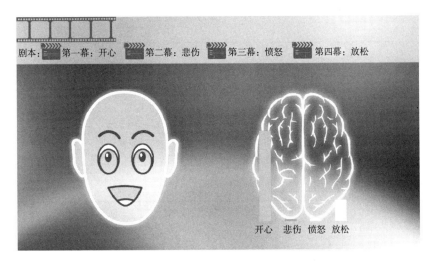

图2　游戏主界面示意（图示为开心阶段）

一个用户的情绪坐标。这个坐标基于著名的效价/觉醒度模型，通过坐标可以判定用户的情绪。相关论文（如前文所述）已经证明 alpha、gamma 波段以及脑电波的对称性等因素与情绪的正负向、强弱有很明显的相关关系，通过相关的算法可以较为准确地区分情绪的坐标进而确定情绪。游戏中，通过确定情绪、表情与"剧本"的对应关系，我们可以判定一个玩家或者使用者在这一小段时间的得分。

　　另外有一个值得说明的问题是左方的人脸表情。人脸表情的变化是根据头前部采集到的脑电波形判断生成，只不过和情绪分类使用的相关数据和计算方式不同。但是由于让使用者仅仅通过自己的想象保持某种情绪状态的难度比较大，如果通过自己做出相应表情再看着这一表情帮助自己找到某种情绪状态。我们认为这种方式比仅仅显示情绪状态在交互上更加友好。

　　游戏结束的时候，通过累计玩家总得分确定玩家的分数区段，进而确定玩家的称号（见表1）。我们采用称号机制是因为称号机制更为直观，也比分数更有激励机制，因为分数是抽象的，分数的上限并不明确，而称号可以很容易形成比较，同时更加符合当今青少年的习惯。

表1 头衔机制

单位：分

分数段	评价头衔
0～20	躺尸
21～40	路人
41～60	跑堂
61～80	配角
81～90	主角
91～100	影帝

三 创新点

本项目主题选取十分科学，一方面，演员演技是当今社会的热点话题；另一方面，情绪控制在心理学和管理学上也有很多的研究。不仅是孩子，成年人也能通过这个游戏意识到情绪的可控制性。此外，本项目设计的表演小游戏，让玩家通过控制自己的表情和情绪来进行操作，交互过程较为新颖，能够提升人们的兴趣。游戏的交互方式采用了脑电信息的获取，这种生活中少见的交互方式能够帮助人们了解现有的技术条件，摒弃那些科幻电影或小说所反映的与现实相去甚远的脑电波认知，从而更理性地对待科技的发展。

四 应用价值

一方面，对于观众来说，通过大脑想象来进行交互的设备在日常生活中很少见到，通过体验脑机接口的方式体会最新的研究成果可以提升观众对于脑科学甚至生命科学的兴趣。另一方面，生命科学领域的众多科学研究成果也可以通过类似的游戏方式展示出来，并不一定是确定的结论，也可以是让使用者自己探索的游戏。另外，本项目的情绪控制游戏对于情绪管理这个热门话题来说可能是一次很有意思的尝试，正处于悲伤情绪的使用者也许很难从悲伤中走出，但是当玩这个游戏的时候，也许可以帮助使用者练习如何走出悲伤，尝试控制自己的不同情绪。

　　另一方面，对于科普场馆来说，关于情绪控制等话题的展品展项似乎较少，但此类主题实际上和科学在生活中的应用息息相关，具有良好的应用前景。

"DNA 制造工厂"

项目负责人：陶睿
项目成员：孔令瑶　张玉延
指导老师：彭湃

摘　要："DNA 制造工厂"是基于将科普场馆展品扩展至学校日常教学的理念而设计的一项展品。本展品将难以观察的抽象知识转换为直观易懂的互动展品模型，运用模型教学策略，引导和帮助观众借助简单、直观的物理模型展开探究，主动构建"基因是 DNA 上具有遗传效应的片段""基因控制生物的性状"等知识，补充了生物学遗传类互动展品的空缺，并通过此展品，开发出一条展品与教具结合的展品开发新思路。这些资源的开发利用不仅是对于学校课程资源的补充，而且有利于科技馆的进一步发展。

关键词：DNA　基因　互动展品

一　研究缘起

近年来，全国各地的科技馆建设如火如荼，也越来越受到公众欢迎。同时，生命科学、环境科学、生物技术等也日渐成为现代科技馆展览的热门主题。

由于生物科学尤其是遗传学方面的知识较为深奥、抽象，科技馆中的遗传学展品数量一般较少。近年来转基因技术日新月异，转基因食品备受关注。但是公众大多只知道基因与遗传有关，并不了解 DNA 与基因的关系。而基因是 DNA 上具有遗传效应的有效片段，这一概念虽然较为抽象但也是十分重要的知识，除了展示转基因技术的相关知识外，基因和 DNA 的基本概念也应该加以科普。

（一）科普场馆生物学展区特点

由于生物学展览通常缺少声光电等感官刺激，对观众的吸引力较小。根据笔者在上海科技馆、武汉科技馆等国内科普场馆的生物学，尤其是微观生物展区的观察，生物展区观众停留时间较短且兴趣不足。目前，国内科技馆生物展品具有以下几个特点。

1. 静态模型为主

国内科技馆生物展品多为动植物标本和人体系统器官结构的模型，大都采用图文展板、电子书、触摸屏、生物静态模型等形式展示，辅以大篇幅的文字对展品的解释。这种展示形式千篇一律，难以在第一时间吸引观众。

2. 互动型展品较少

相较于物理展区大多数展品都可以让观众参与体验，生物展区的标本等大多在橱窗内，而大多数模型不具有拼接功能，互动性较差。

3. 微观世界展品较少

目前生物展区的分子水平的展品例如对转基因知识的科普大多以视频和图文形式呈现，而对于细胞的展示则以静态模型为主，微观展品的数量较少且直观性和形象性缺乏，导致观众难以深入了解微观世界。

4. 能结合学校教学的展品较少

目前科技馆生物类展品大多难以移动，在馆校结合时只能是学生来科技馆参观，且生物学中遗传计算类等难以观察的知识点在科技馆内缺乏相应展品，导致学生难以构建其概念。

（二）学校生物类教具现况分析

1. 以多媒体和模型为主

教具是指在教学实践中，根据教学内容的需要，针对教学难点，为帮助学生理解和学习，提供的直观的感知材料。目前学校中使用的教具是以PPT和视频等多媒体和一些直观模型为主。例如动物和植物细胞结构的模型，以动画的形式展示有丝分裂和减数分裂的过程。

2. 自制教具较少

由于教师的人员配置较少，教师的教学压力较大，教学任务重，所以学校教育中很少有教师或者学生自制教具，一般是从专门的厂家购买或者教材配置的专门教具。

3. 学生可操作教具较少

目前的教具多为静态形式，很少有教具是可以让学生动手操作拼接的。所以，学生只能通过这些教具和教师的讲解获取一些间接的经验，很难做到真正的"做中学"——通过自己的动手操作，获取属于自己的直接经验。

总而言之，现有的DNA双螺旋模型的制作主要是针对高中生，旨在展示碱基和氢键磷酸二酯键等知识，这对于初中生和年龄更小的学生来说较难理解。同时，DNA分子双螺旋结构和基因的概念、基因控制性状的原理是学习的重点和难点，且无法在显微镜下观察到，需要学生通过空间想象才能理解。在科技馆中设计此类可动手拼装的展品，能够生动、直观、形象地使观众了解基因和DNA的关系，以及基因如何控制生物的性状，可以极大地激发观众的学习兴趣。

国外曾经做过关于纳米世界的科普展览和相关效果评估调查，活动前，学生画出的最小东西为蚂蚁，而通过活动中进行的模型构建训练，学生在活动后画出的最小东西为细胞。说明模型构建法对于构建概念效果明显。对于DNA、病毒和基因等更加微小和抽象的概念，观众往往更难以理解，这就需要相关的物理学模型构建知识。综上所述，本项目选取DNA和基因为知识点设计了互动型展品，最终制作了由基因片段和空白片段组成的DNA可拼装展品，以及由并联电路组成的基因显性、隐性控制展示电路。

二 项目过程

（一）研究过程

项目调研了国内几个科技馆生物展区遗传类展品的设计，对生物学展区遗传类的现有展品进行了考察评估，分析其在设计上的共异同点；学习现有展品的优点，分析其不足；观察、分析生物类展品之间的联系；到学校了解学生在学习基因与DNA的本质以及基因如何控制性状的知识点时，对于相关教具有哪些具体需求。

通过参观科技馆和调研学生学习情况，选取了初中和高中生物学知识中的三个概念：①基因是 DNA 上具有遗传效应的片段；②基因控制生物的性状；③隐性基因同时存在表现为隐性，显性基因只要存在一个就表现为显性。通过对以上知识点进行解构，项目团队逐步构思出互动展品"DNA 制造工厂"设计方案，并绘制展品草图以及后期的技术设计图纸，制作了展品模型及成品。

（二）实施过程

模型建成后，项目组设计了一套与展品相适应的课堂教学活动实施方案，将展品模型带入学校，并以知识、能力、情感态度与价值观这三个维度作为重要标准对展品效果进行了评估。

①知识目标：学生了解基因是 DNA 上具有遗传效应的片段这一概念，并掌握显隐性对生物性状的控制规律。②能力目标：能够自主通过展品拼接 DNA 片段，并说出自己选取的基因拼接出的个体的性状。③情感态度与价值观目标：通过拼接 DNA 双螺旋模型，认识到每个人是不同的个体，世界上没有两片相同的叶子，正确对待人与人之间的差异性。

根据评估结果从内容和形式上再次对展品的评估结果进行分析，找出展品设计的不足之处，在形式和内容上对展品加以完善。

三　研究内容

（一）展品制作材料的选择

任何展品都会面临损坏问题。本项目设计的 DNA 片段拼接模型，需要体现显隐性基因控制性状，所以材料损坏对展品效果影响很大，这对展品材料的选择提出了很高的要求，对于等位基因对性状控制通路的维护也有一定的技术难度。

（二）展品的语音视频导览的选择

展品的制作过程中融入多媒体形式，加入声音频讲解，让展品表现形式更加丰富，增强操作的趣味性、准确性。

（三）展品的完整性

"DNA制造工厂"展品是由一个个基因和一些空白片段拼接组成的，丢失任何一段对整个展品都有影响，因此展品设计中要充分考虑其完整性。

（四）展品外形的选择

展品是由多个片段组成，因此展品外形的选择上要注意连贯性、简洁性，并相呼应；展品颜色的选择和尺寸设计也需要考虑。

（五）展品展示效果

将多个控制不同性状的基因（分为显性和隐性，用不同深浅的颜色表示，并在展品上加以文字标注）和一些空白片段，手动拼接成一个双螺旋的DNA片段。在此过程中观众可了解到不同基因控制不同性状，基因是DNA上具有遗传效应的片段。此外，展示牌标注大写字母控制的是显性性状，小写字母控制的是隐性性状，基因在体细胞内成对存在（见图1）。

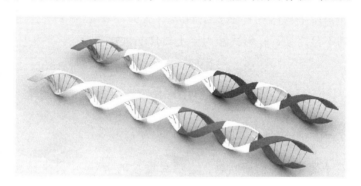

图1　双螺旋DNA片段

四　创新点

（一）研究形式新

实现展品与课堂教学相互评估来检验效果：一方面，将设计出来的展品在学校进行应用，通过观察学生使用展品的情况，来检验此展品对于该阶段学生的教学效果；另一方面，通过学生操作展品的表现，也可以检验学生对于这部分知识的掌握情况。

（二）研究内容新

目前很多科技馆只注重对新型前沿科技进行展示，忽略了基础常设展品的创新。将有创意、新潮的设计融入经典陈列的展品中，不断更新，使生物展厅内的展品丰富起来，增强生物展厅与观众的互动性和对观众的吸引力。

（三）注重生物模型的构建和生物原理的形象展示

将生物学中遗传物质这一难以观察的定义转化为物理模型，转变成形象直观的展品，使难以观察的生物知识得到了具象的展示。通过 LED 屏和通电导路的设计，用不同材料制作显性和隐性基因，生动形象地将基因对性状的控制原理展示出来，让生物知识变得形象、生动、有趣、易懂，让观众在自己动手操作的过程中理解并且记忆生物学原理。

五　应用价值

（一）科技馆展品设计时加强对正规教育课程的资源整合

目前科技馆的生物类展品以静态模型为主，而且偏大型、无法移动，中小学生只有通过参观科技馆的方式才可以体验。且科技馆一般没有专门的服务于馆校结合的部门，对于课标的改动和学校生物教学中遇到的困难难以深入了解。这就需要科技馆在设计展品时，加强与学校教师与学生的沟通，了解他们的需要、教学难点，从而有针对性地设计可以在正规课程中使用、帮助教学的展品。

（二）教师设计教具综合利用科技馆的资源

教师在正规课程中设计教具时，往往受到场地、人员和经费的限制，无法设计出最为直观生动的教具。例如在初中学习动物的类群时，教师就难以将所有类型的生物带到课堂中，这就需要在设计教具时，综合利用科技馆的资源。因为科技馆有宽阔的场地和更为丰富的公共资源。且在教具设计时，可以借鉴科技馆的同类展品自制简易教具，在课堂上进行演示，让学生体验以激发学生的好奇心。鼓励学生课后去科技馆进一步体验此项展品，加深和拓宽对此知识点的理解，从而培养学生的知识扩展迁移能力。

（三）教具和展品设计增强互动性，增加体验式教学

目前的展品与教具多展示已有的科学成果，而缺乏让观众和学生自己去发现的过程。相较于将知识直接展示出来，体验式教学更容易让人记忆深刻，真正地理解知识。例如，在呼吸作用的实验中，学生通过将产生的气体通入澄清石灰水，观察到澄清石灰水变浑浊，就可以了解到呼吸作用会产生二氧化碳。比起直接将这些知识告诉他们，在体验中获得的知识更能融入其知识体系。

中华文明"不倒翁"

——中国古建筑中的抗震结构

项目负责人：郑雯婷

项目成员：柴忆霖　赵婷婷　田婷婷　赵静

指导老师：黄芳　曹颖

摘　要：本项目以中国古建筑结构中的榫卯结构和通心柱结构为知识点，以三层木塔的搭建分解模型为展示方式设计了一组科普展品。项目研究成果包括完成图纸设计、进行软件模拟抗震实验分析、制作展品实物、展开实物抗震实验等多个方面，项目存在一定的创新性和应用价值。

一　研究缘起

中国古建筑是中华文化的重要组成部分，在建筑造型、艺术表现、结构构造以及制作工艺等方面都表现出极高的科学水平与艺术水平。中国古代建筑以木构架承重建筑使用最为广泛，中国木结构古建筑的独特造型与构造不仅形成了其独有而完美的艺术风格，而且从结构受力性能与抗震性能方面来说也是十分科学、合理与优越的。中国是一个多地震国家，从张衡发明地动仪可以看出几千年前我国对地震就已经非常重视并进行研究。在建筑构造方面，也早就形成了柱础隔振，榫卯减震，斗拱的多重隔振、减震的结构体系。柱础结构、榫卯连接、斗拱支撑梁等都是我国古代建筑抗震的独特设计，也是中国古代智慧的结晶。[1]

---

① 张鹏程、赵鸿铁：《中国古代建筑抗震》，地震出版社，2007。

（一）我国科技馆的总体现状

科技馆是非正式教育场所，是公民义务教育的第二课堂，也是公益性科普教育机构。在中国，科技馆是科普基础设施的重要实体资源，主要是以展品和各种辅助性的展示手段为依托，通过展品展教的方式激发公众的科学兴趣，从而达到提升公民科学素质的目的。① 科技馆是否具有强大的生命力，关键在于科技馆内展品的好坏。展品是科技馆的立馆之本，科学知识、科学思想、科学方法、科学精神是通过展品这个载体传达给观众的。各科技馆必须紧紧围绕展品这个重点来开展工作。②

目前我国科技馆在展品设计上仍然存在一定不足，比如缺少创新、没有生命力，不利于科技馆和科普事业的长久发展。近年来，展品创新已成为科技馆发展的重点，并呈现与公司合作的局面，有很多公司已投身科普展品研发领域。对于部分展品制作企业或者研究所来说，它们往往看中短期效益和利润，而非惠益大众。企业在设计时会尽量缩短展品的研发周期，当一件展品验收合格后就不再关心展品的改进及教育效果了，甚至连运行维护都难以为继，而科技馆的展品负责人却缺乏展品的制作和改进能力，这样展品的改进和持续完善后继乏力，因此好的科技馆应有自己的研发团队。③ 这一团队可以完全投身展品的研发创新工作，始终把展品创新设计放在首要位置，积极探索科技馆展品展示方法和技术的研究，与此同时，研发一套与展品相适应的教育活动方案，为科技馆长远发展奠定基础，永久保持科技馆的生命力。④

（二）研究的必要性

国内的科技馆展品缺乏创新，很多科技馆的展品都是从国外引进或是从展品设计公司购进，而且引进力度不够；出现很多陈旧展品，展品维护不够；展品千篇一律，缺乏人文历史背景，没有与当地特色结合起来；

---

① 吴凡：《科技馆在新世纪科普工作中的地位和作用浅析》，《科技馆》2000 年第 3 期。

② 潘鹤鸣：《论中国的科技馆可持续发展之路》，载《以人为本促进科普场馆协调和持续发展——中国自然博物馆协会海南研讨会论文》，2004。

③ 廖红：《从展品研发角度谈科普展品创新》，《科普研究》2011 年第 2 期。

④ 李敏：《科技馆儿童展区展品设计——仓颉造字》，华中科技大学硕士学位论文，2015。

中国古建筑是中华文明的独特文化,然而在中国的科技馆中,关于中国古建筑的展品不多,大多是放置一个古建筑模型让观众观看,并未深入挖掘中国古建筑中蕴含的结构、技术、色彩运用、历史等方面的独特文化,也没有体现展品的互动性。因此,在科技馆中研发一组展现中国古建筑结构、技术,既具人文气息又有科学性的互动性展品是符合当下实际情况的。

（三）研究目的

项目设计以中国古建筑结构元素中的榫卯结构与通心柱结构为例,结合现代技术手段,将其制作成科普展品,使观众从这些建筑结构中了解古人的智慧,同时感受中华民族传统技艺的高超,从而激发观众对中华民族传统技艺的兴趣与保护意愿。

本项目设计以古建筑结构体系中的"榫卯结构"和"通心柱结构"为主题,以三层木塔的搭建分解模型为展示方式,以6~18岁人群为受众,期望达到以下三个目标。①认识、了解古建筑结构体系中的"榫卯结构"和"通心柱结构"。这两种结构集装饰与抗震功能于一身,是艺术与科学的结晶,展现了古代建筑工匠的智慧。②通过对比这两种结构的木塔的抗震效果,来认识这两种结构的抗震性能。③向公众展示中国古人的智慧结晶,树立公众的古建筑保护、文物保护意识。从古人的智慧中汲取精华加以运用,使中华传统文化中的精髓一直传承下去。

（四）研究方法

第一,文献研究法。通过阅读文献、书籍及其他各类资料,搜集大量信息及设计手段,进行归纳总结,为后续研究做准备。

第二,迭代设计法。根据研究成果进行"设计—评估—再设计"的过程。

第三,实验分析法。将设计的模型进行软件模拟,分析其实验效果,再根据分析结果可行性来具体改进。

二 研究内容与成果

（一）研究内容

常见的展示榫卯结构性能的展品有以下几种:①榫卯结构模型,观众可以直观地看到榫卯结构，通过观察了解其结构组成；②榫卯结构玩具——鲁班锁，或者融入了榫卯结构的玩具拼接模型，观众可以通过动手操作来了解其结构的奥秘；③榫卯结构在建筑或者家具中的具体应用，通常是榫卯家具或者斗拱的缩小模型；④利用现代技术展现榫卯结构，例如用新材料来解释榫卯结构、用虚拟技术来模拟榫卯结构等。

而展示通心柱结构抗震性能的代表性展品有天津科技馆、吉林科技馆中的"木塔与碗"。这组展品是利用一组碗来模拟各个楼层，一根柔性棒作"通心柱"。参与者可以亲自搭建，然后启动震动平台，观察有无通心柱的"木塔与碗"的抗震减震效果。

本项目设计与以上展品不同的地方是将榫卯结构与通心柱结构结合在一起，通过拼搭的方式来了解其结构组成，并设置了对照组，通过实验来对比观察其抗震效果。本次设计结合了两个结构的知识点，将结构知识与抗震结合在一起，并融入动手操作环节及实验观察，比以往的展品设计更为丰富。

（二）主要成果

1. 概况

本次设计有 3 组木塔模型，采用搭积木的方式，使观众参与搭建工作的同时了解结构的稳定性。3 组木塔模型设计的区别在于：第一组木塔模型不采用任何结构形式，观众根据提供的木塔分解模型直接搭建；第二组木塔模型的搭建方式采用了通心柱结构；第三种木塔模型的搭建采用了通心柱结构与榫卯结构的结合。

2. 展品设计方案及图纸

根据前期的文献研究及调研，项目组设计了一组模型技术图纸，包括三组模型的平面图、立面图、效果图，如图 1 所示，三组模型分解搭建步骤图纸（见图 2）。中期检查后，根据专家意见以及实验效果，不断调整设计图纸，并完成初步的展台设计方案。

3. 展台设计方案及图纸

展台上共有三组不同结构的木塔模型，参与者可亲自搭建，然后启动震动平台，观察有无通心柱、有无榫卯结构的木塔的抗震效果，了解通心柱及榫卯结构所起到的抗震减震作用。

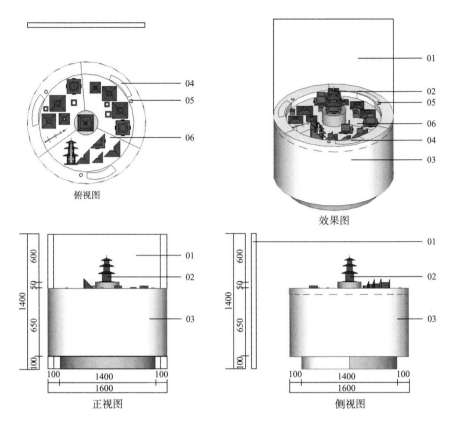

图1 展台设想方案

注：01——展板 02——模型 03——展台 04——操作说明 05——操作按钮
06——震动平台。

4. 软件模拟抗震实验效果

本次虚拟模型使用 SolidWorks 软件建立的房屋积木的虚拟样机，对项目结构仿真材料属性定义进行如表1所示设置。本次主要分析结构在 0.011s、10G 锯齿波冲击力的情况下，结构的稳定性是否满足使用要求。在模型底部施加固定约束，约束所有移动自由度，在整体结构上施加 10G 惯性载荷。仿真结果分析可知在冲击作用力下，第一组模型发生了倒塌；第二组模型屋檐来回震荡，与中心支柱发生碰撞；第三组模型几乎没有变形。

表1 材料属性定义

编号	部件名称	材料种类	弹性模量	泊松比	等效密度
1	积木	木头	70GPa	0.33	$500kg/m^3$

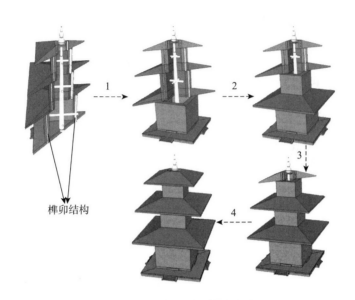

图 2　三组模型分解搭建步骤

注：按照 1、2、3、4 的步骤可将木塔的榫卯结构拼搭好。

5. 木质模型实物

本项目的木质模型实物所用木质材料是橡实木，橡实木的木质坚硬、纹理清晰，而且价格适中、坚固耐用、耐磨耐腐蚀。因此选择橡实木来制作木质模型具有不易损坏、可展现木质纹理特点及价格合理等特点（见图 3）。

6. 抗震模拟实验视频

本次木质模型抗震实验选在武汉市科技馆的抗震小屋中进行，抗震小屋的震动性能一般，实验效果较预想有所差距。但可以看出，第一组木质模型的晃动较为明显，有明显部件位移；第二组木质模型塔顶掉落，左右摆动；第三组木质模型无明显晃动。实验证明，三组木质模型因结构不同，抗震效果有明显差距。

综上所述，本次项目研究成果主要有以下几项：木质模型技术图纸，如平面图、效果图等；软件仿真模拟模型抗震实验效果与分析结论；木质模型实物；木质模型实物震动视频及抗震分析。

图 3　木质模型实物

三　项目创新点

1. 艺术与科技的结合

以建筑结构中的"榫卯结构"与"通心柱结构"为主题，以木塔为载体，一方面展现了中国传统木塔的对称美感及多线条、多层次的立体美感，体现其艺术之"美"；另一方面木塔优良的抗震减震能力又体现了其科技之"美"。

2. 古代与现代的融合

榫卯结构作为传统古代木结构建筑的重要标志，见证了我国古代建筑的发展历程。如今将其制作成互动展品，利用现代技术让观众直观感受榫卯等结构抗震减震的性能。

3. 树立保护古代建筑理念

通过震动平台对比试验，展现榫卯及通心柱在建筑中的重要作用，让公众认识到古代建筑这一中国科技史的结晶，从而激发公众保护中华文明优秀遗产的意愿，并汲取其中的科技养分更好地回馈现代社会。

四 应用价值

　　本项目是中国古建筑中榫卯结构与通心柱结构的科普展品设计应用的具体实现，能直接应用于科普场馆，让观众们动手操作、体验学习。该展品的知识点和设计手段有待于进一步发掘，可以榫卯结构知识点为灵感，围绕其开发系列展品展项，进而打造全面展现中国古代建筑文化的展厅或流动展览，造就一个让观众"能读懂、能体验、能认知、能回味"的中国古代科技展览，传播我国优秀的历史文化和科技成就。

"中国天眼"动光缆检测

项目负责人：傅晓彤

项目成员：胡启航　王子豪

指导教师：高立　兰名荣

摘　要：本项目是基于"中国天眼"——FAST射电望远镜工程，结合STEAM科学理念和多种研究方法的展品设计。通过对FAST模型的简要还原，可以清晰展示动态反射面板技术、动态馈源舱技术和FSAT动光缆优秀的机械性能。通过对FAST动光缆与普通光缆的性能对比，观众能够直接了解光缆的性能优势；利用视频播放的形式让观众对动态反射面形成直观认识；3D打印机的电机联动原理能让模型中的馈源舱运动到指定位置。

一　研究背景

射电望远镜是指观测和研究来自天体的射电波的基本设备，可以测量天体射电的强度、频谱及偏振等量，包括收集射电波的定向天线，放大射电信号的高灵敏度接收机，信息记录、处理和显示系统等。1990年，青海德令哈13.7米毫米波射电望远镜基本建成，并开始观测氨和水分子的谱线。1996年，13毫米的制冷接收机研制完成，正式开始毫米波的观测。德令哈13.7米毫米波射电望远镜是我国第一台毫米波射电望远镜，能够在85～115GHz波段上进行银河系内分子云、星际分子谱线巡天等天文观测研究。21世纪以来，北京密云、云南昆明和上海先后建成了直径50米、40米和65米的射电望远镜，2016年9月25日，有"中国天眼"之称的500米口径球面射电望远镜搭建完成并启用。其他国家像日本、美国等也多次搭建了不同规格的射电望远镜。在中国FAST建成之前，世界最大的单口径射电望远镜是位于美国波多黎各阿雷西博天文台的 Arecibo 射电望远镜。该望远镜的初建直径达到 305 米，后扩建为 350 米。

在 FAST 工程中通过馈源舱进行信息传送，但是馈源舱是不断运动的，这就对光纤有很大的要求。FAST 所需的动光缆的机械性能是普通光缆无法满足的，所以需要"量身打造"专门的光缆。在精密技术领域，国外对我国实施技术封锁，我国科学家需要自行研制。研制的基本法则就是天文台提出的要求——光缆能在 5 年内抗 6.6 万次拉伸和弯折、信号衰减波动小于 0.1dB。

2014 年，烽火通信成功设计了适用 FAST 应用的光缆结构。实验表明，该光缆在优异的光学传输性能下，具备 10 万次的反复弯曲、卷绕和扭转等机械特性。同年，动光缆正式投产。

我国在射电望远镜方面取得了巨大成就，但是由于该领域较为艰深，大众对其了解并不多。本项目旨在通过设计 FAST 科普互动展项，让大众了解更多关于射电望远镜的基础知识和我国高新技术领域的成就。

二　研究目的与内容

FAST 是一个位于中国贵州的口径达 500 米的球面射电望远镜，被誉为"中国天眼"。1994 年，我国天文学家提出构想，最终在 2016 年正式落成。FAST 主要用来接收来自宇宙深处的电磁波，是我国自主研发的世界最大单口径、最灵敏的射电望远镜。

FAST 的三大独创技术是：①以天然的喀斯特洼坑作为台址；②洼坑内铺设数千块单元组成冠状主动反射面；③采用轻型索拖动机构和并联机器人实现接收机高精度定位。

动光缆是国家天文台、烽火通信和北京邮电大学花费 4 年时间，为解决 FAST 望远镜信号传输条件下的高功率稳定和低损耗问题，经过自主研发设计和多次长期工况模拟试验测试，研制成功的专门用于 FAST 望远镜的光缆。最终用在 FAST 望远镜上的 48 芯的动光缆经受反复弯曲、卷绕和扭转等机械性能和恶劣自然环境考验，创造了抗 10 万次弯曲疲劳寿命的世界纪录，有效解决了当前 FAST 望远镜天文信号在低衰减波动性能要求下的传输可靠性问题。

本项目主要设计了一个小型的 FAST 模型，通过表现动态反射面、馈源舱动态动作、动光缆动态特性，以 FAST 的真实情况为基础，综合考虑成本、展示效果、设计及制作难度等，最终决定突出表现 FAST 工程中几项关键技术，即动态馈源舱技术及动光缆技术，并让观众在安全的情况下通过实际操作体验来获得知识。

项目最终完成符合以下六个指标的展品：①模型直径约 1.5 米；②动态反射面原理表达正确；③动态馈源舱运动正确，受力建模正确；④动光缆特性表达准确，观众易于理解；⑤各视频播放正常；⑥6 个钢塔的受力建模正确，显示及联调正确。

三　研究方法与技术路线

项目研究过程中采用了科学研究方法中常用的调查法、实验法、模拟法等方法，项目组人员多次向北京邮电大学的林中教授请教 FAST 动光纤的相关问题，收集大量技术资料，并且多次讨论如何展现这三项核心技术。在项目过程中通过数学建模与仿真工具对整体展品进行模拟分析，通过多种研究方法确定了最后的技术方法与实施方案，如图 1 所示。

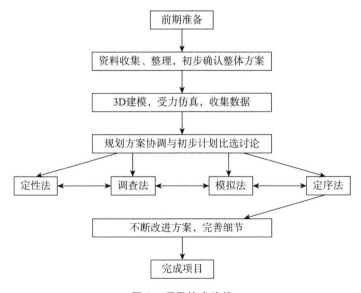

图 1　项目技术路线

四　研究过程

（一）准备阶段（2017 年 3～5 月）

撰写项目研究方案，做好申报、立项及论证工作；进行资料收集、整理，对 FAST 动光缆模型进行需求分析，构思整体模型，完善技术及展示设计方案。

（二）实施阶段（2017 年 5～11 月）

请专家指导，通过 Matlab 仿真馈源舱在不同位置时钢塔的受力情况；案例研究，查阅动态反射面技术原理的资料，制作视频；通过仿真分析数据，利用取得的阶段性研究成果对 FAST 模型进行设计和建造，在完成主体模型之后再进一步完善细节，像安装手摇轮、设计安装动光缆和普通光缆、显示设备的安装等工作。

（三）总结阶段（2017 年 11～12 月）

收集整理项目研究的数据资料，并且对整体模型所完成的功能进行分析测试；撰写项目研究报告。本项目研究方法以实验法、模拟法为主，以对比法和调查法为辅。

五　研究成果

本项目主要围绕 STEAM 理念进行设计展示，最终展品的整体设计主要考虑了以下几个方面。

1. 符合人体工学

展示的最终目的是吸引观众，达到科普的效果。在展示设计中，了解人体在展示空间中的行为状态和适应程度，是确定各项空间设计的依据。本项目主要考虑两个方面：第一，展示设计中各种空间尺度适应人体的需求；第二，展示设计中尺度、光照、色彩更好地适应人的视知觉。

2. 简要还原 FAST 模型

FAST 的设计理念是利用中国贵州的喀斯特洼地，建造球反射面的"喀斯特工程"，直接在洼坑内铺设了数千块单元，组成 500 米球冠状主动反射面。

3. 展示动态反射面板技术

反射面板是决定 FAST 探测威力和探测精度的核心要素，用于汇聚无线电波供馈源接收机接收，由 4450 块反射面单元（一个单元包括多块面板）组成，其表面积约为 25 万平方米，相当于 30 个足球场。反射面可主动变位，即根据观测天体的方位，在 500 米口径反射面的不同区域形成直径为 300 米的抛物面，以实现天体观测。但是在展示设计中，考虑到动态反射面不可能是一块反射面单独动，都是一部分面积联合动。而且动的范围非常小，最大的动态范围为 1.5 米左右。作为模型来说，几乎可以认为不动。所以采用视频播放的方式来表达动态反射面技术的原理。

4. 展示动态馈源舱技术

我国科学家创新设计在 FAST 周围的山上建造 6 个钢塔，延伸出 6 根、每根 600 多米长的钢索拽起馈源舱，通过塔下机房内的卷扬机收放 6 根钢索，以调节馈源舱在空中的位置，使之永远处在球面（抛物面）的焦点上，把几千平方米的球面接收到的信号聚拢起来，并接收进行处理。观众通过手摇轮来控制馈源舱的位置，通过显示系统来显示此时系统所对应的天空区域。并且，将动光缆的结构、组成、动态特性等指标实时直观地通过视频展示。

基于项目的核心目的，最终设计了相应的科普展品。①通过模型，使观众能够身临其境地感受 FAST，并且可以虚拟改变动光缆的状态，感受动光缆的传输性能。②现场展示 FAST 动光缆，模拟营造 FAST 的实际环境，再现动光缆工作时的传输性能。在扭转弯曲时，图像信号的传输情况使观众直观感受动光缆的形变对传输信号的影响。③同时放置非动光缆结构普通光缆，展示在相同环境下的传输性能。并同时将两种光缆呈现的图像相互比对。④观众可自主改变动光缆的运动状态、程度以及各项环境参数。并且可以在光缆输入端选择不同的视频信号，然后观察输出端的输出信号情况。

六　项目创新点

在完成项目的过程中遇到了很多技术难点，例如模型太小无法全面展示动态反射面和馈源舱的原理，动光缆的内部特性表达不易。为了更好地解决这些问题，项目成员多次查阅资料，最后得到了较为满意的解决方案。项目的完成不仅仅解决了以上几个难点，还具备以下创新点：①采用3D打印技术完成模型建模；②采用视频和数学建模的方法表现动态反射面技术；③采用数学建模技术展示馈源舱的动态动作范围与斜拉钢索的受力关系；④将光栅技术原理应用于手柄摇轮上，避免机械性损伤；⑤采用视频联动播放控制技术，展现动光缆的机械特性及结构特性。通过这些创新点实现了对于FAST工程中FAST动光缆、动态馈源舱，和动态反射面技术的很好的交互展现，并制作模型（见图2）。

图2　FAST整体模型

FAST工程主要由馈源支撑系统、测量与控制系统、馈源与接收机系统三大主体工程构成。通过已完成的模型可以看到六个塔在动态反射面周围，每个塔都连接着处于空中的馈源舱，由于尺寸的问题我们把伺服电机和驱动主板放在了模型的下面，外面观众的操作会通过主板驱动电机使馈源舱到达预定的位置，在馈源舱到达预定的位置之后置于后面的屏幕会自动显示所对应的星空（见图3、图4）。

图3　猎户座　　　　　　　　　　图4　蟹状星云

通过驱动主板与电机实现了动态馈源舱与星空的联系，让观众对于馈源舱的运动与FAST射电望远镜的功能有一个初步直观的印象。

FAST工程通过三个伺服电机实现了对馈源舱的精准控制，在模型里也是通过三个伺服电机实现了馈源舱的运动，由于涉及三个电机联动，利用建模与受力分析不断调整，让馈源舱可以到达指定位置。由于制作的模型体量太小，主动反射面的原理无法在这种规格的模型上还原，而且考虑模型的耐用性，最后采用视频的方式对动态反馈面的原理进行展示。

在FAST动光缆性能展示部分，不同位置的星空会通过FAST动光缆和普通光缆两种光缆对应显示，两种光缆都处于观众可接触的外界，我们让两个屏幕通过同一信号源传输，再通过两种光纤进行对比，我们知道FAST动光缆具备普通光纤无法达到的硬性指标，观众在参观时可以对两种光纤进行弯曲、卷绕和扭转，两种所连接的屏幕上所展示的图像会因为这一系列的操作出现不同的情况：普通光纤对应的屏幕经过这系列操作产生了明显的失真，而FAST动光缆所连接的屏幕则没有明显的变化。通过这一系列操作可以让观众对FAST动光缆的性能有明确的了解。

七　应用价值

本项展品填补了国内关于射电望远镜和光纤类展品的空白。模型结合世界瞩目的 FAST 射电望远镜的背景与北京邮电大学的技术能力，不仅有效展示了 FAST 模型中几个关键技术点，更是达到了将 FAST 动光缆的优势特点清晰地向观众传递的目的。整个展品符合 STEAM 理念，并且可以面向不同年龄段观众科普不同层次的知识。展品专业性强，汇集了射电望远镜最新的科研成果，且可以依托于北京邮电大学科普互动展厅这一优秀的展示平台进行全面的技术应用展示；科研成果转化有着得天独厚的孵化条件；展品科普性强，用户体验多样化，便于知识普及。

总而言之，FAST 动光缆技术拥有很好的行业示范性，本项目校企联合，实现了科研向产品、产品向展品的成功转化，不失为一个成功的案例。

《飞天的梦》科普图书 AR 展示系统

项目负责人：张树鹏

项目成员：曹瑞　戴也　陈筱琳

指导教师：侯文军

摘　要：本项目旨在将复杂难懂的火箭结构、火箭飞天等知识运用增强现实（AR）技术进行创意表达。通过用户画像的方法，建立用户角色、串联故事情节，将知识内容融入故事中，满足读者连续的阅读需求；运用设计创新的方式，使用 AR 虚实交互技术实现不同科普知识的创意表达和呈现，让读者的体验更加沉浸，记忆效果更加深刻。项目最终实现基于《飞天的梦》科普图书的 AR 展示系统，实现火箭历史、火箭结构、宇宙速度、太阳系等核心知识点的 AR 功能表达，并集成发布一套完整的产品系统。

一　项目概述

（一）项目背景

航天科技成就，火箭发射、载人航天、月球探测等航天知识的普及不仅是科学知识的普及，也是科学精神和国家荣誉感的传递。在中国的科技馆中，有专门科普中国航天相关知识的展区，但大多为宏观内容的呈现，其规模庞大、综合性强，参观者可以远观但难以进行深入体验和细节学习，因此火箭、航天类的科普图书是合理的也是必要的。

本项目是基于科普图书《飞天的梦》的 AR 展示系统，以我国的航天技术成就为知识点展开的科普创新工作，旨在运用 AR 技术与交互手段来优化故事的阅读体验，以一种更为生动有趣、更加丰富立体的形式为少儿普及火箭、空间站相关的航天科学知识，提升少儿的学习兴趣，增强少儿的国家荣誉感。

（二）研究过程

项目内容为设计研发基于科普图书《飞天的梦》的 AR 展示系统，研究过程主要包括以下几个方面。

1. 文献查阅

针对火箭航天知识，进行大量文献查阅、实地调研，归纳整理相关知识点，包括但不限于火箭结构知识、重力加速度、超重失重、空间站、火箭发射、载人火箭、火箭返回舱、太阳系行星知识、火箭发展史等相关重点，以严谨的科学态度和准确的语言文字对上述相关知识点进行汇总，为后续图书故事创作奠定基础。

2. 用户画像

如何将晦涩难懂的科普知识表达清楚，且更容易理解是项目重点思考的内容。目前，市场上存在许多这样的科普图书、科普视频，但科普效果不理想。因此在项目研究的过程中，我们提出基于用户画像的研究方法，将复杂的科普过程穿插在故事中，以故事情节进行转述，设计故事情节以及人物角色，将知识点转化成困难阻碍和解决方法，在故事情节的发展中阐述清楚，增强可读性和趣味性。

3. 多学科融合

本项目以酷炫的数字原生代阅读形式、AR 交互技术将单一文字和图像的科普知识表达转化为三维呈现、可交互的动画内容，优化读者的沉浸式阅读体验。例如将火箭结构、火箭发射知识设计成游戏过程，让孩子们自己参与体验火箭的安装、升空过程，重复演练如何脱离万有引力、体验宇宙速度的发现。这一阅读过程便是科学精神的植入与传递，与只能单一地讲解万有引力定律的图书相比有天壤之别。太阳系知识点 AR 展示如图 1 所示。

4. 交互创新

将 AR 技术与科普图书绘本结合难点在于使用情境和虚实融合的处理。本项目在研究过程中更关注科普知识点的多媒体呈现方式，在实现阅读功能的同时满足读者与虚拟物理的互动，使用户在交互中体验、在体验中交互，真正实现虚拟和现实的融合，提高阅读过程的沉浸感。

图1 太阳系知识点 AR 展示

（三）研究内容

项目主要内容包括以下几个方面，从图书内容、分镜绘画到完整的图书创作以及配套图书使用的移动端 AR APP 交互系统，分述如下。

1.《飞天的梦》科普故事创作

主要故事框架及知识点如下。

嫦娥奔月——被封印的梦想。故事背景是外太空灵魂人害怕人类继续探索宇宙会对宇宙造成伤害，于是提取了人类关于航天的记忆。从此在地球居住的人类忘记了探索，开始任由地球自生自灭。

飞天梦想——克服万有引力。机缘巧合之下，故事主人公解封了记忆，开始怀揣梦想探索太空，要克服重重困难，需要恢复先进技术、创造飞行工具等。

宇宙速度——人类探索实践。在查阅资料中，人类针对困难问题逐个击破，借助速度来抵抗重力，依靠速度送飞船上天。

长征火箭——超级太空车。长征火箭承载了无数中国人的飞天梦，在一代代火箭人的努力下，火箭飞得越来越高，探索的历程也越来越远。

2. 图书分镜设计、插图绘画

本书是科普绘本图书，需要将文本故事转化成图文信息呈现给读者，因此需要将科普故事精心设计成分镜故事，用插图绘画的手法表达故事情节的发展。

主要包括以下几个方面。①完成交互式科普童话绘本的编写、脚本编写、动线研究，设计主要故事场景；②技术查询和考证工作，完成绘本的角色、场景的设计、创建工作；③抽取火箭飞天的核心知识点，进行汇总整理。同时完成科普图书《飞天的梦》的设计制作；④基于科普童话故事《飞天的梦》的情节和知识点变化，设计基于 AR 技术的交互动画结构方案。

3. AR 虚实交互方案

按照 MVC 的设计模式，Model 层主要对数据库信息做提取、保存处理，在 AR 系统中主要表现为 target 目标的提取和处理。View 层主要分两个部分：扫描图书标记区域；采集图片的特征点，匹配成功后显示三维模型、动画等内容。Control 层主要负责图像识别匹配、内容处理、虚拟信息渲染等业务处理，以火箭科普知识为主，展示以下核心知识点。

①人类飞天的历史故事，包括从最初的对火的认知，到各种飞行器的发明，再到现在火箭的出现、宇宙飞船的发明，等等；②火箭结构介绍，包括整流罩、发动机、燃料箱等火箭结构；③火箭发射、卫星降落过程，从火箭装配到火箭发射，再到火箭各部件分离卫星展开，到最后的降落伞回落等过程知识；④太阳系行星知识介绍，火箭飞离地球后进入太空，对太阳系其他星球的知识介绍包括生动的三维模型以及专业的科普知识；⑤宇宙速度知识点，介绍第一、第二、第三宇宙速度的意义，以更直观的方式、更生动的表达呈现；⑥太空舱等设备结构介绍，介绍宇航员进入空间站后在太空舱的生活，空间站的结构、内容等；⑦根据上述知识点构建科普图书《飞天的梦》AR 展示系统，实现动态的、可视的、三维的动画以及游戏，以更加直观生动的形式展示火箭相关知识内容。

二　研究成果

（一）《飞天的梦》故事内容创作

故事主要分为七个章节，糅合了前文中提到的核心知识点，以故事情节串联知识点讲解，打造沉浸感的阅读体验。故事梗概如下：外太空的更高智慧的生命体 G（重力的寓意）观察到人类不好的一面，因为不希望地球人开拓宇宙、占领资源，威胁宇宙的安全，所以决定消除人类航天的记忆，并将其封印在几个航天博物馆中，其记忆碎片可以分为燃料、火箭、航天飞机等几个部分；故事以小飞、小龙、小蝶三个人为主角展开剧情，小飞和小龙在参观航天废墟城时，奇异的想法激活了龙爷爷封存的航天记忆；然后龙爷爷带领三个孩子去探索宇宙，恢复人类的航天技术，进一步探索宇宙。

（二）《飞天的梦》绘本设计

根据故事梗概，进行图书插图设计，完成总计 40 页的图书制作，部分页面如图 2 所示。

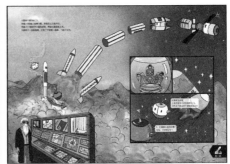

图 2　绘本图书插图示意

（三）《飞天的梦》移动端 AR 展示系统

AR 展示系统包括三个部分：界面、交互、展示。该展示系统完成既定的考核指标，并以完整的 APP 产品形式呈现，共包括 8 个演示功能，操作简单，体验方便，主要功能如下。

人类飞天发展历史。扫描识别后，叠加虚拟的背景，用户读者可通过提示信息点击查看，该功能共完成了 8 组动画，分别包括竹蜻蜓、风筝、飞艇、滑翔机、火箭等的发射动画效果；

AR 动态渲染技术实现螺旋桨飞机、空间站以及太空舱的 DIY 过程。通过将书本图案的涂色实时映射在 AR 扩增显示的模型上，增强了互动性和趣味性。这是一种典型的虚实交互方式，能够让用户在观看的同时参与到过程中，可增强用户对细节知识的记忆和理解能力。

解释第一、第二、第三宇宙速度。第一宇宙速度是火箭克服地心引力，达到绕地球飞行的最低速度——7.8km/s。第二宇宙速度是飞船逃离地球的最低速度——11.2km/s，第三宇宙速度是飞船飞出太阳系的最低速度——16.7km/s。通过设计"拉弓蓄力"的游戏方式来模拟火箭发射过程中需要达到的最低速度，实现 AR 火箭发射，让用户在游戏中学习细节知识点。

空间感知火箭拼装。采用 IMU 技术实现扫描寻找散落在空间范围内的火箭部件结构，找到之后可以固定在屏幕端，点击对应部件可以查看详细说明完成整个火箭的拼装，点击发射，可以查看火箭发射过程。

火箭发射、返回舱降落过程，通过 AR 视频的方式展示。扫描书中对应的页面，在合适位置叠加视频播放，内容是对图文信息的动态化视频展示，包括火箭部件的拼装、点火发射、部件顺序脱落、行星展开等内容，由建模完成然后渲染成视频，以 AR 的方式呈现出来。此方案是将视频叠加在书本上，并不会完全遮挡书本原有内容，相当于对图文内容的增强，可以优化阅读体验和增强记忆效果。

太阳系行星知识点介绍。通过模型动画 + 多点触控交互形式，让太阳系行星的空间运动呈现在眼前，近距离观看行星运动、旋转等规律。同时，通过点触交互实现行星知识点的介绍，将更加详细的知识点信息通过卡片的形式呈现在屏幕端，响应用户操作后出现。

火箭发射视频展示。为了帮助用户更好地理解火箭发射的过程，对火箭结构拼装、发射、部件脱落等过程进行了建模渲染，然后以视频的形式展示在对应的图书页面中。此外，返回舱降落采用同样的技术方案进行展示。

以上为《飞天的梦》移动端 AR 展示系统的全部功能。除此之外，以完整 APP 产品的形式进行封装，设计了包括 icon、开机动画、跳转动画、主界面等内容，串联所有功能，发布成一个完成的产品使用。

三　项目创新点

（一）方法创新

对于 AR 科普图书来说，目前市面上的产品大多停留在知识讲解阶段，只是把书本上静态的图文用三维、视频等多媒体形式表达出来，与传统的视频讲解差别不大，并不能使读者更快地了解知识。这也是 AR 技术当前的瓶颈，即大多停留在增强显示的阶段，没有体现 AR 实时交互的特点。本项目在此基础上，更关注 AR 展示系统的交互操作、使用过程等。在研究方法上通过设计创新的形式，创新科普知识点的多媒体呈现方式，在实现阅读功能的同时满足读者与虚拟物理的互动，实现用户在交互中体验、在体验中交互，真正实现虚拟和现实的融合，增强阅读过程的沉浸感。

（二）成果创新

科普图书《飞天的梦》与目前图书市场上常见的科普图书是不同的。该图书采用 AR 技术，将信息技术纳入绘本图书画面中，与故事情节和画面同步交互，主要有以下两个创新点。

1. 科普图书与 AR 技术融合

AR 技术将绘本图书扩展到虚拟的 3D 音乐、模型动画中，用户不仅可以看到科普绘本图文解说，还能通过移动终端设备看到 3D 动画展现的火箭发射、卫星航天等场景。

2. AR 虚实交互内容

AR 展示系统中使用的虚实交互技术，能够从精确的位置扩展到整个环境，将用户真正带入对图书内容增强显示的虚拟环境中，让用户在外部环境中的操作控制与虚拟叠加的内容实时响应互动，增强学习认知的沉浸感。

四　应用价值

本项目是对 AR 技术在科普知识传播、表达的一种探索，将原来神秘的火箭、航天等知识通过简单的手机、PAD 等设备搬到用户眼前，同时创新性地提出一些高级的互动玩法，让用户能够在娱乐新奇中探索知识的奥妙，记忆更加深刻。

将 AR 技术应用在科普教育领域，可以提升科普教育技术应用和科普场馆创新能力建设水平。技术创新推动着学习模式的转变，随着计算机视觉、人工智能等技术的发展，科普教育的发展面临新的机遇和挑战。

随着移动互联网技术和计算机视觉图像识别技术的快速发展，AR 技术实现了从军用、商用向民用化的快速发展。在谷歌、苹果、英特尔、高通等 IT 巨头的大力推动下，AR 技术在国际上已经广泛应用于互动广告、展览展示、可穿戴式设备、数字出版、科普教育等领域。AR 技术越来越普及，应用在科普教育中结合严谨的科普知识内容，可以开发出更多"既方便获取新知识，又能亲身体验"的科普教育产品，将对我国的科普事业起到重要作用。AR 技术的虚实融合、实时交互、突破限制等特点可以满足人们随时随地、随心所欲的学习需求，推动学习模式的转变。

参考文献

田勇：《通天神箭：火箭》，吉林人民出版社，2014。

刘学富：《基础天文学》，高等教育出版社，2004。

朱淼良、姚远、蒋云良：《增强现实综述》，《中国图象图形学报》2004 年第 7 期。

任中方、张华、闫明松等：《MVC 模式研究的综述》，《计算机应用研究》2004 年第 10 期。

张树鹏、侯文军、王希萌：《基于增强现实虚实交互的科普知识学习方法设计研究》，《包装工程》2017 年第 20 期。

Caron, F., Duflos, E., Pomorski, D., et al., GPS/IMU Data Fusion Using Multisensor Kalman Filtering: Introduction of Contextual Aspects," *Information Fusion*, 2006, 7 (2): 221 – 230.

基于离子型电致动聚合物
柔性仿生机器人

项目负责人：李超群

项目成员：俞林锋　刘炎发　胡小品　杨倩

指导老师：常龙飞　胡颖

摘　要：柔性智能材料因其独特的性能以及对传统机械驱动方式的革新，成为科学界的研究热点。离子型电致动聚合物是以离子迁移实现能量转换的柔性智能材料，其驱动电压低（小于10V）、变形大、响应快、柔性好、能耗低且不易疲劳，在柔性机器人领域展现可观的应用前景。本项目以离子型聚合物金属复合材料（IPMC）作为驱动器，融合不同的结构功能，以科普工作为重心，设计出适用于海、陆、空的三种柔性仿生机器人。以柔性机器人作为载体，突出介绍材料的性能特点、变形机理和应用前景，深入浅出地向青少年科普研究材料。本项目旨在促进青少年对该材料的认识，增加青少年对该材料的兴趣，达到推广和发展研究材料的目的。

一　项目概述

（一）项目背景

21世纪以来，随着科学技术的发展，先进材料的开发成为地球可持续发展的一个重要议题。在仿生材料的基础上，智能材料（Intelligent Material）是一种能感知外部刺激，从而做出相应判断和执行的先进材料。此概念一经提出便引起了全世界不同领域的广泛关注。智能材料在受到外部刺激时自身内部的质量进行传递或微观结构发生衍变，从而实现电能或化学能与机械能之间的相互转化，为革新传统机械驱动方式，实现高效化、微小化、集成化复杂装置带来希望。同时，使功能材料和结构材料两大范畴之间的界限逐渐消失，实现结构功能化、功能多样化。因此，智能材料势必成为促进国民经济发展、推动科学技术进步的研究热点。

电致动聚合物（Electro-active Polymer，EAP），俗称"人工肌肉"，是近年发展起来的一种新型柔性智能材料。这类材料在外加电激励作用下可以产生机械响应，同时能在机械变形或者压力作用下产生相应的电能输出。根据换能机制的不同，EAP 材料分为离子型（低压驱动型）和电场型（高压驱动型）两种。离子型 EAP 材料凭借驱动电压低、弯曲变形大、反应迅速、柔韧性好、不易疲劳、可在液体环境运行等不可替代的独特优点，在太空探索、军事探测、生物医学、仿生机械、光学器件等领域展现了广泛的应用前景。最具代表性的有离子聚合物—金属复合材料（Ionic Polymer-Metal Composite，IPMC）、导电聚合物（Conductive Polymer，CP）、巴克凝胶（Bucky Gel，BG）、离子凝胶（Ionic Gel，IG）等。

为了推动该类材料的科普化，提升广大人民群众对离子型 EAP 材料性能特点的认知水平，本项目提出设计制造基于离子型 EAP 材料驱动器的柔性仿生机器人原型，如蝴蝶机器人、蠕虫机器人、仿生鱼机器人等，以期科普 EAP 材料的材料特性及变形机理和柔性仿生机器人技术，促进先进材料的推广和发展，对推动科技进步及国民经济发展均具有重要意义。

（二）研究过程

项目大致分为三个阶段。

2017 年 3 月至 2017 年 4 月为准备阶段，主要工作是文献调查。整理了关于 IPMC 应用的文献，了解并学习了 IPMC 相关机器人的尺寸、结构和驱动原理等。

2017 年 5 月至 2017 年 8 月为实施阶段。2017 年 5 月至 2017 年 6 月，为前期实施阶段，主要开展的研究工作是双边电极型 IPMC 材料、单边电极型 IPMC 材料的制备，驱动性能的测试；2017 年 7 月至 2017 年 8 月，为中期实施阶段，主要工作是控制电路的设计、制作与稳定性调控。

2017 年 9 月至 2017 年 12 月，为后期实施阶段和项目结题验收阶段，主要开展的工作是仿蠕虫机器人、仿蝴蝶机器人、仿生鱼机器人的样机开发及性能测试，项目结题相关材料的准备与撰写。

二　研究内容

项目研究内容主要包括前期调研、驱动器制备、控制电路设计、仿生机器人开发四个部分。

前期调研主要是了解该类材料在国内外的相关研究现状，由 IPMC 材料驱动的仿生机器人已经涉及海、陆、空等领域生物的仿生。其中仿鱼机器人的设计相对比较完善，已经可以实现探测拍照、检测水质等功能。仿蠕虫机器人和扑翼机器人的结构较为简单，控制相对容易，实际应用也较为多样。这种新型的离子型 EAP 材料在仿生机器人领域展现出了极大的应用前景与发展潜力，在仿生机器人的发展上起着愈加重要的作用，推进了仿生机器人的快速发展。

驱动器制备主要包括驱动器材料制备和驱动性能测试。本项目中制备了两种不同类型的驱动器材料，分别为单边电极型 IPMC 材料和双边电极型 IPMC 材料。两种材料在结构上有所不同。双边电极型 IPMC 材料是一种类三明治的电极层—基体膜层—电极层结构，电极层位于基体膜的两侧，一般可以通过化学镀在基体膜两侧镀覆电极获得。单边电极型 IPMC 材料是电极层—基体膜层—封装层结构，与前者相比，其起导电作用的电极层由多片电极构成，封装层起防止水分散失的作用，不一定是电极材料。因此，单边电极型 IPMC 材料不能单独通过化学镀方法得到，需要结合掩膜法/雕刻法。制备得到材料之后，对材料进行电致动性能测试，分别测试两种不同类型的材料在电压信号下的变形情况。

控制电路主要包括系统微控制器、驱动信号生成单元、电压转换单元等几部分。以 STC15F2K60S2 单片机为系统主控芯片，通过编程输出控制信号给 L9110 电机驱动芯片，驱动信号根据接收到的控制信号，输出与之相对应的驱动信号，从而驱动 IPMC 材料运动。整个控制电路采用锂电池经 AMS1117 稳压模块稳压后供电。经电路原理图绘制、PCB 电路板加工、电路板电子元器件焊接、驱动程序烧录等过程，得到满足柔性智能机器人设计要求的控制电路。

仿生机器人开发主要是机器人躯体模型设计和整机安装测试。本项目设计开发了仿蠕虫、仿蝴蝶、仿生鱼三款柔性仿生机器人。通过分析尺蠖的蠕动，简化其运动模型，采用不同结构的 IPMC 材料作为驱动器，设计蠕虫机器人模型来模拟尺蠖蠕动。仿蝴蝶机器人通过观察分析蝴蝶飞行时的扑翼运动来设计。仿生鱼机器人通过观察分析鱼类在水中的游动来设计，主要考虑尾部驱动器在游动时的作用，来实现机器人在水中的游动。

三　研究成果

（一）IPMC 材料

IPMC 材料优化工艺。根据查阅的论文和指导老师的指导，我们制备了 Pd – Au 电极型 IPMC 材料。前期采用的 Pd 电极型 IPMC，由于团队对制备工艺掌握不足，输出力和偏转位移等性能较差，严重制约了机器人的运动性能。本次制备的 Pd – Au 电极型 IPMC 材料是利用浸泡还原镀在离子膜上镀覆 Pd，然后利用电镀在表面沉积 Au。制备的 IPMC 材料性能显著提高，其变形如图 1（a）所示。另外，本团队创新地提出了单面电极 IPMC，其变形形式为 S 形如图 1（b）所示，为制备机器人提供了更多可能。

（二）材料展示箱

本项目的主要目的是科普柔性智能材料，提升广大人民群众及科研工作者对离子型电致动材料性能特点的认知水平，从而推动这类新型智能材料在国内的发展。因此我们制作了材料展示箱，用以展示 IPMC 材料在电压作用下会产生弯曲的性能。

白色底座采用 3D 打印技术制作，内部装有控制电路及电池；展示箱保护罩是 4 毫米厚度的亚克力板经裁剪成所需要的尺寸，然后用胶水粘合拼接而成，对内部夹持的材料起到一定的保护作用。支撑柱上的夹子用以夹持 IPMC 材料，且夹子两侧连有导线，以对材料施加电压信号。控制电路可输出幅值 3V 频率可调的波形电压信号。

（三）柔性仿生机器人样机

1. 仿蠕虫机器人

单边电极型蠕动机器人。利用单边电极型 IPMC 材料在交流电作用下可

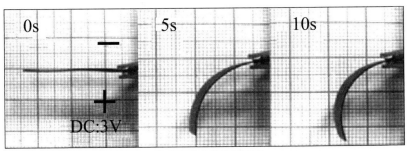

（a）双边电极性能测试

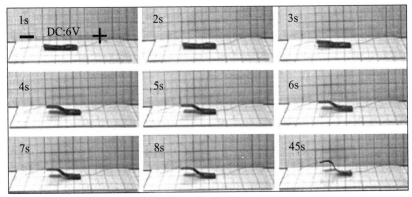

（b）单边电极性能测试

图1　IPMC材料通电变形

以反复产生S形变形这一特征，设置了一个倾斜度10度的斜坡环境以供蠕动机器人爬行。对该蠕动机器人施加6V、0.1Hz的方波激励，它可以在10度的斜坡上以11.2毫米/分的速度爬行下坡。

双边电极型蠕动机器人。利用双边电极型IPMC材料在波形电压作用下产生弯曲这一特性，设置倾斜度约为45度的锯齿面供蠕动机器人爬行。如图2所示，该蠕动机器人结构极其简单，仅为一片50毫米×5毫米的IPMC材料，对其施加4V、0.25Hz的方波激励，它可以在锯齿面上以200毫米/分的速度爬行。

2. 仿蝴蝶机器人

通过对蝴蝶飞行动作的模仿，设计了仿蝴蝶机器人。翅膀尺寸为59毫米×79毫米，在4V周期为3S的波形电压下，蝴蝶翅膀的摆动幅度可达30毫米。

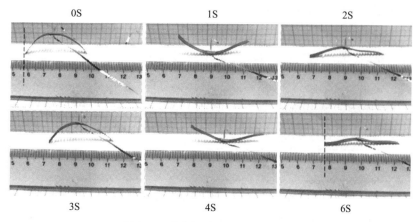

图 2　双边电极型蠕动机器人爬行

3. 仿生鱼机器人

通过对鱼类游动动作的模仿，设计了仿生鱼机器人（见图 3），其总体质量为 34 克，机体尺寸为 33 毫米 × 59 毫米，尾部 IPMC 驱动器尺寸为 60 毫米 × 7 毫米。在 3 V、0.5 Hz 的波形电压下，其在水中的游动速度可达 504 毫米/分。

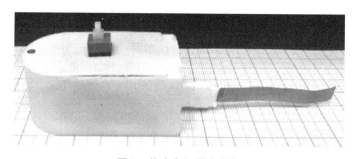

图 3　仿生鱼机器人样机

四　总结与思考

（一）创新点

本项目的研究对象为离子型电致动聚合物，这是一种柔性智能材料，通过利用自身内部的质量传递或微观结构衍变来实现电能或化学能与机械能之间的相互转化。利用该类材料作驱动器是对传机械驱动方式的一种革新，为工业设计实现高效化、微小化、集成化带来了希望。与压电陶瓷、形状记忆合金两种传统的智能材料相比，该类材料也具有响应速度快、质量轻、能耗低、不易疲劳等优点。

在研究方法上，项目团队采用模块化设计方法，将柔性仿生机器人分为驱动器模块、控制模块、机体模块进行设计，最后再进行整机的组装调试。这种设计方法有利于快速查出机器人运行过程出现故障的问题所在，并且方便对故障区域的配件进行更换。

在研究成果方面，本项目设计制作了三款仿生机器人并配备了相应的展示箱，实现了 IPMC 材料从实验室到科普展台的转变。在展示箱里对仿生机器人进行展示，可使观众直观地看出材料的变形形式。

（二）应用价值

用直观的表达形式解释枯燥的理论知识是极好的科普方式。IPMC 材料的逆压电效应是其变形的理论基础，通过三款迷你机器人有趣的运动，可以直观地表达出来。这种直观的表达方式很容易引发不同知识层次的人的浓厚兴趣和广泛思考，对于科学的普及与促进更是一个互动的良好机会。因为科学既是天马行空的遐想，更是持之以恒的探索求证。

单从材料本身而言，这种新型材料无论是在结构还是变形机理上都与传统材料存在根本区别，相对压电陶瓷、形状记忆合金两种传统智能材料也有许多突出的优点。在科普实践中，将几种材料对比展示，可以使观众对材料的认识程度有所提升，了解材料学科不断发展的过程。该类材料制作的柔性机器人与传统机械结构机器人相比，虽然在输出力度上有所不足，但是前者具有结构简化、功耗显著降低、柔韧性好、不易疲劳等诸多优点，因此在太空探索、生物医学、仿生机械、光学器件等领域具有广泛的应用前景。

（三）未来发展

IPMC 材料特点极为鲜明，前景极为多元。虽然本项目已经成功地开发出了三款简单的小型机器人，不过离实际应用仍有一定距离。相关研究者知道，输出力不足、易失水松弛是 IPMC 材料的短板特征。我们一直思考是否可以通过引入其他材料来改善其局限性，比如在基体膜增添纤维材料增强强度，使用离子液体取代基体膜的水来改善材料的失水松弛等。从材料的应用方面来看，IPMC 材料应该朝小型化、微型化、使用环境特殊化发展。比如使用 IPMC 材料制作抓持机构质量轻、能耗低、变形大，虽然输出力小，但是在处于失重状态下的航天站则将表现出明显的优势。所以，IPMC 材料的改性研究、应用探索都是具有实际意义的。

参考文献

魏强、陈花玲：《电致动聚合物智能材料分类及其特点》，《传感器世界》2007 年第 4 期。

Susheel, K., Luc A., *Biopolymers: Biomedical and Environmental Applications*, New York: John Wiley and Sons Inc., 2011.

Shahinpoor, M., "Potential Applications of Electroactive Polymer Sensors and Actuators in MEMS Technologies," Proceedings of the SPIE: Smart Materials, USA: The International Society for Optical Engineering, 2001, 4234: 203 – 214.

Baughman, R. H., "Muscles Made from Metal," *Science*, 2003, 300 (5617): 268 – 269.

Baughman, R. H., "Playing Nature's Game with Artificial Muscles," *Science*, 2005, 308 (5718): 63 – 65.

Madden, J. D., "Mobile Robots: Motor Challenges and Materials Solutions," *Science*, 2007, 318 (5853): 1094 – 1097.

Stuart, M. A. C., Huck, W. T. S., Genzer, J., et al., "Emerging Applications of Stimuli – responsive Polymer Materials," *Nature Materials*, 2010, 9 (2): 101 – 113.

Samatham, R., Kim, K. J., Dogruer, D., et al., *Active Polymers: An Overview. Electroactive Polymers for Robotic Applications*, London: Springer, 2007: 1 – 36.

Asaka, K., Oguro, K., Nishimura, Y., et al., "Bending of Polyelectrolyte Membrancplatinum Composites by Electric Stimuli I. Response Characteristics to Various Waveforms," *Polymer Journal*, 1995, 27: 436 – 440.

鲁班榫卯益智玩具

——中国传统木构的演绎

项目负责人：高翔

项目成员：汪强　孙安顺　李骏豪　丁博文

指导教师：李早

摘　要：榫卯结构是传统建筑、家具的主要连接方式。构件之间凭借榫卯就可以做到连接合理、扣合严密、间不容发。如此精妙绝伦的技艺，如今其文化传承和市场应用却令人担忧。如今，国人对榫卯结构的了解大多停留在浅层认知，我们希望配合有趣的榫卯衍生设计，发扬和传承传统文化，汲取匠人精神，激发国人尤其是青少年对榫卯结构的热爱，找寻真正适合并属于自己民族的产品。

一　项目概述

（一）背景

党的十八大以来，习近平总书记对继承发扬中华优秀传统文化发表了一系列重要讲话，不仅反映了中央对文化建设的高度重视，而且彰显了以文化复兴助推民族复兴的坚定决心。2009 年，我国公布了首批国家级非物质文化遗产（简称非遗）名录，中国传统木结构营造技艺被成功列入，明式家具工艺作为我国传统文化经典被录入"非遗"名录中。榫卯结构作为传统建筑、家具的主要连接方式，构件之间凭借榫卯就可以做到粗细斜直，连接合理，工艺精确，扣合严密，间不容发。而如此精妙绝伦的技艺，其如今的文化传承和市场应用状况却令人担忧。

同时，伴随经济全球化的冲击和消费刺激，国人对榫卯结构的了解大多只停留在表层，我们希望配合有趣的榫卯衍生设计，发扬和传承传统文化，激发国人尤其是青少年对榫卯的热爱，使人们获得熟悉感和认同感、找寻真正适合并属于自己民族产品。另外，立足生态建设的方针政策，发扬榫卯结构无钉无胶的连接特点，倡导生态环境保护。

（二）目的与意义

榫卯构造是古代工匠们在生活生产中积累下来的智慧结晶。然而，钢筋混凝土的出现终结了木材作为大型建筑支撑的时代，家具里的各种混合金属连接件也代替了榫卯的连接功能，历经千年沉淀的传统木质构造逐渐淡出人们的生活。但如今，我们的消费观念由物质层面转向精神与文化层面，国家对于弘扬优秀传统文化也给予大力支持，在种种因素的影响下，榫卯结构的潜在市场被打开。于是，打破传统思维与结构的使用概念，对其进行改良创新，使传统智慧融于现代人们的生活，让传统工匠智慧继续发扬传承，造福人类。

本课题前期将对常见的传统榫卯结构进行整理和分析，针对部分榫卯结构进行实地调研与考察。运用三维建模软件 Rhino、SketchUp 建立榫卯结构模型库，然后从图解模型层面展示榫卯结构，最终设计榫卯周边产品及玩具，完成相关设计方案、技术图纸。

（三）路线与难点

本研究分为四个部分，包括榫卯类型梳理、建立软件模型库、制作实物模型库、科普玩具及纪念品设计，研究框架如图1所示。

二　研究过程

中国古建筑以木构架为主要的结构方式，由立柱、横梁、顺檩等主要构件建造而成，各个构件之间用榫卯相连，构成富有弹性的框架。榫卯是在两个木构件上所采用的一种凹凸结合的连接方式。凸出部分称为榫（或榫头），凹进部分称为卯（或榫眼、榫槽），榫和卯咬合，起到连接作用。这是中国古代建筑、家具及其他木制器械的主要结构方式。

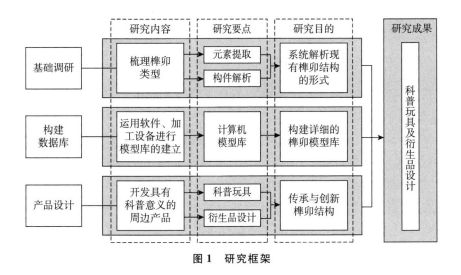

图1　研究框架

（一）榫卯类型梳理

通过互联网对现阶段已有的较为详细的榫卯结构进行分类梳理。整理出常见的榫卯约 33 种，按构合作用可分为三大类型：一类主要是作面与面的接合，如"槽口榫""燕尾榫"等；另一类是作为"点"的结构方法，如"格肩榫""锲钉榫"等；最后一类是将三个构件组合一起并相互连接的构造方法，如常见的"抱肩榫""粽角榫"等。

针对相对复杂或难以查询的结构类型，进行实地调研考察，对调研结果建立详细的调研数据库。

（二）建立软件模型库

拟运用 Rhino、SketchUp 等软件对所有的榫卯结构建模，并建立详细的榫卯模型库。

（三）制作实物模型库

对榫卯结构模型进行样品制模，并绘制能够机械化生产的技术图纸，运用现代化加工工厂进行精模制作。

（四）科普玩具及纪念品设计

发挥项目团队成员专业特长，进行科普玩具制作及纪念品设计，绘制技术图纸并进行样品制作。

（五）实物工艺制作流程

以儿童座椅为例，制作过程主要分为绘制下料图、切割、拼装、打磨与上蜡四个主要步骤。

①绘制下料图：将三维模型平面化，使用 AUTOCAD 软件进行模型下料图的绘制。将绘制好的导入 ArtCAM 软件进行编程，计算切割方法及路径顺序。②切割：将 ArtCAM 编程后的数据导入 MACH3 数控软件中，进行实体切割。③拼装：将切割下来的组件进行拼装，对不合适的地方进行修剪、打磨。④打磨与上蜡：将组装好的部件进行粗打磨与细打磨，最后打上一层蜂蜡保护木质。

三　研究成果

（一）榫卯结构模型库

通过互联网对现阶段已有较为详细的榫卯结构进行分类梳理，目前整理出常见的榫卯约 33 种（见图 2）。按构合作用可分为三大类型：一类主要是作面与面的接合，如"槽口榫""燕尾榫"等；另一类是作为"点"的结构方法，如"格肩榫""锲钉榫"等；最后一类是将三个构件组合一起并相互连接的构造方法，常见的有"抱肩榫""粽角榫"等。我们通过三维建模软件建立了 33 种常见榫卯结构的模型库，为后期的设计制作打下基础。

（二）榫卯益智系列——榫卯相框与台灯

通过对 33 种榫卯结构的整理与归纳，以及建模的过程，我们深度学习了榫卯结构的特性，并将其应用到相框、台灯设计当中。我们希望将榫卯结构应用于日常的生活用品中，让大众在平常的生活中也能感受到榫卯结构带来的魅力，以及动手拼装榫卯产品的乐趣。榫卯相框的设计就是出于这样的目的。

（三）榫卯益智系列——榫卯动物

榫卯动物系列之小猪。榫卯构件的互相嵌套，将小猪腼腆可爱的形象

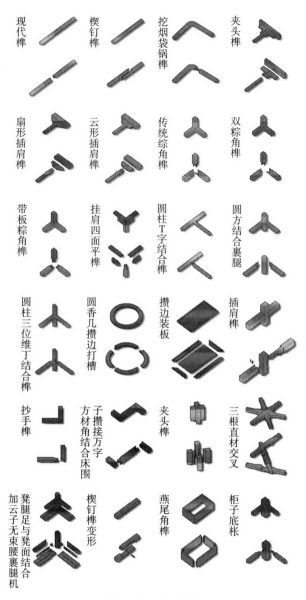

图 2　常见榫卯结构

通过厚实的身躯得以展现，整体形象符合儿童的心理活动特征。多构件的立体化拼装组合，将榫卯的阴阳智慧展现得淋漓尽致。

　　榫卯动物系列之狮子。榫卯益智系列的动物化充分符合儿童的心理特征，这对于目标人群的市场占有具有重要意义。榫卯构件环环相扣，将老虎站立的姿态表现出来，动态威武的表情跃然而出。棱角化的外形，既具有榫卯的传统意象，也具有很好的外观设计感。

（四）榫卯益智系列——榫卯小车

榫卯玩具车系列之大黄蜂。榫卯穿插的艺术构图和变形金刚的形体转变存在视觉上的相似。抽象提取变形金刚里的大黄蜂形象，榫卯构建的车体和精致的轮胎相互结合形成大黄蜂款的小轿车，在赋予榫卯创新设计意义的同时对它的材质变换做了初步尝试，将木构件与橡胶结合。

榫卯玩具车系列之擎天柱。运用时下最流行的卡通形象，对榫卯传统文化的现代适应性做了很好的尝试，是榫卯文化与外来文化的一次碰撞性检测。这款榫卯拼接车头同样采用了两种材料，对榫卯结构的材料创新做了探索（见图3）。

图3　榫卯动物、小车

（五）榫卯益智系列——小老虎榫卯儿童座椅

设计意向为小老虎，为3～5岁儿童设计的益智实用座椅。造型上，将小老虎简笔卡通化后作为座椅的整体形象。材质上，采用两色木头进行结构穿插，深色木头表达小老虎身上的斑纹，浅色木头则表达小老虎身上的皮毛（见图4）。用色简单自然，最大限度地抓住小老虎灵动可爱的卡通形象。功能上，考虑儿童接受的难易程度，座椅采用了最简单

图4　小老虎榫卯儿童座椅

的榫卯穿插结构，对中国传统榫卯工艺文化进行了转译和传承。在益智娱乐的同时，还具备落座的实际功用，方便拆卸与收藏。

（六）榫卯益智系列——天鹅榫卯儿童座椅

设计意向为一对天鹅，为 3～5 岁儿童设计的益智实用座椅。造型上，将天鹅曲项沟通的典型形象予以卡通简化，用最简单的线条表达天鹅的形象特征。材质上，采用两色木头进行结构穿插，深色木头表达天鹅的羽翼和脚掌，浅色木头表达天鹅的白色羽毛。形体灵动流畅，简约生动。功能上，座椅采用了最简单的榫卯穿插结构，不使用额外的连接装置，对中国传统榫卯工艺文化进行了转译和传承。

四　创新点

（一）理念创新

榫卯结构在发展和演变的过程中，被赋予了丰富的人文内涵和深厚的民族精神。随着国家对于弘扬优秀传统文化的大力支持及国人消费观念的转变，本着传统工艺与现代技术相融合的理念，以榫卯为载体来创作中华独特的工艺品牌。希望有更多的人能够思考祖先留下的思想与精神，从中汲取养分，使我们的传统文化得到更好的传承与发展。

（二）应用创新

为了让传统榫卯置身于文明快速发展的现在，需要将其融入现代审美。同时，打破传统思维与传统结构的束缚，对其在结构和材料上进行改良创新，使传统智慧能够融入现代人的生活，更作为艺术的展示。中国独有的榫卯结构结合当今产品设计的方法，挖掘其在艺术设计中的独特地位，旨在拓宽产品设计的思路，丰富产品设计的形式，更好地推动现代设计的发展。

（三）技术创新

榫卯结构除了具有不着痕迹、浑然天成的审美意义以及道家阴阳结合的文化意义之外，最重要的是具有科学合理的实用意义，主要表现在不用钉子或其他金属材料辅助也能将构件牢固、严谨地组合起来并保存很长时间。一些厂商为了追求利益最大化而大量简化榫卯结构，破坏了结构的稳定性，与此同时，加大胶合剂的用量，这不仅产生了环保方面的问题，还在一定程度上破坏了其所具有的优秀传统文化内涵。我们在保证榫卯的原生智慧不被稀释的前提之下对构造材料进行创新，将木块结构以金属框架、钢化玻璃、混凝土等形式呈现，结构上不脱离传统，形式上却更为多样。

五　应用价值

在详细调研儿童玩具市场现状后，我们发现手工拼装类或动手制作类玩具在儿童市场显得较为缺乏。另外，很多玩具是根据动画片中的人物或道具形象改编而成，儿童对于玩具的认知大多停留在形象认知层面。而榫卯玩具是面向儿童等低幼龄人群，从艺术化的形象入手（如玩具小车、玩具动物等），将玩具设计成可拼装或可组装的动态形式，在加强儿童动手能力的同时，增强其对中国传统工艺——榫卯的了解。通过对榫卯的相关知识进行艺术化科普，打造带有中国传统特色的榫卯玩具库，让此类"中国特色玩具"渐渐走向市场。另外，可探索简易的榫卯拼装单元件，由儿童通过想象自己动手组装想要的玩具模式，真正做到寓教于乐，将科普工作自然地融合于儿童的成长之路。

六　总结

随着社会的发展，大机器生产成为主流，受制于成本与产能，榫卯结构越来越少地出现在人们的生产生活中。为了延续古人的智慧结晶，也为了向大众普及榫卯的基本知识，本项目成员对榫卯在21世纪的发展与应用进行了积极的探索，最终确定了鲁班榫卯益智系列玩具的课题实践。这次实践是对榫卯工艺转译传承的第一步，涉及的人群主要为3~5岁的儿童，我们在考虑儿童的年龄心理特性后，采用最简洁的榫卯结构提高儿童的逻辑思维能力和动手实践能力，普及优秀传统技艺的同时创造价值。

前期，小组成员对榫卯结构进行了网上的基本学习和到安徽黄山传统家具加工厂实地深入的调研学习，确保自身对榫卯结构有足够的知识储备和实践基础；中期，小组成员对搜集的已有榫卯结构进行整合分类，用软件建模的方式构建榫卯模型库。既方便日后对榫卯结构进行补充和创新，也方便受众对榫卯进行较为全面的学习；后期，本小组成员对已经探索的榫卯进行现代设计语言附加后的再创作，自己动手实践，分别设计了相框、台灯、小老虎儿童椅、天鹅儿童椅、小猪和狮子等玩具，种类丰富，趣味无穷。

针对不同年龄和性别的使用人群，结合现代设计语言，进行一定程度的发展和创新，榫卯衍生物的设计还有很大的发挥空间，如传统家居、时尚陈设、精品周边等。功能构件与联系构件合二为一的主要思想贯彻设计始终，对传统榫卯文化予以继承的同时，也不忘对其进行与时俱进的更新，让其更好地适应这个时代的发展趋势，这些可以在今后进行进一步的探索。

参考文献

王世襄：《明式家具研究》，生活·读书·新知三联书店，2011。

谢和鹏：《明代家具对现代家具设计的启示》，《黎明职业大学学报》2008 年第 1 期。

杨耀：《明式家具研究》，中国建筑工业出版社，1986。

李孙霞：《榫卯结构在现代实木家具中的应用研究》，中国美术学院硕士学位论文，2013。

李永斌、陈婷：《互联网背景下可拆装榫卯结构创新设计研究》，《包装工程》2017 年第 22 期。

张玉瑜：《传统营造体系中的大木作工作图件系统：形式、特征与功能》，《建筑学报》2017 年第 11 期。

微型纺织品织机

—— 基于传统丝绸织造技艺

项目负责人：陈越

项目成员：梅皓天　闵海霞　汤瑞仪　谈元媛

指导老师：王晨　吴又进

摘　要： 对青少年开展科普工作是我国科学发展的重要手段之一。以何种主题、何种方式来开展针对青少年的科普活动一直是科普研究的重点。本项目旨在以振兴传统工艺、培育工匠精神为出发点，以开发互动性、科学性较强的科普展品为目的，进行适用于青少年的科普展品的开发。通过搜集资料、实地调研、咨询专家等一系列工作，以纺织工艺为切入点，以其中的织造技艺为主要内容，开发微型纺织品织机展品。通过一系列研究工作，成功绘制设计图并制造样机。并对织机展品进行相关科普活动调研，最终开发出适用于青少年的微型纺织品织机展品。

一　项目概述

（一）研究缘起

进入 21 世纪，科学技术与优秀传统文化相融合已成为一种新常态，随着我国科技馆、博物馆事业的蓬勃发展，青少年科普教育活动正日新月异地开展起来。推动青少年科普教育的发展，科普内容的选择和设计是关键。

科技馆不同于一般意义上的博物馆，它主要的功能是对公众进行科普宣传和科普教育。① 通过开展各种类型的科普教育活动，可以不断帮助公众

---

① 王恒、朱幼文：《我国科技馆事业发展的关键时刻》，《中国博物馆》1997 年第 3 期。

特别是青少年了解科技知识、树立科学思想、培养科学精神、体验科学技术等。在某种程度上，可以说科技馆扩大了博物馆的内涵和外延。在科技馆的内容展示上不能仅局限于数理化的基本原理和以学科为中心的模式，而要选择既符合公众需求又符合社会主义核心价值观和社会主义审美的主题。十八届五中全会明确提出，要"构建中华优秀传统文化传承体系，加强文化遗产保护，振兴传统工艺"，① 李克强总理也提出要"培育精益求精的工匠精神"，② 即要传承中华民族的科技和文化精髓。这一思路也符合习总书记提出的"文化自信"。在我国，具有悠久历史的传统工艺恰恰是民族精神和人文内涵的典型体现，理应作为科普教育的重点内容。传统工艺是匠人凭借个体经验完全以手工艺劳动或以手工劳动为主、辅以简单机械工具进行的艺术性造物行为、方式和过程，不仅是一种特殊的手工造物方式，而且是一种特殊的手工文化形态，具有独特的民族文化特性。其中，中国丝绸纺织工艺是传统工艺的典型代表之一，至今还没有任何一个其他国家或者地区拥有像中国如此悠久而又相对完整的丝绸工艺体系，它对世界文明发展的贡献巨大。其中，传统织机所演绎的织造技艺，不仅蕴含着丰富的科学知识和科学技术，也是"工匠精神"的体现，更是文化自信的需要。

青少年是祖国的未来，青少年科学素养对提升国家整体创新能力至关重要。当前，科技场馆普遍重视对青少年的现代科学技术教育，对传统科技的科普教育相对较少，青少年对传统工艺等文化遗产了解较少。科普展品是科技馆传播科技知识的信息载体和实物体现。不论展馆规模大小、投资多少，展品的水平和质量才是科技馆建设水平和展览成效的关键因素。③ 就纺织类工艺而言，绝大部分场馆并不提供织机展品，即便个别科技馆或博物馆中有仿制的传统织机，但也因体积大、造型复杂、无法操作等让观众望而却步。作为科普教育的主要对象，青少年还在成长发展阶段，理解力和接受能力有限，对青少年的科普教育应当遵循由浅入深、循序渐进的

① 《中共中央关于制定国民经济和社会发展第十三个五年规划的建议》，《求是》2015 年第 22 期。
② 游良照：《"工匠精神"与"召八理念"——中国营造技艺理念剖析》，载中国民族建筑研究会编《中国民族建筑研究会第十九届学术年会论文特辑》，2016。
③ 王厚鸣：《浅析科技馆展品问题和展品设计的一般原则》，《科研》2016 年第 7 期。

教育理念。因此相关的科普展品要具有一定的趣味性，调动他们的兴趣和积极性，使相应的科普活动可以有效开展。除此之外，要重点开发科普展品的实用性和互动性，使青少年可以参与实践，增强活动的启发性，使之更具有教育意义和科学性。

基于以上分析，本项目旨在以青少年为主要适用对象，以传承和发展丝绸纺织文化和传统织造技艺为目的，设计开发适合科技馆、博物馆、中小学等科普教育机构的微型纺织品织机。此纺织品织机在保证科学性的前提下，结构简洁、规格微小、易于操作和演示，既降低了展品制作成本，也能够有效提升展示和互动效果，达到科普教育的目的。

（二）研究过程

立项后，项目负责人组织项目讨论会，将项目任务书总体规划细分为各点，逐一分配到个人，调整项目成员职责，明确各自分工。项目组依托国家图书馆、校园图书馆等电子图书资源，同时购买打印相关图书文献资料，对现今博物馆和科技馆纺织类展品状况进行前期的资料收集、整理和归纳工作。

根据已搜集到的信息，以古代传统纺织机的框架为参考，完成微型纺织品织机展品设计原理、运行原理的编制，完成微型纺织品织机的框架和关键零件的设计。并根据以上设计完成两类织机的设计图，包含第一类平纹织机与第二类斜纹织机。在设计稿基本完成后，联系并请教苏州丝绸博物馆王晨研究员。根据专家指出的不足及修改意见，对设计方案和设计图进行了有针对性的修改、调整。根据设计图完成织机的制造装配、调试工作，完成两类织机的样机各 1 台。2017 年 7 月，项目组在江苏科技馆开展了以第一类样机为主、第二类样机为辅的科普活动。项目组事先设计学习效果调查问卷，向陪同看护的家长朋友分发问卷，请他们协助与小朋友的沟通共同完成问卷，活动后项目组根据问卷调查结果汇总活动反馈。

根据第一次活动的经验和反馈，对织机活动中出现的优点和不足进行反思并对第一类和第二类织机进行进一步的完善。

中期汇报后，项目组根据专家审阅意见进一步修改、调整微型纺织品织机的设计方案。联系苏州丝绸博物馆、江苏省科技馆，与博物馆、科技馆取得合作，并与博物馆和科技馆的相关专家讨论研究，进一步修改织机设计方案和设计细节。于 2017 年 11 月在江苏科技馆内进行第二场织机展品的实际教学活动。第二场活动以第二类织机为主要调研点。事后，根据活动现场反馈及问卷数据统计，形成织机展示效果评估报告。最终，项目组整理汇总项目资料，撰写项目结题报告书，进行结项的相关工作。

（三）主要内容

本项目以微型纺织品织机作为科普展品的开发对象。此款纺织机虽然微小，但就构造的科学性而言，依然和传统织机一样，能全方位地展示纺织品基础纹样的织造过程。并在展现传统织机基本框架的前提下，保存了织造工程的最重要、最精华的三大运动：开口、投梭和打纬运动。对此微型纺织品织机展品的学习和实践，可以帮助青少年对中国传统手工艺有更深入的了解，对传统丝绸纺织知识和织造技艺有更深切的体验。

本项目旨在设计微型纺织品织机。此织机不仅可以用来作为简单的织机讲解道具和科普展品，展示我国传统织机的结构、设计原理和织造过程，而且可以用作演示道具以及观众的互动体验道具。具体的项目目标可分解为以下 4 个。

1. 技术目标

设计两种微型纺织品织机展品。第一类织机可以织造平纹组织，第二类织机以保证织造斜纹组织为重点，力图开发可以同时织造平纹组织和斜纹组织的功能。在保证织机简易性、小巧性、安全性和易操作性的同时，科学地展示织造的过程，适用于各种类型的科技馆、科普馆和博物馆。

2. 知识目标

通过微型纺织品织机展品的演示，观众可以充分理解织机的基本结构、运行原理、织造方法及基本的纹样结构，达到科学普及的目的。

3. 情感态度

培养青少年知识联系实际的能力。通过实践培养其对传统丝绸纺织工艺的兴趣，提炼我国传统工艺中凝结的智慧和科学，培养青少年主动传承和发扬传统工艺蕴含的民族精神的能力。

4. 能力提升

树立青少年看问题要深入机理的观念。在认识科学知识的基础上，理解知识的内在本质并进一步探讨传统工艺的内在价值以及民族精神的内涵。

二　研究成果

（一）项目方案

1. 前期准备

阅读和搜集相关文献，并对博物馆和科技馆纺织类展品进行走访调查，进一步明确展品的科学性、安全性、趣味性、可操作性。

2. 主体材料

考虑到展品的安全性、易维修性以及一定的还原性，初步选用一般木材或者塑料作为微型织机展品的主体制作材料。同时考虑到塑料的不牢固、潜在危险和污染性，最终选定木材作为织机展品制作的主体材料。

3. 构件设计和组装

（1）展品构成。织布机主体 ×1、梭子 ×3、固定螺丝 ×2、防滑底座 ×4、毛线（毛线颜色任选）若干、平纹织机的综片数为 2 片、斜纹织机的综片数为 4 片。规格大约为 400 毫米 ×300 毫米 ×350 毫米。

（2）主体框架。本展品主体框架采用木材制作，螺丝拼接。总体框架设计原理和拼接方式来源于传统的腰机、斜织机结构。保存织造工程的最重要、最精华的三大运动：开口、投梭和打纬运动。本展品主体可以灵活伸缩，操作方便，便于携带，可作为各科技馆的交流展品或科技衍生品、文创产品，为其带来经济效益。

（3）综片（线轴交换控制板）。将采用塑料质地，因综片主要用于穿经，通过控制综片来达到控制经线位置的目的，以此满足织造需求。综片本身对材质要求不高，但要求综片本身具有极大的灵活性和轻巧性，以满足调节的需要。使用塑料材料作为综片，第一是塑料本身具有较高的可塑性，可以做出较轻薄的综片；第二是可以节约成本；第三是塑料材料色彩较为丰富和多样，可以使展品在讲解过程中更醒目，使展品更美观。综片的长度为 18.5 厘米左右（可左右浮动 1~2 厘米），宽度约为 10.5 厘米（可左右浮动 1~2 厘米）。平纹组织每厘米经纬线的比例越接近 1:1 时，织造效果最好。因此根据织入纬线的粗细度，经过测量，在一片综上设计 24

个间隔用来穿过经线（即穿入48根经线）。

（4）打纬装置。织造过程是由参与者手工操作的，对于穿绕过程中松紧不一的现象，可用打纬板打理整齐（见图1）。

（5）抬综装置。在简单的单层组织中，平纹、斜纹、缎纹等不同组织结构是由织物内经纬线相互沉浮交织而形成的。本织机为了满足织造的简易性要求并考虑科学性，采用控制经线的方式来呈现不同的组织结构。而经线的位置又是由综片控制的。所以如何抬综是整个微型纺织品织机展品设计的关键。古代传统纺织机是通过在织机底部增加用脚操作的"蹑"来达到抬综效果。本织机因为要考虑便于青少年和参观者操作的简易性，所以改在织机上部设计控制器来实现对综片的提升效果（见图2）。

图1　纺织机打纬装置　　　　图2　纺织机抬综装置

（6）梭子。由木头制成，用于卷绕纬线，进行织造。考虑到成本问题和结实耐用性，纬线可选用毛线或涤纶线，可制作多种颜色供参与者选择。

（7）螺丝。用于组装整个织机展品，考虑到安全性，全部使用光滑的圆角螺丝。防滑垫安装在织机底部，保证微型纺织品织机展览和操作时的安全性和方便性。

4. 设备调试

织机展品在设计出基本样机后，投入苏州丝绸博物馆、江苏科技馆进行小范围使用和调研，并搜集反馈信息，做进一步调试，以达到项目的预期目标。

（二）项目成果

本项目完成了平纹织机设计、斜纹织机设计、综片设计（见图3）以及织机实物（见图4）。

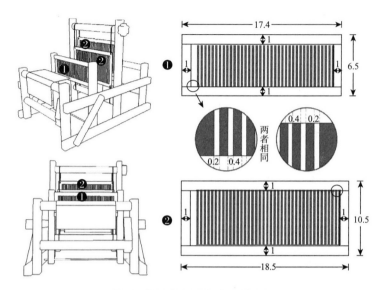

图3　综片设计（单位：厘米）

图4　平纹织机（左）和斜纹织机（右）实物

（三）项目结论

本项目共研制两类织机。第一类平纹织机清晰地展示了平纹组织的织造过程，并织造出效果较好的平纹织物。第二类斜纹织机经过反复调试简化，已可以清晰展示斜纹组织的织造过程，并通过改变穿绕经线的方式，实现织造平纹组织的功能。

三　创新点

（一）对象创新

传统织机是中国传统工艺技术的智慧结晶，蕴含着丰富的传统科技内涵和工程机械思维，但限于展品设计和制作等难以得到大范围普及。本项目通过对传统织机技术原理和功能进行创新性改进，制作适用于各类科普机构和场馆的微型纺织品织机展品，有利于扩大传统纺织类科普活动的推广力度，传播和发扬我国特色传统工艺。

（二）成果创新

一是既解决了传统织机展品体型过于庞大、结构过于复杂等问题，又可以有效降低生产成本；二是简化了织机的操作流程，对讲解员的专业素养要求大大降低，也便于观众自主操作和体验，互动性和体验度大为提升，有助于提高观众和青少年的积极性；三是因其体型较小，便于在各类科技馆使用，具有较高的推广价值；四是第一类平纹织机的经纬线比例较为科学，织造出的平纹织物效果较好，纹路清晰，第二类织机以斜纹组织的织造为主，但是可以通过转变穿绕经线的方式来实现织造平纹组织的功能，是一台二合一的微型纺织品织机。

四　应用价值

本项目组已使用微型纺织品织机进行过两次科普活动，根据现场参与活动的青少年和家长的反馈，因各年龄段受众对微型纺织品织机的兴趣较大，最终对大部分知识的掌握程度达到了八成以上，实际应用效果较好。本项目设计展品结构简易、操作和展示过程科学，有助于青少年对纺织基本知识的理解和提炼。本微型纺织品织机可以供青少年进行亲手操作，对于提升青少年创新能力、动手能力，激起青少年自主思考的兴趣，促进青少年自身全面发展等方面具有较高的实践价值。

该织机总成本较低，结构简单，易于进行批量生产和推广，不仅可以作为各类科技馆的科普展品，而且可以作为益智玩具产品，适合大范围推广，具有良好的经济和社会效益。

舞动七色光

——光的色散与合成

项目负责人：王佩佩

项目成员：李凯　边均萍　高雨　王先君

指导教师：郭宗亮　王书运

摘　要： 目前，有关光的分解和合成原理早已得到不同学者的验证，由此衍生的单一器件众多，但是综合多种技术合成一类多功能器件的较为少见。因此，本项目采用了多技术集合装置研制光世界展品。立足于中国科技馆经典展项"牛顿色散实验"和山东科技馆展项"光的合成"，本项目旨在设计一套完整的展品来展示光的色散和合成的总过程。其中，用光栅替代了"牛顿色散实验"中的两个三棱镜；为了呈现更好的展示效果，本项目选择了高亮度、复色性强的白激光作为光源，呈现了完整的色散合成光路走向过程。展品通过简单的物理学原理，呈现了光的色散与合成的过程，整个演示操纵过程展示了神奇的光影变幻，引起了青少年的探究兴趣。

一　项目概述

（一）研究背景

科普展品及衍生品是进行科学教育和科普传播的重要媒介。科技馆作为提高国民素养的前沿阵地，利用科技展品进行展教活动是其主要形式之一。本项目立足中小学生的学习需求，重点体现了光的合成与色散等知识点，全方位展示了色彩斑斓的光世界。

目前，中国科技馆的分光实验展品区有一台光的色散仪，此展品原理为：白光经一个三角形的玻璃棱柱镜，投射到墙壁上，呈现一个彩色光斑，颜色的排列是红、橙、黄、绿、蓝、靛、紫，这个实验装置由两个三棱镜组成，当白光进入第一个三棱镜被分解为七色光后，遇到有一条狭缝的挡板，通过调整挡板，使七色光中的一种透过狭缝。此时，调整挡板后的三棱镜，可以发现透过三棱镜的这一种光的颜色变化情况。

在山东省科技馆的光展区，有一个三原色合成展品，其基于"加法混色关系"，两种或两种以上单色光相混合后因为其明度过高，将变成不同色光，此时则称它们为互补色光。当转动圆盘时，随着速度的加快，眼睛看到的影像产生时间上的延迟，致使几种色光进行了混合，产生了较亮的光色。1665 年英国物理学家牛顿首次发现，太阳光通过三棱镜后，分解成红、橙、黄、绿、蓝、靛、紫七色，并称这种现象为光的色散。本展品使用了衍射光栅——一种精细加工的光学元件。光栅上有大量平行、等宽、等距的刻痕，其主要作用是通过衍射将不同波长的光分隔开，即分光。光栅分为透射式和反射式，这里选择的主要是透射式平面衍射光栅。

本展品立足于中国科技馆经典的"牛顿色散实验"和山东科技馆"光的合成"，设计了一套完整的展品来展示光的色散和合成的总过程。其中，用光栅替代了"牛顿色散实验"中的两个三棱镜；为了呈现更好的展示效果选择了高亮度、复色性强的白激光作为光源，呈现了完整的色散合成光路走向过程。借助简单的物理学原理，完整地呈现了光的色散与合成过程，整个演示过程展示了神奇的光影变幻，引起了青少年的探究兴趣。目前，有关光的分解和合成原理早已得到不同学者的验证，由此衍生的单一器件众多，[①] 但是综合多种技术合成一类多功能器件的较为少见。因此，采用多技术集合装置作为光世界的演示展品切实可行。同时，本项目组所在学校拥有省级光学重点实验室，在光技术的研究方面具有专业背景。

（二）研究目的、预设目标与研究内容

1. 研究目的

（1）创作展品，呈现光的色散与合成

沈括在《梦溪笔谈》中说："虹，日中雨影也。日照雨，则有之。"就

---

① 黄尚谦、王庚：《自制"混色箱"演示白光组成的三种方法》，《物理实验》1986 年第 2 期。

是说，彩虹是阳光照射到空中的水滴发生反射和折射而形成的。彩虹是一种自然的色散现象，是由于水滴对各色光的折射率不同，白光经过水滴后发生折射和反射等，白光发生色散的现象。光的合成在生活中则比较少见。本展品将光的色散与合成融为一体，全方位展现光的分解与合成过程。

色散实验通常采用日光做光源，采用三棱镜折射使不同色光展开。[①] 本展品除使用普通光源外，创新性地选择了色散合成的白激光，用光栅衍射[②]替代三棱镜折射使白光色散，用不同规格的透镜进行合成。激光光源的色散，经光栅衍射后产生的彩色亮斑为分离状态，清晰可见，效果明显。经后面透镜会聚后，复合成白光的效果依然显著。

（2）基于展品开展相关探究性活动

①固定光屏位置，通过前后移动透镜的位置，观察不同色光的合成过程；②固定透镜位置，通过移动光屏位置观察不同色光合成过程；③如果光路封闭在密闭光透空间，通入一定量的烟气，可清晰显示传输光路，增强可视效果。

（3）培养青少年探究科学的兴趣，激发其好奇心

色彩斑斓的视觉效应会引起青少年极大的兴趣，通过切换不同的光源和强度的复合也会引起孩子们的求知欲和好奇心，激发青少年探索科学的欲望。本展品通过改变不同的插件，可以实现复合光幻化为七彩光，白色的电子光源分解为七色光而后复合为光最后实现复合的过程。

2. 预设目标

①一套完整的呈现光的色散与合成过程的展品；②展品具有很强的可操控性，且操控准确；③可开展探究性活动。

3. 预计研究内容

复色光的色散与合成光路图解如下。

（1）白激光。激光准直性较好，白激光投射到光栅 G 后产生衍射，不同颜色（频率）的光衍射角不同，所以各色光展开，并传输到凸透镜 M；光栅 G 位于凸透镜 M 的焦平面上，经光栅 G 衍射的光经凸透镜汇聚在光屏上形成白光（见图 1）。

---

① 袁玉平：《〈光的色散〉的教学》，《物理教学》1984 年第 11 期。

② 华玲玲、杨阳：《光栅衍射实验仿真设计与研究》，《物理与工程》2013 年第 2 期。

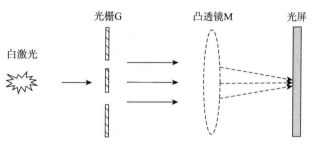

图1　白激光的色散与合成

（2）LED光源。为了得到成像效果较好的平行光，在光源与光栅之间增加了具有汇聚功能的凸透镜 M_1，LED光源S在凸透镜 M_1 的焦点上。经过光栅G衍射的白光光源在光屏上呈现多级衍射条纹；经过凸透镜 M_2 汇聚，移动光屏可找到合成的白光（见图2）。

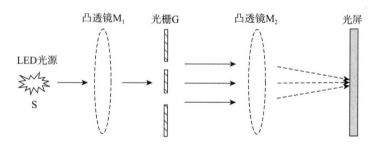

图2　LED光源的色散与合成

（三）研究过程

研究过程分为五个部分：确定设计方案；购买相应光学元件；进行设计性实验；根据实验中遇到的问题修改并确定最终方案；根据最终方案制作展品。

二　研究内容及成果

（一）原设计方案及遇到的问题

1. 原设计方案光路

原设计方案需准备的相应元件：汞灯、氢氖灯、高强度的日光灯、白激光灯、氙灯、透镜、型号不同的光栅、光屏、单色激光、可调狭缝、光强衰减器等（见图3）。

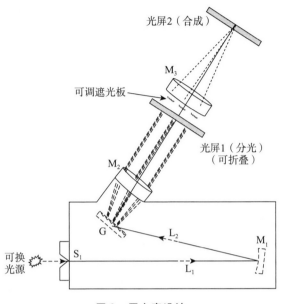

图3 原方案设计

2. 原方案展品研制过程中遇到的问题

在原方案展品的研制过程中遇到如下问题：①光源光强的问题；②狭缝限制进光量的问题；③反射光栅衍射条纹间距过大的问题。

（二）更新设计方案

1. 针对存在的问题采取的相应措施

①光源光强的问题：更换激光白光源。②狭缝限制进光量的问题：加狭缝的目的是获得线状光源，但严重限制了光强，所以去掉狭缝，改为激光点光源。③反射光栅衍射条纹间距过大的问题：改为透射光栅。

2. 方案一

选择更强光强的光源。首先考虑到激光，但激光一般为单色光源，无法实现光的色散与合成，经过与老师的沟通及调研，发现有两种白激光源。

（1）锁模激光器①

锁模激光器是具有单色性、相干性、高亮度的白激光光源，它的典型特点是具有很宽的光谱（从紫外到中红外，可见光范围在 400～800nm），该激光器是最理想的色散光源，但是经过咨询得知，该激光器造价太高，难以应用于该项目。

（2）三色合成的白激光器

三色合成的白激光器是由光的三基色（红、绿、蓝）复合而成的呈现高亮度的白光光源，该光源有激光良好的准直性和显色性，又复合多种色光，在经过色散之后能量损失较少，是当前条件下相对合适的色散光源。

根据白激光的现有特性，我们更新了设计方案，具体光路如下：因激光准直性较好，白激光投射到光栅 G 后产生衍射，不同颜色（频率）的光衍射角不同，所以各色光展开，并传输到凸透镜 M；光栅 G 位于凸透镜 M 的焦平面上，经光栅 G 衍射的光经凸透镜汇聚在光屏上形成白光（见图 4）。

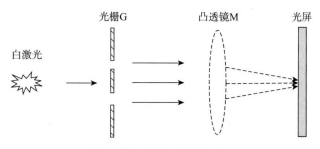

图 4　修订后的设计方案光路

在新设计方案实施过程中，白激光源显色性较好，经过光栅衍射后可在光屏上看到明亮度较高的三原色（红、绿、蓝），从而实现光的色散。在自然光条件和暗室条件下我们观察了白激光色散的效果，白激光经过光栅衍射之后，在光屏上呈现多级彩色点状色谱；以中央亮斑为基点，左右两侧分别对称呈现第一级、第二级、第三级等红、绿、蓝彩色亮斑。在光栅到屏的光路中，加入透镜，使衍射后的三色光又重新合成为白光。

如果条件成熟，可以换成第一种锁模激光器白光源，实现真正的七色光的分解与合成。

---

① 侯佳：《几种新型全固态锁模激光器件的研究》，山东大学博士学位论文，2016。

3. 方案二

我们选取了具有高亮度且有聚焦功能的 LED 光作为光源，灯芯功率 10 瓦，为了得到成像效果较好的平行光，在光源与光栅之间加了有汇聚功能的凸透镜 M_1，LED 光源 S 在透镜的焦点上（见图 5 和图 6）。

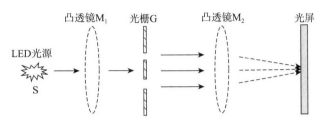

图 5　LED 作为光源设计

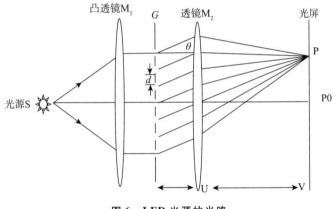

图 6　LED 光源的光路

4. 探究活动设计原理

光栅 G：是由大量等宽等间距的平行狭缝构成的光学元件

d：光栅常数，反映光栅的空间周期性，$d = 1/600$

θ：衍射角

L：透镜到光栅的距离

R：透镜半径

光栅方程：由多缝衍射理论知道，衍射图样中亮线位置的方向由下式决定：

$$d \sin\theta = n\lambda \qquad n = 0, \ \pm1, \ \pm2, \cdots$$

（1）由光栅方程推导出透镜的位置和规格

根据光栅方程①，我们可由光栅常数 d、波长 λ、级数 n，计算出衍射角 θ。

若选取第一级衍射条纹进行合成，选择合适的透镜。例如，选择半径为 2.5cm、焦距为 9cm 的凸透镜，红光波长 638nm、绿光波长 520nm、蓝光波长 450nm

选择第一级衍射：$d\sin\theta = n\lambda \quad n = 1$

由直角三角形得：$\tan\theta = R/L$

以此类推第二级、第三级、第四级……衍射光谱透镜到光栅的距离。

改变透镜大小，得到不同的距离；也可根据不同的距离，由衍射角计算选择不同规格的透镜。②

（2）由凸透镜成像公式推导出光屏位置③（像距）

焦距：焦点 F 到凸透镜光心 O 的距离叫焦距，用 f 表示

物距：物体到凸透镜光心的距离称物距，用 u 表示

像距：物体经凸透镜所成的像到凸透镜光心的距离称像距，用 v 表示

凸透镜的成像规律：$1/u + 1/v = 1/f$

①已知 u，找光屏的位置（求 v）

测量出透镜到光栅的距离（物距 u），根据成像公式

$$1/u + 1/v = 1/f$$

即可计算出透镜到光屏的距离（像距 v）$v = uf/(u - f)$

②已知光栅到光屏的距离（$u + v$），找透镜的位置

已知光栅到光屏的距离（$u + v$），根据成像公式

$$1/u + 1/v = 1/f$$

即可计算出透镜位置。

（3）实验效果

如果是复色光入射，同级的不同颜色的条纹按波长的顺序排列，称为

---

① 徐婷：《光栅衍射成像的研究》，东北师范大学硕士学位论文，2016。

② 华玲玲、杨阳：《光栅衍射实验仿真设计与研究》，《物理与工程》2013 年第 2 期。

③ 李芳、李新乡：《基于课程标准的"科学探究：凸透镜成像"的教学设计》，《物理教师》2016 年第 2 期。

光栅光谱。入射光为白光时，λ 不同，θ 不同，按波长分开形成光谱。由光栅方程可见，对于给定光栅常数 d 的光栅，当用复色光照射时，除零级衍射光外，不同波长的同一级衍射光不重合，即发生"色散"现象，这就是衍射光栅的分光原理。对应于不同波长的各级亮线称为光栅谱线，不同波长光谱线的分开程度随着衍射级次的增大而增大，对于同一衍射级次而言，波长大者，θ 大，波长小者，θ 小。

本实验 LED 光源为白光，则光栅光谱中除零级仍为一条白色亮斑外，其他各色谱线都排列成连续的谱带，第二、三级后可能发生重叠。

（三）展品样机的设计制作

1. 初步设计

在展品样机的初步制作中，我们先用简易的物理器材进行了实验，将三色激光器光源整合一体，在未经光栅衍射时，我们可看到清晰明亮的白光源亮斑。经过光栅衍射后，由于激光单色性好，我们在明亮的室内就可以看到衍射出的不同色光，这里是色光的展开。在合成部分，我们初步实验运用了凸透镜进行合成。移动透镜或光屏，色光开始汇聚，这个汇聚过程可以在光屏上看到。经过透镜汇聚，色光合成为白光。

由于条件限制，我们选取的是三色合成的白激光光源，经过光栅衍射后呈现的是三种颜色的色光。在后期实验设计中，我们尝试用高亮度的 LED 白光灯作为光源，经过光栅衍射后，我们能在 2 级衍射光中看到清晰的七彩色。

2. 制作

进一步将光源部分与光路部分整合，增强光路部分的可操作性，制作一光路导轨，安装透镜、光屏等器件，与光源部分连接为一体（见图 7）。

（1）探究性

色散方面。白光通过光栅衍射后，在光屏上呈现不同级别的衍射彩色光斑。

合成方面。在光栅和光屏之间安装可移动、大小规格不等的凸透镜进行合成。在导轨上可以根据需要进行调节，根据光栅方程 $d\,\sin\theta = n\lambda$　$n = 0，\pm 1，\pm 2，\cdots$，可选取某一级的衍射条纹进行合成。不同级别的衍射条纹和不同规格的透镜合成效果和位置不同。由透镜到光栅的距离推算选择不同规格的透镜；也可由不同规格的透镜算出透镜到光栅之间的距离。根据

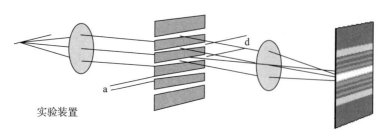

实验装置

图7　实验装置设计

透镜成像公式 $1/u + 1/v = 1/f$，由不同的物距和透镜可推算出像距。

（2）操作性

在本展品操作过程中，根据光栅方程和透镜成像公式，不同规格、不同物距的调整都会呈现不同的实验结果，锻炼了青少年的动手操作能力。

（3）趣味性和学习性

本展品将光的色散和合成合为一体，除常见的白光光源外，创新性地选择了色散合成的白激光。白激光具有准直性、高亮度的特点，经过光栅衍射后呈现了清晰明亮的彩色亮斑，引起了青少年的科学探究兴趣。在合成时，也运用了较为简单的凸透镜成像原理，与中小学生的学习内容有机结合，源于基础物理知识又高于学习内容，拓展了青少年的眼界和知识面。

（四）项目成果

研制了将光的色散与合成整合为一体的样机。

三　创新点

（一）将光的色散与合成整合为一体

本展品立足于中国科技馆经典展项"牛顿色散实验"和山东科技馆展项"光的合成"，采用一套完整的展品来展示光的色散和合成的总过程，用光栅和透镜替代了"牛顿色散实验"中的两个三棱镜，在光屏上不仅呈现较好的色散效果，而且能清晰地看到色散后的光合成白光的过程。

（二）三色激光源呈现效果优于一般光源

本展品除使用普通光源外，创新性地选择了三色合成的白激光，该光源拥有激光的准直性、显色性，又复合多种色光，在经过色散之后能量损失较少，是当前条件下相对合适的色散光源。尤其是激光光源的色散，经光栅衍射后产生的彩色亮斑为分离状态，清晰可见，效果明显。经后面透镜会聚后，复合成白光的效果依然显著。

（三）光路可探究性、操作性强

色散方面，白光通过光栅衍射后，在光屏上呈现不同级别的衍射彩色光斑。合成方面，在光栅和光屏之间安装可移动、大小规格不等的凸透镜进行合成。

固定光屏位置，通过前后移动透镜的位置，观察不同色光的合成过程；固定透镜位置，通过移动光屏位置观察不同色光合成过程。

四　应用价值

中学物理教学中，光的色散与合成一般局限于牛顿经典物理实验，本项目不仅较好地实现了光的色散与合成，还创新性地使用光栅代替棱镜，拓宽了青少年的思路，激发大众学科学、爱科学的热情；同时，斑斓的色光呈现具有较好的观赏性和趣味性，具有大范围推广的市场价值。

基因的奥秘

——基于 AR 技术的科普玩具

项目负责人：孙松

项目成员：曹旭　顾斐

指导教师：周荣庭

摘　要： 科普信息化是推动我国科普工作转型升级、促进科普产业创新突破以及实现科普形式丰富繁荣的探索重心和发展路径。我国公众高度关注转基因技术的应用，如何看待转基因技术成为其健康发展的重要影响因素。项目将增强现实（AR）技术应用于基因相关科学知识的科普实践中，在相关理论与案例研究的基础上开展科普玩具的设计与研发，完成了包括软件与硬件在内的一整套设计方案，并开发出了相应样品一套，意在探索"互联网＋科普"的新媒介形式，以期对本领域理论研究与实践应用提供借鉴意义。

一　项目概述

（一）研究缘起

有关生命科学的科普在我国有着优良的传统，尤其是在"21世纪是生物世纪"的影响下，生物科普活动得到了蓬勃的发展。中国是世界上最大的玩具生产国和出口国之一，中国玩具行业自改革开放以来，一直以较快的速度发展。科普玩具主要集中于"益智玩具""电子电动玩具""模型玩具"几大类。

目前市场上用于教育的 AR 产品较多，但是针对生命科学领域的科普玩具并不多见。利用新兴技术将生物知识具象化、通过玩具载体传播科技信息将是未来知识社会玩具产品的重要发展方向。从根本上讲，AR 技术创造了更直观的计算机互动方式，为我们提供了更大的视野。从科学普及的角度讲，人们讲述科技知识的方式正在向这一新媒介形式演化，促进了相关游戏设计、玩具设计、作品出版等行业的革命性发展。

（二）研究过程

项目首先进行相关理论与案例研究，其中包括科学普及与玩具载体互动关系梳理以及 AR 技术应用于科学普及教育的发展情况与案例研究。在进行相关理论与案例研究的基础上进一步开展产品的设计与研发。通过深化调研进行相应的方案设计，根据方案进行制作并不断测试优化，从而完成基因相关知识点的总结归纳、内容与脚本设计、3D 模型展现、动画效果实现、音频录制与集成、玩具实体设计与实现、AR 内容的识别与跟踪以及移动终端 APP 的构建与开发等内容。

（三）主要内容

1. 科学普及与玩具载体互动关系梳理

尼尔·波兹曼认为每一种媒介都具有其独特属性，其形态与传播特性决定了所搭载的传播内容并形成独特的媒介文化特征。科学普及本身具有一定的严肃性和教育性，如何与娱乐玩具这种媒介有效融合，实现寓教于乐，两者的互动关系有待深入探讨。一方面，青少年群体是科普的重点传播人群之一，而科普玩具的主要使用者又恰恰是青少年。在目标人群方面，科学普及和玩具具有一致性。另一方面，知识学习是严肃的过程，需要持续的精力付出与努力，而玩具的使用则更多的是休闲活动，科学知识与娱乐内容如何合理匹配具有一定难度。

2. AR 技术应用于科学普及教育的发展情况与案例

通过阅读文献和查阅资料，梳理 AR 技术的已有设计样式，探讨目前几种主流的设计方案，研究其策划流程、娱乐功能与知识体系设计。重点对有关产品进行案例研究，重点考察玩具设计者如何将科学内容植入玩具之中，使玩家在娱乐过程中获取科学知识。

3. 基因相关知识点的总结归纳

本项目的名称为"基因的奥秘"，在进行玩具设计时首先应明确所要展现的相关知识点以及整个知识体系的结构关系，对知识点进行系统学习、总结，进而合理展现，充分保证科普内容的科学性。

4. 内容与脚本设计

根据需要展现的基因相关的知识点，设计内容及动画脚本，为后期的具体工作奠定基础。设计版块分为：脱氧核糖核苷酸（分子结构）、脱氧多核苷酸链（单链结构）与 DNA 双螺旋结构及其半保留复制、遗传信息的转录、遗传信息的翻译。

5. 3D 模型展现

在基因相关三维结构模型的制作中，首先采用 ChemDraw 软件画出相应分子结构的球棍模型，得到直观球棍模型后与专业的三维动画制作人员沟通，采用三维制作软件 3D Studio Max 对相关分子结构与动画予以展现，最终呈现出较高质量的 3D 模型。

6. 动画效果实现

此部分运用 3D Studio Max 建模优化渲染并制作动画，对分子结构进行动画演绎，展现生物遗传过程中大分子工作的场景，增强产品的互动性与趣味性。

7. 音频录制与集成

在动画展现的过程中需要相应的配乐与互动解说，对画面中的分子结构及工作场景进行科学解读。根据每个模型与动画的演示情境试验评估合理的解说时长，让语音时间尽量缩短，使产品在使用时不会引起明显的不愉悦感。

8. 玩具实体设计与实现

对玩具实体的样式进行设计并做出样品。实体样式设计成为正方体盒子，搭载的终端软件可以扫描盒子的 6 个面，皆可出现相应的 AR 内容。

9. AR 内容的识别与跟踪

项目采用中国科大先研院新媒体研究院设计的基于 Unity3D 软件平台的 AR 编辑器，可以较方便地实现 AR 技术的识别与实物跟踪动画。本部分将之前制作的三维模型、动画、音频与 AR 识别图形进行集成编辑，将各个 AR 交互事件在编辑器中进行制作，实现增强现实效果的识别与绑定。

10. 移动终端 APP 构建与开发

产品 DEMO 将基于上述玩具配套的手机 APP, 进行自身模块的打包封装, 实现玩家实际使用中的人机交互。APP 的构建涉及整个软件的逻辑架构, 包括不同页面的逻辑设计、用户使用的 UI 设计与多媒体资源及 AR 交互事件的集成与打包发布。

二　研究成果

（一）"基因的奥秘" AR 科普玩具产品设计方案

本方案包括玩具实体设计、内容与互动脚本设计以及移动端 APP 设计。

1. 玩具实体设计

玩具实体样态为正方体盒子, 使用时可以 APP 扫描盒子表面图案。为增强互动性, 初始状态设计为打印出的白卡纸, 使用时需先裁剪并折叠粘贴为立方体, 再行使用。项目根据所展现内容, 设计两种盒子, 为 AR 系统交互识别考虑, 每种盒子设计两款, 共 4 个盒子。

2. 内容与互动脚本设计

（1）所需表现知识点。以基因为主题, 分别展示四大模块的知识内容: 基因所在的 DNA 的一级结构、DNA 的二级结构、DNA 的半保留复制以及基因的表达（见图 1）。

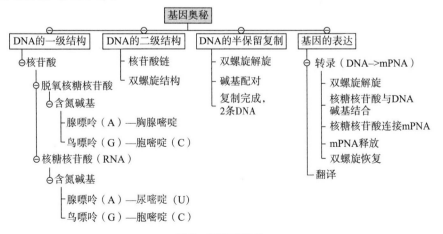

图 1　知识点结构

（2）盒子实体展示内容。根据所需展现的知识点，将表现的内容分布在正方体的不同面上。盒子共分为 2 种，每面对应的内容如表 1 和表 2 所示。

表 1　1 号盒子展示内容

面	展示内容
1	腺嘌呤脱氧核苷酸（dAMP）
2	腺嘌呤（A）
3	鸟嘌呤（G）
4	胞嘧啶（C）
5	胸腺嘧啶（T）
6	尿嘧啶（U）

表 2　2 号盒子展示内容

面	展示内容
1	脱氧核苷酸链
2	DNA 双螺旋结构
3	DNA 的半保留复制
4	转运 RNA
5	遗传信息转录
6	遗传信息翻译

（3）交互事件与相应动画脚本如表 3 所示。

表 3　交互事件与相应动画脚本

序号	交互事件	动画脚本
1	扫描 1 号盒子面 1	相应模型出现，在盒子内悬空旋转，出现语音解说
2	扫描 1 号盒子面 2	同上
3	扫描 1 号盒子面 3	同上
4	扫描 1 号盒子面 4	同上
5	扫描 1 号盒子面 5	同上

续表

序号	交互事件	动画脚本
6	扫描 1 号盒子面 6	同上
7	扫描 2 号盒子面 1	同上
8	扫描 2 号盒子面 2	同上
9	扫描 2 号盒子面 3	DNA 的半保留复制场景动画，DNA 配对碱基分离，分子解旋，新的核苷酸与旧链碱基配对成功，配对完成，形成 2 条 DNA，伴随语音解说
10	扫描 2 号盒子面 4	相应模型出现，在盒子内悬空旋转，出现声音解说
11	扫描 2 号盒子面 5	遗传信息转录场景换面，DNA 配对碱基分离，分子解旋，核糖核苷酸与解旋后的碱基配对成功，连接形成 mRNA，mRNA 释放，DNA 双螺旋恢复，伴随语音解说
12	扫描 2 号盒子面 6	盒子内出现细胞（含细胞核），mRNA 离开细胞核，在细胞质中游走，伴随语音解说
13	扫描 1 号盒子面 2 + 1 号盒子面 5	两模型对应碱基 A、T 配对成功
14	扫描 1 号盒子面 3 + 1 号盒子面 4	两模型对应碱基 G、C 配对成功
15	扫描 1 号盒子面 2 + 6 号盒子面 5	两模型对应碱基 A、U 配对成功
16	扫描 2 个 2 号盒子面 1	两模型形成新的化学键，单链变成双链，形成双螺旋结构，变成双螺旋模型

（4）交互事件对应语音内容设计如表 4 所示。

表 4　交互事件对应语音内容

交互事件序号	语音内容文字稿
1	脱氧核苷酸是 DNA 的基本结构和功能单位，包括一分子含氮碱基、一分子脱氧核糖和一分子磷酸
2	腺嘌呤是含氮碱基的一种，通常缩写为 A
3	鸟嘌呤，通常缩写为 G
4	胞嘧啶，是一种含氮碱基，通常缩写为 C
5	胸腺嘧啶，与腺嘌呤配对，缩写为 T
6	尿嘧啶，是出现在 RNA 中的含氮碱基，通常缩写为 U
7	脱氧核苷酸链由脱氧核苷酸连接而成，是 DNA 的一条单链

续表

交互事件序号	语音内容文字稿
8	DNA 是双螺旋结构，由两条脱氧核苷酸链组成
9	DNA 的复制是半保留复制，配对碱基分离之后，两条单链解旋，各自合成一条新的 DNA
10	转运 RNA，可以携带并转运氨基酸，参与蛋白质的合成，即 DNA 遗传信息的翻译过程
11	在遗传信息转录中，DNA 的两条单链解旋，其中一条单链通过碱基配对合成并释放信使 RNA，再恢复双螺旋结构
12	转录合成的信使 RNA，会从细胞核进入细胞质，通过自身携带的碱基信息合成相应的蛋白质，完成遗传信息的翻译

3. 移动端 APP 设计

（1）APP 名称：基因的奥秘。

（2）加载页面与主页面。点击图标，进入加载页面，再进入主页面；主页面有三个按钮：关于、使用说明、探索。

（3）操作页面：点击"关于"，进入页面纯文字内容，有返回键；点击"使用说明"，进入页面纯文字内容，有返回键；点击"探索"，进入页面为 AR 内容页面，有返回键、刷新键、拍照键。

关于项目的背景说明：本软件基于中国科协 2017 年度研究生科普能力提升项目研究开发，由中国科学技术协会科学技术普及部提供支持。项目编号为 kxyjskpxm2017014。

APP 的使用说明：点击主界面"探索"按钮，系统将打开终端摄像装置。扫描软件配套的玩具方盒，将进入 AR 技术营造的科学世界！

（二）移动端 APP

APP 文件为 apk 格式的安装文件。

（三）实体玩具盒子

盒子分为两种，分别有两款。

三　创新点

（一）技术与内容融合创新

互联网的普及与科学技术的发展极大地改变了公众生活、学习与娱乐的方式。新的技术手段不断催生新的媒介形式，也改变着人们获取科技信息的手段与习惯。项目将新兴的 AR 技术运用于生命科学领域的知识普及，目前市场上类似的产品较少。

（二）交互方式创新

项目用"立方体盒子"作为媒介载体，解决了普通 AR 卡片无法在上下方向 360 度旋转观看的问题，使玩具可以在手中随意把玩。另外，不同盒子之间配对扫描实现相应互动事件，增强玩具的互动性与趣味性。

四　应用价值

（一）探索"互联网＋科普"的新媒介形式

科普信息化是推动我国科普工作转型升级，促进科普产业创新突破以及实现科普形式丰富繁荣的探索重心和发展路径。如何更好地实现科普与信息技术的融合一直是近年来业界与学界关注的议题。从新媒介技术的演化特征来看，增强现实是未来越来越兴盛的沉浸式新媒体，虚拟与现实结合的活动场景的临场感强，是科普信息化条件下科普新媒体发展的重要方向。本项目在 AR 技术基础上进行科普玩具的设计开发，意在探索"互联网＋科普"的新媒介形式，以期对本领域理论研究与实践应用有借鉴意义。

（二）加强公众对于生命科学的感性认知与探索兴趣

生命科学与人类发展息息相关，是系统地阐述与自然生命特性有关的重大课题的科学。20 世纪 50 年代，遗传物质 DNA 双螺旋结构的发现，开创了从分子水平研究生命活动的新纪元，为基因工程的诞生、研究生命现象的本质和活动规律奠定了理论基础。目前，生命科学已经发展成为 21 世纪最活跃的学科之一，公众对于生命科学领域的认知还较浅，通过新媒介手段进行生命科学知识的普及，特别是对遗传信息载体基因的科普，有助于提高公众对于生命科学的感性认知与探索兴趣。

（三）促使公众以更加科学理性的态度对待转基因技术

转基因技术和产业化发展迅速，但在其发展过程中一直伴随着巨大的争议。我国公众高度关注转基因技术的应用，公众如何看待转基因技术及其产品，成为其健康发展的重要因素。通过相关科学知识的普及，较为客观的展示与介绍，可以促使公众以更加科学理性的态度对待转基因技术，明确其利弊，弘扬科学精神。

音乐的可视化

——磁性液体的相变物理效应

项目负责人：寿梦杰

项目成员：肖允恒　李佩　王林飞

指导教师：谢磊　廖昌荣

摘　要： 磁性液体是一种既可像液体一样流动，又能受磁场控制变化为半固体的智能材料，在磁场作用下瞬间形成固化"山状结构"，这种相变物理效应的科学原理是纳米软磁性颗粒在磁场下的磁化机制，具有科普展品所需的科学性和"科幻性"。本项目所设计的磁性液体音乐演示装置兼具欣赏性、艺术性和趣味性，将磁控相变效应与音乐艺术相结合，实现磁性液体跟随音乐主旋律实时律动的可视化音乐效果。为促进观众互动，演示装置可通过通用接口、麦克风和触摸简谱键盘输入任何音频信号，控制系统实时处理声音信号，并与受控磁场强度实时对应。装置可启发观众对磁场分布（磁力线概念）的理解，增加对磁性液体智能材料的相变物理效应和基本原理的认识，并由音乐可视化提升审美情趣。

一　项目概述

（一）研究背景

当前，我国与发达国家的科普展品水平仍存在较大差距，一些前沿科技与大众之间缺乏生动的知识桥梁。依据中国产业信息网发布的《2017－2020年科技馆行业发展现状调研与市场前景预测报告》，我国科普展馆常设展品缺乏创新，简单模仿、相互雷同的现象十分普遍，大多数科技馆未能达到"年更新率不低于 5%"的要求。智能材料是继天然材料、合成高分子材料、人工设计材料之后的第四代材料，是现代高技术新材料发展的重要方向之一。智能材料家族主要包括磁性液体、磁流变液、电流变液、压电材料、形状记忆材料、光导纤维、磁致伸缩材料和智能高分子材料等。针对科普展示效果的要求，后述 6 种智能材料要么不易产生显著可见的宏观物理变化，或者其物理参数变化过于抽象（不易被观众直观观察和理解），要么产生智能响应的条件苛刻，导致成本高昂、装置复杂。磁性液体是一种既能像液体一样流动，又能受磁场控制表现出半固体性质的智能材料，其智能属性集中体现在它对磁场激励的灵敏响应。在磁场作用下，可以形成类固态的圆锥状结构（又名"山状结构"），具有科普展品所需要的"科学性"和趣味性，而且驱动条件要求不高，成本相对更低。因此，在科普展示效果上磁性液体优于其他智能材料，是进行科普展示的理想选择。

（二）研究现状

目前国内对于磁性液体科普演示装置的研究比较缺乏，少量研究局限于实验或原理性研究。部分科技馆中已经陈列了简单的磁性液体演示装置，用于展示磁力线的分布，然而只有简单的"开—关"演示功能，不够生动有趣，且缺乏互动性。大连大学进行了磁性液体中纳米磁性颗粒空间分布的演示实验研究，另外研究了磁性液体对于非磁性物体的浮起效应。付延庆等利用圆锥螺旋塔对磁性液体的相变现象进行了研究，并据此大致揭示了圆锥螺旋塔上的磁场分布。张卫山等利用激光传感器检测磁性液体在磁场下形成的圆锥结构的凸起高度。

国外对于磁性液体科普演示装置的研究较多，最早可见于 1970 年罗森斯韦格等科学家提交的一种磁性液体磁场交互装置专利。美国科学家 Michael Flynn 于 2007 年研制出一种利用电控永磁铁位置变化使磁性液体随之产生形状变化及空间运动变化的演示装置，当两端的永磁铁移动到某个特殊位置时，磁性液体会产生向上运动的现象。美国 Ferrotec 公司研发出一种磁性液体演示室。日本艺术家儿玉幸子研究了一种"磁性液体雕塑"，利用特殊设计的磁路产生非均匀直流磁场，进而展现多种形态变化及运动状态变化。日本电气通信大学借助温度传感器和加速度传感器设计了一棵磁性液体"枞树"。

（三）主要内容

1. 磁场参数的设计

磁性液体，又名"磁流体"或"磁液"，主要由非导磁性基液、10 纳米尺度软磁性颗粒组成。在未施加磁场时，磁性液体为液态，施加磁场时，磁性液体在毫秒级内形成磁链结构，产生从液态到类固态的相变，去掉磁场后，又恢复到原来的状态（即液态）。磁性液体在宏观上形成类固态圆锥状结构（又名"山状结构"），这种从液态到类固态的相变物理效应的科学机制是微观上纳米软磁性颗粒在磁场激励下的磁化机制。相变理论认为：无外加磁场时，磁性颗粒在基体中的分布和运动状态是随机的，迁徙和转动只受热运动的影响。当有外加磁场时，磁性颗粒被磁化，同时受到热运动和磁场的作用，某些粒子相互靠近，变成有序排列。要使磁性液体随磁场发生有效的律动起伏响应，并具有一定的观赏性，对磁场参数的确定十分重要。利用实验室的磁场发生器确定磁性液体能够产生有效律动响应的最小磁场强度，及其与演示区域高度之间的关系。演示装置的磁场由励磁线圈产生，为了产生足够强的磁场，设计了磁路结构，并利用有限元仿真确定了励磁线圈的匝数、电流、磁路参数等。

2. 机械系统的设计

机械系统是演示装置的主体部分（又称为演示台），是磁场的产生体，也是观众欣赏磁性液体随音乐律动的载体。演示台主要包括底板、下导磁体、旁路导磁体、上导磁体、上铁芯、绕线槽、磁液池、下铁芯和支撑杆等部分。在工字形绕线槽内绕满励磁线圈，施加激励电流，上铁芯、上导磁体、旁路导磁体、下导磁体和下铁芯构成磁路结构，受控磁场存在于磁液池与上铁芯之间。磁液池中的磁性液体受到磁场作用被磁化，形成圆锥形山状结构，并在磁液池与上铁芯之间律动起伏。为了实现简洁性和美观性，磁液池涂有黑色漆料，其他区域为纯白色极简设计。

3. 电路硬件和控制算法的设计

电路硬件系统由主控电路、外围电路及各功能模块组成。主控系统硬件基于 STM32 芯片，具有很强的扩展能力，外设单元资源丰富，能够达到系统要求的精度和范围。采用嵌入式系统 u C/OS－Ⅱ作为操作系统软件，为开源代码。配备一块 4.3 寸 TFT 触摸显示屏，用户界面简洁易用，实现与观众的直观互动操作。与系统配套使用的 Uc/GUI 是 Micrium 公司推出的通用图形界面系统，专为嵌入式应用设计，为用户提供了交互的上层接口函数，降低了用户灵活应用的难度。系统的软件流程采用任务分配执行方式，按照定时节拍由任务切换完成。从任务的角度可分为底层硬件接口的驱动任务、音乐播放、音阶输入、声响检测、显示和触摸驱动任务等。系统上电之后的入口是 main 函数，需要完成嵌入式系统 u C/OS - Ⅱ 初始化、硬件外设初始化、建立主任务 3 项工作。u C/OS - Ⅱ 初始化采用系统提供的函数 OSInit（）即可完成。主任务目的是初始化 u C/OS - Ⅱ 时钟节拍，使用统计任务，建立用户任务。建立了 4 个用户任务，通过任务队列进行任务切换，实现实时操作。

控制系统主要是对音乐信号进行处理，提取音乐信号的主旋律特征值，同时控制电流源输出与音乐特征值相对应的电流值，是决定整个演示装置演示效果的核心技术。演示装置包括三种音乐输入模式，分别为内嵌音乐、用户接口输入和麦克风输入。

二　研究成果

完成了关键控制算法的设计，申请发明专利 1 项——《磁性液体演示仪及其控制方法》（申请号：201710655895.6），实现对音乐主旋律信号的实时提取和处理，图 1 为控制算法对某音乐信号的处理效果。

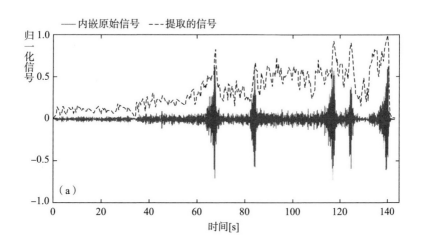

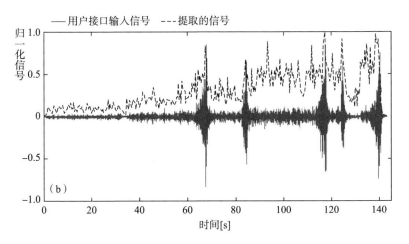

图1　控制算法对某音乐信号的处理效果

注：（a）内嵌音乐；（b）用户接口输入音乐。

制作完成演示装置1套，实现了预期功能和展示效果，图2为总体设计效果，图3为实物照片，图4为演示效果视频截图，磁性液体随音乐主旋律实时律动起伏（图中为某个高潮旋律时刻），相变的山状结构分布演示了"磁力线"形态。

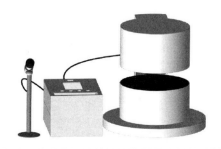

图2　磁性液体音乐演示装置总体设计效果

完成了电路硬件系统的设计和制作，实物照片如图3（a）所示（即控制台）。完成了机械系统的设计和制作，如图5所示。完成了演示装置说明书的编制。

（a）控制台　　　　　　　　（b）演示台

图3　磁性液体音乐演示装置实物照片

图4　音乐可视化演示效果视频截图

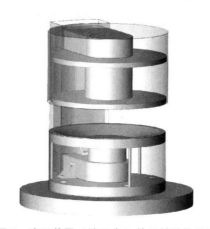

图5　演示装置（演示台）的机械结构设计

三　创新点

磁性液体音乐演示装置是一种在磁场调控下磁性液体随输入音乐发生律动起伏（相变）的科普演示装置，其科学原理是微观上纳米软磁性颗粒在磁场激励下的磁化机制，可直观地展示智能材料的可控、可逆等一般属性，具备以下三个突出的创新点。

首先，将音乐艺术与磁性液体智能材料相结合，实现了音乐可视化，同时生动有趣地展现了智能材料的相变物理效应和基本原理。"音乐可视化"一般通过计算机多媒体技术实现，即用图像演示音乐的节奏、频谱等信息，而本装置采用直观的物理方法，基于磁性液体毫秒级的快速相变物理效应，实现磁性液体跟随音乐主旋律实时律动的可视化音乐效果。磁性液体结合音乐这一极具欣赏性的艺术，加之奇妙的相变物理现象，满足了科普展示所要求的核心元素。

其次，设计了特殊的控制算法，使磁性液体能够跟随音乐主旋律信号发生动态律动响应。音乐的音频信息非常丰富，但是主旋律才是引起人们心理共鸣的关键特征。音乐喷泉一般是针对音乐频域信息，因而观众很难直观地察觉出音乐喷泉与音乐之间的对应关系，其"音乐可视化"效果并不明显。本装置对音乐时域信息进行特殊加窗分帧处理，有效提取音乐的主旋律特征值序列，并在音乐信号强度与磁场强度之间实现了良好的匹配，相关算法已申请发明专利（申请号：201710655895.6）。

最后，本装置具备丰富的实时互动功能，拓展了演示装置的功能模块，增加了趣味性。观众可将便携音乐播放器（如手机、MP3等）、U盘、SD卡、麦克风、音乐键盘等通用标准接口（USB、AUX、SD卡槽等）输入至演示装置控制台，观众可通过触摸屏和按键便捷操作各功能模式，磁性液体跟随用户输入的音乐信息发生律动响应，有效地强化了观众与演示装置之间的互动性和趣味性，增强了本装置的可玩性和科普展示效果。

四　应用前景

（一）科普展馆的科普展示

磁性液体音乐演示装置可作为一项演示物质磁性现象、物理相变、磁性液体智能材料属性等科学原理的基本科普展示装置，具体在于演示磁场分布和"磁力线"、相变物理效应、音乐可视化等三方面，是具有自主知识产权的科普产品，可广泛地配备至全国各个级别的科普展馆。演示装置能够激发青少年和普通民众对智能材料这一前沿科学与工程领域的兴趣，结合科普视频和展板说明，让其理解磁性液体的磁化效应原理，并了解磁性液体的工程应用领域。

（二）实验教学仪器

磁性液体音乐演示装置具有生动、丰富的互动功能，可被高等院校、中小学作为实验教学仪器，应用于电磁学、智能材料、流体力学等课程。演示装置能够增强学生对智能材料的相变物理效应的直观认识，并理解微观颗粒在磁场中的磁致链化物理效应，有助于对其所学专业课程的导入和深化。

（三）对音乐器材有特殊爱好的高端消费人群

磁性液体音乐演示装置将音乐艺术与磁性液体智能材料相结合，使磁性液体随音乐产生激情澎湃的律动响应，实现了极具欣赏性的音乐可视化效果，满足高端音乐器材"发烧友"对"酷炫"科技产品的需求。

（四）科技企业和高端酒店的空间装饰和公共形象展示

磁性液体音乐演示装置完美结合科学与音乐艺术，其"酷炫科幻"效果，可用于科技公司、高端酒店等进行形象和装饰展示。如将定制的本装置置于大厅，可充实科技企业的科技氛围，营造高端酒店的差异化形象。

参考文献

李德才：《神奇的磁性液体》，科学出版社，2016。

李学慧、李艳琴、刘志升等：《磁性液体纳米磁性颗粒空间分布的演示实验研究》，《实验技术与管理》2008年第4期。

袁青鑫、吴鹏、李学慧等：《磁性液体沉浮演示仪》，《物理实验》2011年第1期。

付延庆、孙峤、李学慧等：《基于纳米磁性液体磁特性的演示试验研究》，《新技术新工艺》2010 年第 2 期。

刘冰、张卫山、张旭等:《基于激光传感器的磁性液体演示仪》,《科技传播》2013 年第
    5 期。

《2018 - 2025 年科技馆行业发展现状调研与市场前景预测报告》,中国产业调研网,ht-
    tp∥www. cir. cn/2014 - 02/KeJiGuanShiChangDiaoYanBaoGao/。

田辺誠. 磁性液体を用いたインタラクティブアート〈S pikeTree〉の制作,东京:电气
    通信大学,2004。

Rabinow, J., "The Magnetic Fluid Clutch," *Electrical Engineering*, 1948, 67 (12): 1167 - 1167.

Resnick, J., Rosenweig, R. E., Magnetic Fluid Display Device, 美国专利: US3648269, 1972。

http:∥www. funexhibits. com/.

Raj, K., Ferrofluid Sculpting Appaaratus, 美国专利: US6290894B1, 2001。

新媒体科普作品

植物乌托邦

项目负责人：陈南瑾

项目成员：张军　苏航

指导教师：严扬

摘　要：伴随科学技术的发展，科普传播方式也在不断发生改变。在新媒体逐渐取代纸媒之前，植物科普基本以图书等为媒介，且科普内容多围绕植物志展开，主要以文字描述辅以素描绘图的形式进行介绍。本项目开发了系列植物课程，创造"植物的世界"并分为四个地形板块。通过植物拟人化，让参与者轻松进入课程，趣味学习植物知识，使用VR设备使课程更有沉浸感，后期配套的植物盒子与视频教育相配合，让参与者更好地进行学习体验和课后教学循环。

一　项目概述

（一）项目源起

随着越来越多的人爱上植物，在阳台、桌角摆上一盆盆景天科多肉，但苦于缺乏植物养护知识，而在"买—残（死）—买"中循环，越来越多的人于繁花烂漫时拍下盛开的花朵，却因不知其名姓而无奈，越来越多的人将不知名的植物照片传到网上，寻求植物专家根据图片信息分辨其种属，植物学作为一本"百科全书"被拖进科普这个热闹的大家庭。"植物学"的传统学术概念一般指的是：研究植物的形态、分类、生理、生态、分布、发生、遗传、进化的科学。它的主要分支有植物分类学、植物形态学、植物解剖学、植物胚胎学、植物生理学、植物生态学、植物病理学、植物地理学等，目的在于开发、利用、改造和保护植物资源，让植物为人类提供更多的食物、纤维、药物、建筑材料等。其主要的研究领域为：植物形态学研究植物体（由细胞到器官各个层次）的结构及形状；植物生理学研究植物功能；植物生态学研究生物与环境间的交互作用；植物系统学研究植物的鉴定和分类；等等。

植物学是一门分支庞大的学科，要系统地学习并非一朝一夕就能做到。单单植物分类就涉及多种学科方法，包括形态、细胞、分子等。对于那些想要很好地养护植物，了解植物的生态习性，对植物的种类进行简单识别和区分的植物爱好者来说，深入、系统地学习植物学知识就显得麻烦而不必要了。他们只需要一个可以解决植物日常护理问题的指南，而不是零散分布于植物学各个分支学科的理论概念，更不需要专业的植物学术语搅乱认知。

因此如何让植物学走下神坛进入寻常百姓家，就成为植物学工作者需要解决的重点问题。植物科普改变了植物学不可企及的高姿态，使其摇身一变作为一个平易近人的解说员向大众讲述植物与生活的故事。

（二）研究目的

第一，引导地球未来的主人了解植物与环境、植物与人的关系。植物是自然界的第一生产者，具有独特的作用，是人类无可替代的能量来源。

第二，引导孩子尊重地球上的每一种生命，尝试从植物的角度去看待这个世界。让孩子懂得每一个生命都值得尊重，了解处于食物链底端的植物，也有其自身的生命价值。

二 研究内容

（一）前期调研

伴随科学技术的发展，植物科普的方式也在不断发生改变。在信息技术代替传统纸媒之前，植物科普基本是借助书籍进行，而且受限于当时的社会、经济发展状况，传播的内容大多是在植物志的基础上演变或进一步挖掘而来，主要借助文字描述，植物形态的描述往往也是借助素描，不但耗费大量的时间，更多情况下植物科普依旧还是那种脱离实际生活需求的

"高姿态"。后来随着摄影技术的发展，在科普书籍中出现了越来越多、色彩丰富艳丽的植物实拍照片，照片的加入不仅在一定程度上增强了阅读的趣味性，在更大程度上使读者的阅读和植物认知效率获得了很大的提升。但是由于自身存在的传播局限性，纸媒不能同时收录太多的植物信息，更不能全方位展示植物的细节特征。此外，就可扩展性来看，其补充、修订的成本过高，不利于科普信息的传播。

（二）植物科普现状

人类自古以来便生活于自然之中，而人类最开始熟悉的自然界的生物便是植物。从中国古代传说神农尝百草开始，人类便和植物脱离不了关系。植物是生命的主要形态之一，包含了如树木、灌木、藤类、青草、蕨类以及绿藻地衣等熟悉的生物。据估计，种子植物、苔藓植物、蕨类植物和拟蕨类等植物中现存大约 350000 个物种。截至 2004 年，其中的 287655 个物种已被确认，包含 258650 种开花植物和 15000 种苔藓植物。植物的多样性以及与各种植物相关的议题似乎总是层出不穷，这个取之不尽的自然知识宝库值得进行深刻的探究。随着植物领域越来越多研究结果的问世，植物和水的关系、植物对土壤及气候的调节作用、植物对人类生活的影响等问题，成为未来科普研究领域重要的待探索课题。植物科普并不仅局限于植物物种和植物学等方面，植物拥有众多的药用价值、生活价值等，具有良好的推广价值。

另外，比照国际社会的一些热点问题和政策动向，可以得知：植物的科普不容忽视。受自然环境渐渐退化的影响，人类在生产生活环境中已经越来越少接触到植物。植物养成、开心农场等一系列游戏的兴起，正是现代人类对于自然生活缺失的反应。全世界不同的城市开始了不同方式和不同程度的拯救自然行动，并且用一系列环保活动和措施，试图引起人们对于自然的关注。在目前的植物科普教育中，已经存在大量的书籍、展厅模型、视频，并已经起到一定的效果。但是仍存在一定缺点，如形式单一、交互性差、与移动智能终端的融合程度还不够，学生缺少真正的动手实践机会。

植物的资料数据庞大、专业知识艰深，使植物科普进展较为缓慢。但是国内外已有许多开展植物科普的优秀平台，如联合国教科文组织、中国植物科普网、PPBC 中国植物图像库等，上海自然博物馆网站也设置了相应板块。此类资源丰富的网站，应该得到合理的宣传和推广，充分发挥其科普价值。

因此，对植物的探究将构成本项目的核心内容。本项目开发了系列植物课程教案，通过多种交互方式，借助新兴的智能媒体设备，集成展示关于植物的信息知识，使参与者的学习过程变得更具体验性、探索性，充分激发其学习热情。前期收集和分类植物资料，研究如何选取适合青少年的内容。本项目开发了系列植物课程教案，创造"植物的世界"并分为四个地形板块。通过植物拟人化趣味展现植物知识，探索如何完善教育体系，做到让学生"全过程"参与，获取良好的课后教学反馈。同时，为了实现更好的视频效果，引入 VR 技术。

三　研究成果

本项目开发了系列植物课程，创造"植物的世界"并分为四个地形板块。通过植物拟人化，让参与者轻松带入课程，学习趣味植物知识，使用 VR 设备让课程更有沉浸感，后期配套的植物盒子与视频教育相配合，让参与者更好地进行学习体验和课后教学循环。

以"森林生存篇"为例，观众通过 VR 眼镜和体感设备，进入一个地图界面。如同 RPG 游戏一样具有选择性，从一个原点开始行进，具有多种可能性，可选择雨林地图、沙漠绿洲地图、高原地图、针叶林地图等多种模式。在观众点击进入环境后开始计时，需要在这个环境中搜集各种不同的植物，以丰富个人图鉴，并在指定时间内完成采集任务。采集任务分为三类，第一类是植物学家任务，需要搜集指定的 10 种稀有植物；第二种是生存任务，需要搜集 10 种可以食用的植物；第三种是环境建设任务，需要搜集 10 种可以用来建设生活环境的植物。观众可以行走并使用操纵杆采集，完成指定任务后按照完成情况可以获得不同成就，如"植物大师""植物高手""植物新人"。随后退出界面，配合实际的奖励机制，匹配不同级别的植物培育套装。

课件目录

四　总结与思考

　　植物是一个触手可及的话题。通过和儿童的接触，我们发现女孩对趣味性课程更加感兴趣，男孩则对游戏环节更加专注，孩子们对植物话题都有很高的热情。小学的活动环境比想象中的丰富，孩子们会将吃剩下的果核种植到学校空地的土壤里。课程过程中，几个男孩很激动地对我们讲述种植小树苗的经历。对于人与植物的关系，孩子们已经认识到植物是有价值的，而我们的课程目标是进一步引起小朋友对于植物的重视，让他们重新理解人在宇宙中的位置，明白人并不是万物的尺度。我们的课程设置比较紧凑，从现场反馈来看活动效果较好，但限于时间问题，活动开展得不够充分，将来我们会进一步完善课程流程，以此为契机推动校园植物类文化活动的开展，让孩子们从小学会反思人类与环境的关系。

参考文献

林心怡：《我国植物辨识科普发展研究》，西北农林科技大学硕士学位论文，2017。

程晓山、朱芸青：《广州市儿童公园中植物科普教育类活动项目研究》，《广东园林》

　　2016 年第 5 期。

马仲辉、邹承武、张平刚、邢永秀、郑霞林、黎桦、黄荣韶:《"互联网+"背景下高校校园植物科普教育及网络建设初探——以广西大学为例》,《广西农学报》2015年第6期。

李洺葭、韩静华:《传统科普读物数字化衍生产品开发的探索与思考——以植物类科普读物为例》,《科技与出版》2015年第12期。

汪明丽:《我国植物园科普教育公共科学活动的研究》,华中科技大学硕士学位论文,2015。

王湛鹏:《基于智能手机的植物科普系统设计与实现》,重庆大学硕士学位论文,2015。

杨晓宏、李鸿科:《"娱教"视角内的信息化教学方法探究——基于"娱教"理念的信息化教学研究》,《现代远距离教育》2011年第5期。

刘与明:《大力发展植物科普教育与科普旅游事业——记厦门市园林植物园科普教育基地工作》,《科协论坛》2003年第12期。

Let's Talk About Sex

项目负责人：蔡文君

项目成员：张晗　张勇利

指导老师：王铟

摘　要： 科普视频对于提升我国公民的科学素养，促进科学与社会发展的作用毋庸置疑。近年来，我国科普视频的发展日益繁荣，许多优秀作品在网络上广为流传。但是，有些作品形式单一、内容枯燥，难以达到预想的效果。人们尤其是青春期的孩子热衷于流行文化，所以以流行文化或者符号作为传播媒介更容易吸引眼球。因此，本项目利用新媒体表现形式多样、传播渠道丰富、更新速度快等特点，进行性教育科普微视频的创作。目前，性教育在中国尚未成熟，有许多需要改进和突破的地方。本项目受众为青春期的孩子，比较有针对性；以 emoji 这种流行文化元素作为媒介，更加引人入胜。

一　项目背景

（一）研究现状

受历史上封建思想的长期束缚的影响，在我国关于性一直讳莫如深。五四运动以后，虽有不少有识之士不断提倡性教育，但始终未能付诸实践。周恩来同志强调，一定要把青春期的性卫生知识教给男女青少年，让他们能用科学的性知识来保护自己的健康，保证正常发育。但由于种种原因这也一直未能落实。性教育一直是个敏感、充满激烈争论的领域，甚至充满阻力和非难。

改革开放以来，中国的性教育才得以复苏，进入蓬勃发展的新阶段。

吴阶平教授主持编译的《性医学》一书的出版，标志着现代性学和性医学作为一个专门的学术领域在我国建立，有力地促进性学禁区的打破和性教育的开展。国家教育委员会和国家计划生育委员会颁发了《关于在中学开展青春期性教育的通知》，开启了我国青春期性教育的新纪元。我国性教育以青春期教育作为突破口，迈出了可喜的一步，也取得了初步的成绩。性生理卫生知识逐渐被纳入中学教学内容，打破了性教育的禁区，青春期性教育由试点阶段进入较大规模的实验阶段和推广阶段，陆续出版了一些青春期性教育的书籍，结束了"教师无教本、家长无参考、学生无读物"的局面。但存在一些问题有待解决。另外，本应立体化的青春期性教育，目前还没有形成有计划的家庭、学校及社会的综合教育体系。特别是还存在几种错误的思想，如无师自通论，认为性是人的生物学本能，随着年龄的增长，自然就知道了，不需要进行教育；封闭保险论，认为最保险的办法就是将青少年与异性隔绝，或把与异性的接触限制在最低；诱发错误论，认为如果青少年对性知识了解太多，会诱发青少年进行性思考，引起他们的性实践，从而导致性罪错；问题教育论，认为没问题时不需要进行教育，等有了问题时再教育也不迟。这些片面的理论严重阻碍了性教育的深入开展。我们发现在学校性教育迈出沉重的第一步之际，社会上商业性性文化产品却紧锣密鼓、争先恐后、铺天盖地地涌来；学校性教育仍"羞羞答答"时，学生却备受性问题困扰，私下进行秘密的"自我探索"，极易接收不健康的性信息，受到不良环境的影响，出现早恋、性罪错甚至性犯罪等现象。因此普及性教育显得尤为重要。

受历史上封建思想的影响，在我国性神秘、性愚昧、性封闭等影响着一代代人的健康成长。封建的贞操观和性歧视至今还不同程度地存在，夫妻生活中的"大男子主义"也严重影响家庭生活的和谐。随着社会文明和科学技术的发展，人们对健康有了更深的理解。性健康是指具有性欲的人在躯体上、感情上、知识上、信念上、行为上和社会交往上健康的总和，它表现为积极健全的人格、丰富和成熟的人际交往、坦诚与坚贞的爱情和夫妻关系。以性生理为基础、性心理为重点、性道德为灵魂的中国式性教育将使人类生活更开明、更严肃、更健康，对社会移风易俗必将产生积极的影响。科学的性教育有利于保持个人的身心健康，防止疾病和种种不健康社会现象的发生，使人自觉增强理智感和道德抑制力。

二　研究方法

（一）文献研究

查找和整理性教育相关知识的文献，保证知识和内容的真实性、准确性、科学性，在查阅的基础上整理出适合进行创作的部分，并通过专家咨询等方式，确保知识的准确性。

（二）调查研究

调查当前网络上相关科普视频，了解当今市场上科普视频的传播特点和途径，并且着重了解性教育方面的科普视频的情况，分析其形式与内容，并在此基础上进行有针对性的创新，使作品更具有独特性和吸引力。

创作过程中，针对科普视频的形式与内容，项目组进行了调研，充分了解目标群体的想法，选择受众最感兴趣、最易接受的形式与内容。在新媒体视频制作完成后，进行二次调研，并根据受众反馈的结果进行改进与优化。

三　主要内容

（一）性健康教育的具体任务

教育心理学认为，青春期是性生理、性心理发育的高峰期，是性别身份和性取向的展示期，也是性价值观形成的关键期。适时、适度的性教育能优化其性别化过程，不但有助于完成其现阶段的性发展任务，更为将来一生的高质量生活垒筑基础。性健康教育的具体任务包括以下四方面。

第一，提供关于人的性潜能的科学而准确的信息。包括人的发育成长、生殖、身体构造、生理、家庭生活、怀孕、做父母、性取向、避孕、堕胎、性病、艾滋病等方面的信息。

第二，提供关于对性的态度、价值观和行为选择的教育。包括创造机会让少男少女提问、探索，认识家庭、社会所传授的性价值观的意义，进而培养自己的性价值观，培养对家庭关系及两性关系的正确认识，懂得自己对家庭和别人的义务与责任。

第三，进行处理人际交往与两性关系的技能训练。帮助青少年获得处理人际关系的技能，包括沟通、做决定、评价、应对朋辈压力和建立良好人际关系的技能，使他们能够创造性地理解性并在成年后正确扮演自己的角色，包括在未来的情感生活与性生活中能够关怀体谅别人，帮助别人，不强迫别人，努力寻求使双方都满意的性交往关系。

第四，进行责任感教育。帮助青少年懂得并履行在性关系中的责任，包括洁身自爱、如何抵制压力，以免卷入不成熟的性关系，以及恰当的避孕方法和其他性保健方法的教育。

（二）性健康教育的操作原则

（1）科学性原则：知识性内容要科学，表达要规范，一般不以经验为依据。

（2）适应性原则：方法要合理，强调引导情感体验，严禁教导行为体验；一般不直接引用西方行为技术。

（3）灵活性原则：易引发争议的内容从知识性角度介绍，如避孕、怀孕、人工流产等内容从人口教育角度讲。

（4）指导性原则：正面指导为主，多讲"可以做什么"，少讲"不准做什么"；适当介绍一些行为技术。

（5）多样性原则：授课形式可多样化，根据内容选择合适的方法，一般知识性内容用讲授式，价值观讨论用活动式，特殊事例用个别辅导。

（6）整体性原则：学校教育与家庭教育要同步，找适当机会对家长进行"家庭性健康教育内容与方法"介绍。

（三）青春期性健康教育的内容

青春期的孩子，生理发育已基本完成，身体处于"性高峰期"，个体"性问题"处于多发时段；生理发育与心智发展仍处于不平衡状态，随着年龄的增长，不平衡状态逐渐减弱；与异性的交往由群体交往向一对一交往转化，从接近欲发展到接触欲；从对异性的外在行为评价进入对个性品质的评价；处于"自主"的渴求期，是价值观、人生观、世界观形成的关键期。

此阶段青少年性健康教育的基本内容包括：①青春期生殖健康；②人

口意识；③青春期性生理、性心理特征及自我保健；④性角色差异及其认同；⑤性道德的内容及价值；⑥性道德的自我培养；⑦人类性行为的内涵及自控机制；⑧青少年性行为的特点及预防措施；⑨性行为取向与社会规范、法律的关系；⑩性传播疾病的预防。

四 项目成果

（一）系列视频"Let's talk about sex in emoji"

本项目完成了系列视频"Let's talk about sex in emoji"的制作。该视频分为以下七个部分：①性成熟——遗精、月经来临时；②自慰——是不是"小罪恶"呢？③FIRST TIME 以及处女膜；④啪啪啪（性行为）的种种；⑤避孕——愉悦中的安全；⑥同性恋——LOVE & PEACE；⑦与家长的沟通——DON'T BE SHY。

（二）视频脚本样例

以下为简单的范例，在实际拍摄的时候，并不会那么简单，只是大体的范例。

自慰——是不是"小罪恶"呢？

青春期的男生👦和女生👧，对性的原始欲望👹都会被唤醒🌬️😲，会对异性👫的身体产生憧憬👣、好奇👀和向往👯。而对这些堆积📚的性能量🔌进行发泄➕是很正常✔的生理行为。这就是——自慰👊👣💦。

男孩👦自慰👊💦都是围绕他们的茄子🍆完成的。当他们的茄子🍆抬起头✈️，可以靠大腿夹住🍵摩擦🙏茄子🍆以达到射精💦的目的。也可以靠俯卧撑👤🐖的姿势，让茄子🍆与被单进行摩擦🙏以达到射精💦。但最普遍的方式，还是用手👐握住👊他们的🍆，进行上下👊⬆️⬇️抽动，来获得快感😌。不过次数太多的话会感觉身体被掏空🚫🈳。

对女孩👧来说的话，自慰👉🍩的方式比较复杂。除了对甜甜圈🍩进行刺激以外，还可以刺激🐚或🍚或🐽。

男女👫在自慰👊💦/👉🍩的时候，通常会借助一些影视资料💿，只要不是太过火，都是在正常✔的健康🖤范围内的。

总而言之，自慰👋🤏👉🔴并不是❌件邪恶🐷的事，在男孩、女孩👨👩产生性需求👋✂️🔴💦而又得不到时，它是一种慰藉😌，是必要☝️的，是健康🖤的。

五　创新点

第一，专门针对青春期孩子的性教育系列视频，比较有针对性；第二，以 talk about 引入，是一种谈话、交谈的氛围，可以拉近距离，更容易被接受；第三，用 emoji 这种流行文化元素作为传递信息的工具，更具有时代性和吸引力；第四，新媒体形式更具有传播的效果和生动的表现力；第五，利用互联网，这个时代最主流、快速的传播方式，来传播作品和知识；第六，以系列视频的方式，串联整个青春期主要的性知识。

六　总结

项目组在查阅文献资料和书籍的过程中形成的针对性调研成果，在一定程度上为这类科普视频的创作和制作提供了理论依据。对现有的科普视频进行了全面的分析整理，同时对教育学、心理学及性科学在新媒体科普视频中如何呈现做了一定程度的尝试，取得了一些经验。经过讨论研究，项目组认为市场及网络媒体上对同类型科普视频的研究有待深入，视频制作一定要考虑观众的诉求，所以前期的工作要做到足够充分，才能在实施过程中少走弯路，减少不必要的人力和物力的浪费，保证将科学知识、操作技能、情感态度、科学精神和科学思想自然地融入视频。

免疫与健康

项目负责人：杜潇

项目成员：李英　戴歆紫　黄璐

指导老师：裴新宁

摘　要： 随着信息技术的应用和普及，传统教育已经难以满足更多不同类型的学习者的学习需要。本项目是新媒体科普创作类别的作品，将以"免疫与健康"为主题，以 ARCS（动机—激励）模型为理论框架制作五个动画微视频，其内容包括传染病与健康、非特异性免疫、特异性免疫、人体的免疫功能、人工免疫五个部分。目的为在科普场所展览展示、科技教育活动、科学媒体传播等方面提高社会大众对免疫与健康的科学认识，提升公民科学素养，扫除错误的"伪科学"概念。

一　项目概述

（一）项目缘起

1. 相关理论

新媒体涵盖了所有数字化的媒体形式，包括所有的传统媒体、网络媒体、移动端媒体、数字电视、数字报纸杂志。严格来说，新媒体应该称为数字化媒体，而新媒体科普作品则是借助新媒体这个工具以科普的形式实现的影视作品创作。

影视作品需要基于受众的认知能力和情感观念进行创作，才能让观众接受并起到一定的教育作用。在查阅大量相关文献后，本项目选择 ARCS（动机—激励）模型为理论框架来创作视频，其主要原因为：与其他学习动机机制相比，ARCS 模型不但关注动机的激发，更重视学习动机的维持，强调外部设计对内部动机生成与维持的促进作用。[①] 比如，视频设计内容应该引起受众的注意，应该增强视频传播内容与受众所关心的科普知识的关联性，支持受众有充分的自信完成视频观看过程，并让受众取得积极满意的学习效果以促进学习的迁移与长效动机的形成。[②]

2. 调查成果

据调查研究发现"免疫与健康"是与社会大众息息相关的焦点问题。国家卫生计生委疾病预防控制局的统计数据显示：2017 年 1 月（2017 年 1 月 1 日 0 时至 1 月 31 日 24 时），全国（不含港澳台）共报告法定传染病 482019 例，死亡 1121 人。传染病的高发伴随着民众健康素养的缺失。

与此同时，我们进行了以下工作。①收集与免疫相关的资料及相关文献，了解项目研究背景和依据。②面向公众进行相关内容的问卷调查，并对免疫与健康相关专家进行访谈。参与问卷调查的人群包括家长，学生，从事科学教育的老师、专家，从事科普研究和科普宣传的其他工作者。本次发放调查问卷 2000 份，回收有效问卷 1826 份。③仔细观看了与免疫与健康相关的视频及动画，分析其表现形式及优缺点。④研究免疫与健康的相关概念，根据教学大纲编写动画脚本，对公众理解的健康知识进行深入研究。

在面向公众的问卷调查和相关研究中，我们有以下发现。

（1）关于公众对人体免疫系统重要程度的认知：有 90% 的人认为免疫系统是重要的，有 9% 的人认为其重要性一般，认为其不重要的只占 1%（见图 1）。这在一定程度上反映了公众对"免疫与健康"的高度重视。

（2）关于公众对科普表现形式的偏好：大部分人喜欢用动画的形式学习科普知识，也有一部分人更喜欢视频，但所占比例较少（见图 2）。同时，我们也针对这个问题进行了更深入的访谈，发现大部分人喜欢动画的原因如下：①动画易于理解；②动画易于表现微观机理；③动画表现形式活泼，给人亲切感；④动画的受众面大；⑤动画形式更利于呈现科普内容。

---

① 王觅、祝智庭、吕婉丽：《基于 ARCS 的教学微视频"心动"设计模型建构》，《中国教育信息化》2015 年第 19 期，第 19～25 页。
② 刘爽、郑燕林、阮士桂：《ARCS 模型视角下微课程的设计研究》，《中国电化教育》2015 年第 2 期，第 51～54 页。

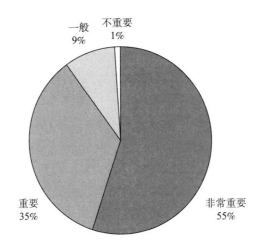

图1　公众对人体免疫系统重要程度的认知情况统计

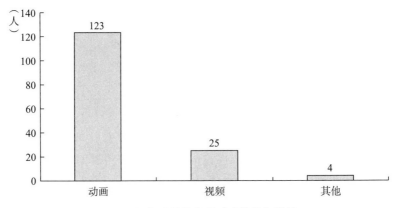

图2　公众对科普表现形式的偏好统计

（3）从事科学教育的教师在调查中一致认为"人的健康"这一章中的免疫与健康是被教学大纲列出的重难点。

（4）从事科普研究和科普宣传的其他工作者在访问中也认为"免疫与健康"不容易讲解和表述，具有一定的抽象性。

（5）在网上以"免疫与健康"为标题搜寻视频，发现"科普中国，科普传播之道微平台"中的大部分视频多注重画面效果和知识点的罗列，教育意义不足。

（6）在查找文献时以"人的健康"为主题，并含"免疫"检索得到152篇文献，根据摘要阅读后发现与本次主题相关的文献有32篇。而以

"免疫与健康"为主题检索只得到 10 篇。在这些文献中，有一部分仅关注技术的应用，没有很好地阐释人体免疫系统的相关内容。而另一部分则专业性过强，科普性不足，受众面较小。

综上所述，我们认为：动画是一种综合艺术，具有较强的表现力，可以将抽象微观的知识点以图片、动画角色、配音等方式灵活呈现。同时受众面广、老少皆宜，兼具趣味性和科普性。因此，我们选择以动画的形式呈现"免疫与健康"这一主题，并基于 ARCS（动机—激励）模型设计主要内容，以期达到更好的科普效果。

（二）研究过程

1. 前期

（1）查阅文献。我们查阅相关书籍，涉猎条目包括新媒体、科学传播、动画制作、ARCS 模型、人的健康、免疫系统等相关文献，对已有成果以及国内外相关研究与实践成果进行分析，根据需要开展前期调研。

（2）科学传播工作者访谈。对中国科学技术馆、上海科技馆、上海自然博物馆、山东省科技馆、浙江省科技馆的工作人员进行访谈，了解科普视频的基本要求和特点。

（3）公众调查。对家长，学生，从事科学教育的教师、专家，从事科普研究和科普宣传的其他工作者进行问卷调查，分析其对人体免疫系统重要程度的认知情况、对科普表现形式的偏好等。

（4）科普场馆调研。对中国科学技术馆、故宫数字博物馆、上海科技馆、上海自然博物馆、上海当代艺术博物馆、上海博物馆、山东省科技馆、浙江省科技馆进行了调研。

（5）咨询专家。向华东师范大学科学教育专业、上海中医药大学、华东师范大学生命科学学院、浙江树人大学新媒体专业的专家进行咨询，了解免疫与健康的相关知识。

2. 中期

（1）微视频剧本的设计。分别为传染病与健康、非特异性免疫、特异性免疫、人体的免疫功能、人工免疫五个微视频进行剧本设计。

（2）动画分镜头脚本设计。运用蒙太奇手法将文字剧本转换成画面的形式，并配以特效、拍摄手法等，其中包括镜头号、场景、人物、地点、时间、音效、对话、备注等。

（3）动画原型设计。此过程分为动画角色原型设计、动画人物表情图设计、手型局部图设计、表情局部图设计。

（4）专家咨询。与高校专家沟通交流，对内容做出相应调整。

（5）受众调研。本视频的受众主要是中小学生，则随机抓取 500 名中小学生对以上微视频剧本、动画分镜头脚本设计、动画原型设计进行满意度调查，有 476 名学生喜欢这个风格的作品。

3. 后期

（1）微视频制作。对 5 个微视频进行制作，运用的音视频软件有 Adobe After Effects、Adobe Flash Player、Adobe Premiere、Adobe Illustrator、Adobe Photo shop、Adobe Audition 等。

（2）动画配音。为了增强作品的生动性，选取两个小朋友对作品中的妹妹（小水晶）、哥哥（小稀土）进行配音。选取不同年龄和行业的人员对妈妈、爸爸、医生、病人等进行配音。

（3）专家指导。邀请专家对五个微视频的画面效果及内容丰富度进行指导。

（4）修改、完善视频。根据专家所指出的意见对视频的内容、形式等进行再修改和完善。

（5）受众满意度检测。在制作完 5 个微视频后，选取 1000 名不同年龄段的中小学生进行满意度测试。主要从动画是否易于理解，动画是否易于表现微观机理，动画是否表现形式活泼、给人亲切感，动画的受众面是否大，动画形式是否更利于呈现科普内容这五个维度进行检测。有 562 名观众对该作品做出非常满意的评价，314 名观众对该作品做出比较满意的评价，66 名观众对该作品做出一般的评价，44 名观众对该作品做出不太满意的评价，14 名观众对该作品做出不满意的评价。

（三）研究内容

本项目以 ARCS（动机—激励）模型为理论框架设计"免疫与健康"的微视频脚本，视频主要内容包括传染病与健康、非特异性免疫、特异性免疫、人体的免疫功能、人工免疫（见图 3）。

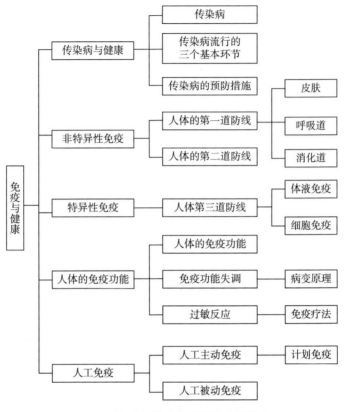

图3　《免疫与健康》微视频主要内容

二　研究成果

（一）微视频剧本

为了让公众对人体免疫这个抽象的概念有进一步的理解，在创作动画剧本时，我们首先选择相关社会热点话题作为内容导入，以吸引观众的注意。视频内容参考人教版、沪教版、浙教版的《科学》和《科学美国人》中"免疫与健康"相关知识，包括传染病与健康、非特异性免疫、特异性免疫、人体的免疫功能、人工免疫。与现实问题结合讨论，以增强观众的参与感，加深印象。这样的内容设计使大众对"免疫与健康"问题有更全面的认识，起到科普传播的作用。除此之外，我们还制作了五个微视频剧本的简介（见表1）。

表1　五个微视频剧本简介

微视频	主要知识点	人物角色	场景
传染病与健康	传染病的三个环节如何预防传染病	哥哥（小稀土）、妹妹（小水晶）、妈妈、医生、病人、奶奶	学校、家、医院
非特异性免疫	人体的第一道防线和第二道防线	哥哥（小稀土）、妹妹（小水晶）、病原体、拟人化的皮肤、拟人化的呼吸道、拟人化的消化道、吞噬细胞	妹妹的卧室、哥哥的体内
特异性免疫	人体的第三道防线（体液免疫＋细胞免疫）和抗生素	哥哥（小稀土）、医生、妈妈	家、医院
人体的免疫功能	免疫的功能	哥哥（小稀土）、妹妹（小水晶）、妈妈	家、去医院的路上
人工免疫	人工免疫和疫苗	哥哥（小稀土）、妈妈、爸爸	家中的客厅、科技馆

（二）（文字）分镜头脚本

在创作期间，因为动画角色原型是在脚本设计后进行创作的，所以我们分镜头脚本是用文字对画面进行描述，不容易理解的部分用相关图片和示意图进行简单呈现。这样既加快了创作的速度，有益于对剧本中难度大的画面效果进行更详细的阐述，又容易对今后创作画面的时间要求和画面镜头有更充分的了解。除此之外，更方便团队的创作成员进行故事情节流畅度的对比，并及时修改和调整。

（三）动画角色原型设计

在创作完视频的剧本和（文字）分镜头脚本后，角色设计组根据视频内容需要创作动画原型，其中包括角色设计、表情设计、手形设计、五官设计。

（四）动画微视频

根据已有的动画脚本，已经完成了5个微视频的制作。就已经完成的内容来看，视频符合新媒体科普作品创作中的科普微视频要求，所涉及的属于社会焦点问题，能对大众免疫问题进行科普教育。同时，视频制作精良，画面清楚，达到一定的审美要求，可用于科普频道的科普传播（见图4）。

图 4　动画视频部分截图

三　创新点

首先，视频展示形式的创新。以动画的形式展示，易于观众对视频内容的理解，能够对讲述内容微观进行表现，动画的形式比较活泼，受众面广，有利于知识的呈现。

其次，视频内容视角的创新。视频内容依据《科学》《科学美国人》等具有较强科学性和教育性的教育材料，对社会焦点问题进行充分解读。

最后，视频传播方式的创新。本项目的研究成果既可以在社会化媒体平台上传播，在科普节目平台上传播，还可以供学生课外拓展学习使用。

四　应用价值

（一）提高公民的科学素养，扫除公众错误的科学概念

"免疫与健康"是与社会大众息息相关的焦点问题。但是我们身边存在大量"伪科学"言论，而这些"伪科学"言论之所以能流行起来，与社会大众缺少对免疫健康的科学认识不无关系。无论是在前期调研还是后期受

众满意度调查分析中，我们都发现：高质量的科普微视频能对提升公民科学素养，扫除错误的"伪科学"概念起到较好的作用。

（二）于科普场馆、公共场所循环播放，提升公民的健康意识

在前期研究的基础上，我们以 ARCS（动机—激励）模型为理论框架设计"免疫与健康"的微视频脚本。从受众满意度调查的结果来看，ARCS（动机—激励）模型起了很好的框架作用，视频能够激起受众的观看兴趣，也能达到较好的科学传播效果，得到了大部分观众的肯定。因此，免疫与健康系列科普微视频可以于科普场馆、公共场所（医院、地铁站、公交车站等）循环播放，随时随地提高公民的健康意识。

（三）作为学校教育的补充，拓展学生知识面

免疫与健康系列科普微视频的内容参考人教版、沪教版、浙教版的《科学》和《科学美国人》中与"免疫与健康"相关的知识，是在学校教育内容的基础上结合现实问题的拓展，包括传染病与健康、非特异性免疫、特异性免疫、人体的免疫功能、人工免疫。因此，免疫与健康系列视频可以作为学校教育的补充，既为学校教育的相关内容提供可视化的资源支持，又能拓展学生知识面。

（四）充分运用新兴科技，加强公众的互动传播

我们已经进入大数据时代、网络时代和人工智能时代，面对这样的新兴科技，科普知识的传播同样重要。可在动画故事内容的基础上将重要的知识点在 AR、VR 上进行测试，让公众在娱乐中学习有关健康的知识，加强公众的互动传播。

参考文献

王觅、祝智庭、吕婉丽：《基于 ARCS 的教学微视频"心动"设计模型建构》，《中国教育信息化》2015 年第 19 期。

刘爽、郑燕林、阮士桂：《ARCS 模型视角下微课程的设计研究》，《中国电化教育》2015 年第 2 期。

农药的武林大会

项目负责人：邱俊

项目成员：林欣　朱晓雅　王迪

指导老师：郝格非

　　摘　要：有机合成的杀虫剂活性高、杀虫谱广、对哺乳动物毒性低、有效期长、价格低廉，在一定时间内被人们誉为"天使"。但农药的大规模滥用，对环境会产生不良影响，加之媒体的报道，人们逐渐将农药"妖魔化"，认为农药是罪恶的源头。事实上传统农药开始向对人类健康安全无害、对环境友好、超低用量、高选择性的绿色农药转型。而民众对农药的观念还停留在"万恶之源"认识上，同时市场上缺乏农药相关的科普视频，所以本项目从什么是农药、农药如何发挥作用和农药的研发过程三个方面创制农药科普视频，加深公众对农药的理解，为农业的保护神"沉冤昭雪"。

一　知识概述

（一）什么是农药

　　联合国粮农组织（FAO）将农药定义为："一切用于阻止、杀灭或控制有害生物的化学物质或混合物。"人口的增长势必会提高人类对粮食的需求，加之为了缓解当前的能源问题，世界上已经有越来越多的国家使用玉米、大豆等农作物来制取生物酒精以替代化石燃料，这使人类对粮食的需求进一步增加。我国作为人口大国，每年新增人口达到 1700 万，现有的耕地面积仅占世界总耕地面积的 7%，且可耕种的土地面积日益缩小，我国面临的粮食问题尤为突出。

（二）农药的作用

作为农作物的守护神，农药能够有效地保护农作物不受有害生物的损害。据有关统计，若不用农药，农作物损失产量为玉米 30%、大豆 57%、棉花 39%、水稻 57%。[①] 同时农药在林业、畜牧业和公共卫生方面也有巨大的贡献，为我国每年平均挽回粮食 5000 万吨、棉花 150 万吨、蔬菜 1500 万吨、水果 600 万吨，减少直接经济损失 1000 亿元以上。从投入产出来看，每使用 1 元钱的农药，可获得 10～20 元的直接经济收益。[②] 农药是保障农产品生产的重要战略物资。农药在农业生产中起着不可或缺的作用，但人们对农药有着深刻的误解。近年来，关于农药残留以及农药滥用所引发的污染，使公众对农药产生深深的误解，认为农药是人类社会的公敌，这让农作物的守护神蒙受不白之冤。[③]

（三）农药科普现状

我国的科学普及工作起步较晚，尤其是对于农药方面的知识普及不多，也存在一些问题，当前网络环境下的科普工作存在以下问题。

第一，大部分科普网站的信息来源于传统媒体，缺少再次创造的过程，内容与组织形式都不太适合网络传播。第二，表现形式过于单一，基本以文字为主，没有充分利用网络传播的交互性及传播媒体形式多样性的优点。[④] 第三，缺乏"把关人"，新媒体促进科学传播与普及的同时，在技术、制度等方面对内容把关不足，仍然多靠作者对科学传播的内容进行过滤和检验。第四，相对于传统媒体居高临下的"庙堂"姿态，新媒体更具有"江湖"色彩，能容纳不同群体发声。但其内容充满各种碎片和情绪化表达，容易出现带有自我感情色彩或者特殊目的的伪科学信息，缺乏客观性和片

---

① 杨华铮：《农药分子设计》，科学出版社，2003。

② 中国农药工业协会：《关于说明我国农药行业情况的函》，《农药快讯》2016 年第 13 期。

③ 吴文君、刘惠霞：《对农药的几点看法》，《农药》1998 年第 37 期；顾旭东：《加强农药科普知识宣传刻不容缓》，《农药市场信息》2003 年第 18 期；迟归兵、张耀中、孙先跃、袁会珠：《总因谣言被误解看待农药应科学》：《农药市场信息》2017 年第 2 期。

④ 肖云、阎保平：《中国科普网络的现状与未来》，2000 中国国际科普论坛，2002。

面性。[1]

随着我国对科普工作的重视，一些优秀的作品和项目不断涌现。

2016 年科学普及出版社出版了农药科普漫画系列丛书。[2] 该书以漫画的形式为大众讲解了农药残留、植物生长调节剂等知识，内容简单易懂，图文并茂容易被青少年儿童接受，但内容稍显单薄，说服力弱。2015 年中央电视台科教频道《走进科学》栏目，播出了《农药的秘密》，节目编导走进田间、绿色有机农业基地、农药生产企业，调查现代农业能不能杜绝农药以及中国的农药是否安全。节目组介绍了农药的重要性，以及如何科学使用农药，为大众农药科普做出了很好的示范。通过视频的形式进行科普是一个很好的选择，但是视频往往太长，在当今快节奏的环境下不利于传播。

中国科学技术大学梁琰老师课题组在"新浪微博"建立了"美丽科学BOS"泛科普视频自媒体，通过微博文章和微视频的形式进行科普传播。其微博拥有 7 万多粉丝，从客观角度普及各项科学成果、科研原理和科学现象。我国著名科学家饶毅、鲁白、谢宇在"知乎"上创办致力于关注科学、人文、思想的"知识分子"专栏，以专栏文章的形式为广大科学工作者发声。

以中国科学院上海药物研究所制作的科普微视频为例，其以动画的形式介绍了"药物设计学"，以直观、通俗、有趣的方式科普专业领域的知识，视频采取动画的形式，让观看者耳目一新。

在新媒体时代下，科普面临新形势、新机遇、新挑战，我们需要采取新的形式传播科学，创作为广大公众喜闻乐见的科普作品。[3] 因此，我们决定采用科普微视频的形式，从农药的作用、农药如何发挥作用及优缺点、农药的研发过程三个方面进行创作，使科普内容生动有趣，更易为广大人民群众学习、接受，使大众更好地了解农药，为农业的保护神"沉冤昭雪"。

---

[1] 秦枫:《新媒体环境下科学传播分析》,《科普研究》2014 年第 1 期。

[2] 农业部农药检定所、中国农学会主编. 农药科普漫画系列丛书, 科学普及出版社, 2016。

[3] 陆晔、周睿鸣:《面向公众的科学传播: 新技术时代的理念与实践原则》,《新闻记者》2015 年第 5 期; 刘兵、宗棕:《国外科学传播理论的类型及述评》,《高峰建筑教育》2013年第 3 期。

二 研究内容

（一）研究目标

20世纪60年代，人们的环保意识还十分淡薄，大规模地使用各种化学品，以DDT为代表的农药被大规模滥用，给自然环境带来了污染。蕾切尔·路易斯·卡逊的《寂静的春天》①一书讲述了滥用杀虫剂对环境的影响，同时提醒大众要审慎使用各种化学物质，此后世界各国掀起了保护环境的热潮。大批高毒农药被禁用，为了保障粮食的生产，科学家们大力开发环境友好型绿色农药，如拟除虫菊酯类农药，这些绿色农药是当前农药市场的主流产品，②它们在我国农业生产中扮演至关重要的角色，而我国民众对农药的认识仍然停留在那些高毒农药上，将农药与"毒药"等同，使农作物的守护神蒙受不白之冤，对当前的绿色农药知之甚少。专家对当前市场上绿色农药的毒性解读为"喝农药，撑得死，毒不死"，许多农药对人的毒性比食盐或酒精对人的毒性还要低。当前针对农药的科学普及显得刻不容缓，而我国针对农药科普的作品十分匮乏，使我们不得不着手创作农药科普作品。让公众了解当前市场上的农药已是"绿色农药"，喝农药死不了是因为绿色农药对非作用生物是"低毒"甚至无毒的，而不是因为买了"假农药"。同时让公众了解什么是农药、农药如何发挥作用、农药的研发过程，加深对农药的理解。

（二）研究过程

1. 科普视频脚本创作及视频动画制作

（1）科普动画题目选择

选择"青梅煮酒，谁是真英雄"作为科普动画题目，取义"煮酒论英雄"，以"论"表明动画以讲述为主，同时借助典故中"刘备、曹操都是一方雄主"表明煮酒论的都是英雄，说明各个农药曾经都是为人类做出重

---

① 蕾切尔·路易斯·卡逊：《寂静的春天》，吕瑞兰、李长生、鲍冷艳译，上海译文出版社、中国青年出版社，2015。

② 杨华铮、邹小毛、朱有全：《现代农药化学》，化学工业出版社，2013。

要贡献的"大英雄"。但随着时代的发展，人们对农药提出更高的要求，最终夺得"植物保护"江湖的是绿色环保型农药，只有既能杀灭害虫保护农作物的健康，同时保证对环境安全的绿色农药才是植物保护江湖的"真英雄"。①

（2）科普素材的收集

依据查阅的农药学相关书籍、期刊、国内外的优秀科普作品，以及相关新闻报道进行科普动画剧本创作，与此同时，积极询问农药相关研究专家意见，根据专家意见对视频脚本内容进行修改。

（3）科普动画内容创作

大众对农药产生误解的主要原因是：大众不了解农药如何发挥作用，以及使用农药的目的；农业工作者没有明确告知大众是否使用杀虫剂，这种信息不对称让民众产生一些质疑。② 所以我们主要介绍什么是农药、农药的作用、农药的科学意义，以告诉民众如何使用农药、为什么使用农药。

项目选择的科普对象为初高中及以上受教育程度的人员，一方面，这个阶段的人群已经接触化学知识，更容易理解农药的作用机理，接受视频中农药的知识。另外，初高中学生在家庭中开始更多地表达个人思想，我们希望通过对学生的科普最终影响到家庭其他成员。

我们以植物保护作为一个"江湖"，将农药拟人化为老、中、青三代江湖英雄，他们武功各异，高低不同，但在不同时代都是江湖上赫赫有名的大英雄，都对农作物及人类做出了重要的贡献，保障着农产品的生产，保护了人类的健康。但随着时代发展，这些曾经的英雄老了，不再适应这个江湖，不能再保护农作物及人类，甚至造成了不良影响，最终只有符合当前时代要求的绿色环保型农药才是植物保护江湖的真英雄。

2. 科普视频传播及调查

视频制作完成后，我们将视频上传至优酷、腾讯、哔哩哔哩等新媒体平台上供大众观看，同时利用相关资源将视频在初高中及大学的课堂上播

---

① 梁文平、郑斐能、王仪、张朝贤、唐季安：《21 世纪农药发展的趋势：绿色农药与绿色农药制剂》，《农药》1999 年第 9 期。

② Joel, R., "Coats. Risks from Natural Versus Synthetic Insecticides," Annu. Rev. *Entomol*. 1994. 39: 489 – 515.

放，希望视频观看者能了解什么是农药、农药的作用，以及农药的研发过程。从科普视频的"视频内容选择""视频的艺术价值""视频的教育意义"三个角度进行调查，同时借助"问卷星"问卷调查平台进行网上调查，共收集到1029份问卷，其中有效问卷973份。

我们积极地联系相关科普工作者，邀请他们对视频进行推送，与此同时还申请建立了"农药科普人"微信公众号，将科普视频上传至平台进行推送，让更多的人看到。"青梅煮酒，谁是大英雄"系列农药科普作品在新媒体平台总播放超过8000次。

三　研究成果

选用波尔多液、DDT、溴氰菊酯、阿维菌素四种代表农药创作了四个卡通人物（见图1）。

波尔多液　　DDT（滴滴涕）　　溴氰菊酯　　阿维菌素

图1　农药科普动画代表人物

根据选择的四种代表性农药，围绕农药的发现、农药如何发挥作用、农药的研发过程三个方面创作了"青梅煮酒，谁是大英雄"系列农药科普视频。

问卷调查结果显示，民众对农药的了解大多停留在高毒农药层面，对当前使用的高效、低毒、低残留型绿色农药了解甚少，这表明当前农药科普存在缺失，而这种缺失使民众对农药的误解日益加深。根据调查问卷结果，"青梅煮酒，谁是大英雄"农药科普视频达到了预期的科普效果，从科普视频的教育意义角度来看，视频起到了一定的教育作用，被调查者从中学习到农药的作用以及农药的分类知识；从视频的艺术价值上来评价，大多数被调查者认为我们的科普视频制作是精美的，符合大众的要求。

四　总结与思考

"青梅煮酒，谁是大英雄"系列科普视频以初高中以上受教育程度的人员为科普对象，选择民众易理解的内容进行视频创作。结合书本中的化学、生物学知识，可以作为学生课堂上的辅助教学视频和课外延伸视频，同时可以作为科普视频在互联网上进行传播，让民众了解农药。

我们通过微博、微信公众号、视频媒体平台和初高中一线教师进行农药科普视频传播。"青梅煮酒，谁是大英雄"系列科普视频在媒体平台上播放次数超过 8000 次，通过"农药科普"关键词在优酷、腾讯视频媒体平台上均能检索到且排名靠前，相同时间内视频播放次数高于同主题视频；检索结果中有大量"王者荣耀（农药）"这款热门手机网游的视频，与此类视频相比，所创作科普视频热度仍不足，需要进一步推广。

在通过微博、微信公众号进行科普视频推送时我们发现，不同的平台能进行推送的视频来源不同，如微博只能接入"秒拍"视频，其他媒体平台的视频作品无法插入，而微信公众号只能插入腾讯视频链接。同时优酷、腾讯视频等视频平台上的视频均要超过 50 秒广告，公众在观看 3 ~ 5 分钟的科普视频前需要观看超过 50 秒的广告，且广告杂乱。这些限制对科普视频的传播有严重影响，无广告、与多个主流社交平台无缝对接的视频平台对科普视频传播显得意义重大。

"青梅煮酒，谁是大英雄"系列视频是我国第一部关于农药作用和农药研究的科普动画，起到了较好的宣传普及作用。但视频只有 3 集，对农药相关内容的介绍仍不完善，希望以后会有更多优秀的农药科普视频产生，为农作物的保护神"沉冤昭雪"。

飞向木星

项目负责人：史超

项目成员：魏炳翌　李珮冉　陈辛　李妍

指导教师：闻新

摘　要： 伽利略使用自制望远镜探索木星之后，人类正式进入科学探索航天时代，欧美国家一直引领木星探索的步伐，我国的航天战略发展规划明确提出将在 2030 年开展木星探索研究。本项目希望通过通俗易懂的手绘科普微视频使广大群众对木星探索有基本的认识和了解，从而提升我国木星探索的影响力。此外，结合微信、微博以及在线公开课程等当前主流的网络新媒体平台进行推广和传播，紧跟时代步伐，提升大众对我国航天事业的关注度并激发广大青少年崇尚科学的热情。

一　项目概述

（一）项目背景

随着微博、微信等社交网络新媒体平台的发展和广泛普及，以及微小说、微漫画等"微"文化的兴起，我们真正进入"超视像"的微媒体时代。微视频作为一种短而精的内容载体越来越受到人们的关注，已成为微媒体时代的一种视频文化潮流。

另外，航天技术是一项探索、开发和利用太空以及地球以外天体的综合性工程技术，是一个国家现代技术综合发展水平的重要标志。随着我国航天科学技术的进步，以及载人航天工程等一系列太空探索活动的顺利开展，高大上的航天科技也逐渐成为广大群众热议的话题。但是受航天任务的特殊性影响，人们获取航天信息的方式主要还停留在媒体报道这个初级阶段，相比欧美等航天发达国家，我国的航天科普活动还有较大差距。近年来，李克强总理在政府工作报告中反复强调要制定"互联网＋"行动计划，在这个"互联网＋"的时代，我国的航天科普也要借助这一平台，开展更加多元化的科普活动。另外，目前网络上各种各样的微视频以其新颖的内容、简练的形式，以及传播的便捷，正逐渐成为互联网媒体时代网络科普的利器。

在这些背景的基础上，本项目提出以"飞向木星"为主题，进行相关科普微视频的制作。一方面通过通俗易懂的手绘科普微视频使广大群众对木星探索有基本的认识和了解，另一方面借此方式提升大众对我国航天事业的关注度并激发广大青少年崇尚科学的热情。

（二）对木星的探索历程

自 1610 年伽利略使用自制望远镜探索木星以来，人类正式进入科学探索航天时代。1690 年，卡西尼在观测木星的大气层时，发现木星的赤道旋转得比两极快，因此发现了木星的较差自转。1831 年，德国天文学家施瓦布绘制了第一幅木星图，首次在图上画出了"大红斑"。1972 年 2 月 28 日，美国发射了"先驱者 10 号"，用于探测木星及其邻近区域，1973 年 12 月 2 日向人类提供了该巨行星的第一张近距离图像。1977 年的 8 月和 9 月，美国又相继发射了"旅行者 1 号"和"旅行者 2 号"探测器，主要目的是探测木星、土星、天王星和海王星。1982 年 1 月，美国准备发射人类第一颗专用木星探测器"伽利略号"，后因改变飞行计划推迟到 1986 年 5 月。1986 年 1 月 28 日，"挑战者号"航天飞机升空爆炸，使"伽利略号"计划再度推迟。此后，由于经费原因，NASA 改用推力较小的火箭，"伽利略号"放弃了原来直飞木星的计划，而采取了独特的飞行路线，借助金星和地球的重力加速。这样，它到达木星的时间也从原来的 2 年延长到 6 年。1989 年 10 月 18 日，"伽利略号"木星探测器离开"亚特兰蒂斯号"航天飞机后，首先飞向太阳，1990 年 2 月其掠过金星，再于同年 12 月和 1992 年 12 月两次掠过地球。在这样的引力牵引下，"伽利略号"木星探测器最终于 1995 年 12 月抵达环木星轨道。随后的 8 年间，"伽利略号"绕木星运行 34 周，与木星主要卫星 35 次相遇，发回包括 1.4 万张照片在内的 3 万兆数据，最终于 2003 年受控进入木星大气烧毁。自"伽利略号"2003 年坠毁木星之后，美国转而去探索其他星球，但是在 2011 年，时隔 8 年之后，美国又开始了重返木星。2011 年 8 月 5 日 12 时 25 分，"朱诺号"在美国佛罗里达州发射升空。2016 年 7 月 5 日，"朱诺号"探测器被木星引力捕获，进入木星轨道。

可以清晰地看到，对于木星的探索，一直以来都是欧美国家最先发起，尤其是近现代科技的飞速发展，更是加快了美国探索木星的新步伐。到目前为止，我国并没有开启这方面的探索计划，但根据国家航天战略发展规划，2030 年我国将开始这方面的项目研究，所以此次微视频项目是让大众提前了解木星，引导其关注木星，甚至吸引其献身国家航天事业的完美契机。

（三）研究过程

首先，对有关信息资料进行汇总整理，提炼主要的内容并撰写文案，其次，根据文案绘制图片素材并用电脑制作相应的动画，再次，使用已完成的相关素材进行视频创作，最后，根据试看观众的反馈意见修改了视频内容研究技术路线如图 1 所示。

1. 资料汇总整理阶段

在对木星有关资料进行搜集、汇总和梳理之后，计划创作四集视频——"木星之旅""木星漫游""重返木星""中国的探木工程"，同时进行视频脚本的撰写工作，为后期视频创作做好准备工作。

视频底稿完成之后，我们邀请视频制作团队一起商讨每句台词的画面构成方式，逐句探讨视频画面，并根据专家提出的意见和建议进行修改，也明确了项目后续的制作目标和方向。

2. 视频制作阶段

结合中期检查时专家提出的几点建议，对接下来的工作计划进行了简单调整。丰富了视频内容，并将项目计划书中的部分视频主题进行调整。同时应专家要求，加快了视频制作进程。同时，除了手绘内容之外还添加了部分电脑制作的动画元素，使其与手绘方式相结合，从而更生动地表达所要呈现的视频内容。明确了新的制作方案以后，结合前期已撰写完成的脚本进行微视频的制作。制作过程中主要内容仍然以手绘方式完成，并完整地展现绘制过程，以此来激发观众收看视频的兴趣，并且通过幽默的语言讲解使观众快速地理解和接受相关知识。视频完成后，在指导教师所讲

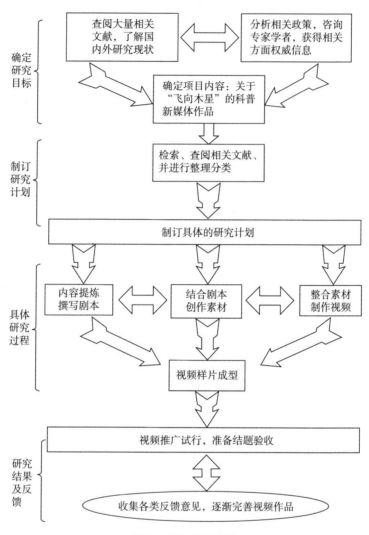

图1　研究技术路线

授的线下通识课程《航空与航天》中进行试点推广，学生群体普遍对视频
有较高的观看热情，也提出了一些建议和意见。项目成员总结分析了学生
们的反馈结果，并对视频进行了调整和改进。

3. 视频完善及项目总结阶段

　　结合前期试推广时收集的反馈意见和建议，对视频画面进行了最终修
改和调整。在原有的手绘视频基础上加入了一些真实的航天元素和相关的
视频资料，使视频整体内容更加饱满充实。此外，再次听取了同学们的反

馈意见，并针对一些细节进行了修复和完善。在视频制作完成后，梳理项目的整个流程，并对其进行反思和总结，一方面为后续开展相关科普作品创作积累经验和教训，另一方面撰写完成项目结题报告。

（四）主要内容

中国的航天事业正处在蓬勃发展的黄金时期，我们希望能够看到更远的未来，所以本项目跳出目前大家对航天探索对象的普遍认知，即月球和火星，将未来的探测对象选定为科普内容，旨在通过通俗易懂的手绘科普微视频向广大观众介绍木星系统。视频以木星旅程为主线，分别介绍了从地球到木星的旅程、木星及其卫星的相关知识，以及人类对木星的探索和中国未来的探测计划。共完成了4集以"飞向木星"为主题的航天科普微视频创作，并以部分大学生群体作为试点推广对象，结合指导教师所教授的相关课程，在线上和线下同时进行传播，根据观众的反馈总结经验教训，为后续的相关科普活动奠定了良好的基础。

二　项目成果

本项目通过对木星系统相关知识进行研究、整理，以及对微视频的表现形式和制作方式学习后，在预定时间内顺利完成计划安排，得出主要研究成果如下。

第一，顺利完成4集"飞向木星"系列航天科普微视频，分别为"木星之旅""木星漫游""重返木星""中国的探木工程"。旨在通过这简短的几分钟时间能够对木星系统有一个较为全面的介绍，将航天知识扩展到月球、火星以外的范围。同时，我们更希望本项目能够激发大众的航天热情，提升他们对航天科技事业发展的关注度。

第二，通过项目指导老师的平台，我们已经将该系列视频用于课堂授课，不仅仅在本校进行推广，更覆盖到南京其他高校等多个专业的学生，这不失为国家宣传航天事业的良好契机。通过推广、传播创作的科普微视频，我们了解到公众对科普视频的看法和反馈，这也为后续的科普作品创作奠定了基础。

整个系列视频共4集，主要内容如下。

第一集：木星之旅。本集主要介绍我们从地球前往木星的旅程。包括两个知识点：发射窗口、前往木星的轨道。我们在影片中插入了真正专业的轨道路线，这是在一般的科普视频中很少出现的，目的是让大众通过这个视频能够了解木星的知识，更能够了解我们的航天事业，打破他们心中对于航天事业的模糊认知。

第二集：木星漫游。本集的主要内容为木星本体相关的航天知识，包括木星的体积、气态行星形成原因即木星与地球等星体的区别所在、外貌（条带状花纹以及大红斑）形成原因等众多信息。另外，该集主要的知识点不仅仅是对木星天文的介绍，更介绍了人类对于木星的探索，比如 1995 年"伽利略号"如何探测木星等。

第三集：重返木星。本集主要介绍木星卫星相关的航天知识，由于篇幅限制，主要介绍了"伽利略卫星"（木卫一到木卫四）的主要特征，目的是希望公众能够在看完微视频之后凭借这些主要特征去分辨伽利略卫星。随后还一并介绍了美国在 2011 年重启木星探测计划之后，"朱诺号"的发射情况。

第四集：中国的探木工程。本集主要介绍中国的木星系统探测计划，包括其准备初步探测的内容；讨论了未来探索木星的一些航天任务，比如探测木卫二地外生命的四种采样方式猜想，在木卫四上建立深空探测前哨站的必要性等；同时我们提出了一些新的想法，比如利用航天器编队群代替目前现有的单颗航天器探测的方法，畅想中国未来的航天事业。

三　创新点

本项目创新点主要有以下几个方面。

首先，月球和火星经常见诸报端或影视作品中，大众已经对其有了较为详细的了解。但航天探索绝不仅仅局限于这两颗星球，更多的航天知识需要向大众传播。因此，此次选择了木星探索作为介绍对象，但并不只是罗列木星的相关属性数据，而且围绕人类的探索活动进行介绍，这是一个新的航天科普方向。

其次，快节奏的现代生活已经让大众无暇端坐在电视前观看一部完整的纪录片，而且还是与衣、食、住、行无关的航天科普类纪录片。因此，采用微视频这种方式，能让大众在休息时对探索木星有一个初步的了解，这是航天科普方式的一种创新。

最后，本项目微视频采用手绘动画与实景结合的方式，表现形式更加充实，且通过指导教师所讲授的线下通识课程《航空与航天》进行试点推广，尽可能多地扩大受众人群范围，力争使航天知识"飞入寻常百姓家"。

参考文献

韩鸿硕、李静：《21 世纪 NASA 深空探测的发展计划》，《中国航天》2008 年第 2 期。

候米兰：《航天科普的发展建议》，《科技传播》2015 年第 6 期。

李雅筝、郭璐：《基于时事热点创作的科普微视频的实践应用研究——以〈雅安地震特辑〉为例》，《科普研究》2014 年第 9 期。

中国古代杰出科技

——以苏州为例

项目负责人：王晓东

项目成员：曹开奉　倪家圆　强文静　王雪

指导教师：王伟群

摘　要： 中国古代科技文明博大精深，苏州地区的杰出科技在历史的前行中也不断为中国整体社会的发展做出卓越贡献。但是现代很多人并不了解其中蕴含的科技奥秘，并没有意识到很多都是现代科学智慧早期的产物。本项目以中国古代苏州地区杰出科技为主要内容，旨在普及当地的科学和技术知识，让人们理解科学、技术和文化的关系，提升公民科学素养，增强民族认同感。

一　项目概述

（一）背景

1. 科学普及的重视

2017 年初，教育部下发通知，要求秋季开学小学一年级开设科学课，这意味着我国的科学课从过去的三年级开始授课提前到从一年级开始。我国的科学教育面临新一轮的改革和进步，越早进行科学教育，越能在孩子心中播下科学的种子，越有利于创造能力和探究精神的培养。这项教改政策，大大增加了学生接触系统科学知识的机会，有利于尽早培养学生正确学习科学的理性思维和方法，扩大了科学传播的范围，也表明了我国提升全民科学素养的决心和对科学普及工作的日益重视。

2. 博物馆的兴建

近几年，随着社会和城市发展，许多博物馆如雨后春笋般建立，并且日益加入免费开放的队伍。大部分市民可以轻易地获取博物馆资源，并通过场馆内的科普知识感受科技的魅力、认识时代的进步。博物馆作为公共文化服务机构，是普及科学的重要场所之一。但就目前而言，博物馆中大部分的藏品是放在展柜中进行静态展示，并附一些简单的介绍说明，而参观者往往受时间和空间的限制，只能简单地感受展品的历史底蕴和人文气息，并不能深入了解其中的科学奥秘。

3. 新媒体技术的发展

在对中国古代苏州地区杰出科技的相关研究成果进行搜集和整理时，我们发现，此前的研究成果以文字形式为主，不符合现代碎片化的信息阅读方式，不利于其传播。而新媒体作为依附网络技术形成的新型信息传播方式，可以更加广泛地进行科学知识的传播和普及，将平面的、静态的表述变为立体的、动态的传播，是当下比较合适的传播渠道。因此，本项目以讲述中国古代苏州地区杰出科技为主要内容，运用新媒体技术，达到普及科学和技术知识，让人们理解科学、技术和文化的关系，提升公民科学素养，增强民族认同感的目的。

（二）研究目的

1. 宣传中国古代科学技术

中国古代技术灿烂先进，在世界科技发展史中占有一席之地。苏州是古代海上丝绸之路的源头之一，各种文化的交融不仅带来其他先进的技术，也使很多技术在中国历史上独占鳌头、独一无二。

2. 增进民族科技认同感

苏州留下丰富多彩的科技文化遗产，我们有理由自豪，更有责任将几千年来的科技成果挖掘、展示，使之服务于现代社会。对中国古代技术进行科学的诠释，可以在普及科学文化的同时，激发民众科学技术创新的潜能，增进民族科技认同感，为"中国制造2025"战略实施奠定民众信心基础。

3. 服务于国家"一带一路"建设

无论是古代苏州的发展，还是今日苏州的崛起，无不与科学技术的进步密切相关，也无不得益于科技文化的支撑。苏州在国家"一带一路"建设中占有重要地位，是长江中下游重要的产品贸易地和科技文化交流地之一。因此，本视频的制作可以拉近中国与世界的距离，把苏州介绍给中国，也介绍给全世界。

（三）前人的研究成果

1. 相关学术成果

本项目重点梳理了苏州市科学技术史学会近年来的研究成果。苏州市科学技术史学会成立于 1997 年，作为国内仅有的几个市级科学技术史学会，发展至今已有 20 周年。学会致力于苏州科技史研究，近年来努力挖掘古代技术与科学、文化之间的关系，并完成了苏州科技局的重点课题"苏州科学文化史研究"，出版了《苏州科学文化史》[①] 和《苏州科技史话》[②] 两本书，承担的《大运河科技史话丛书·苏州篇》正在完成中。其中中国科学技术出版社出版的《苏州科技史话》一书，是中国科协国家级科技思想库建设丛书之一，具有丰富的内容和一定理论深度，有十分重要的参考价值。在以上研究中，苏州古代科技的研究成果主要是以文字和图片的形式呈现。此外，我们还查阅了《丝绸》《东南文化》等期刊文献，提取其中涉及古代苏州的杰出工艺。本项目以以上成果为蓝本，进行微视频的编制和创作，将平面的、静态的表述转化为立体的、动态的传播。

2. 相关实践成果

国内的优秀科普纪录片，有《创造》《国宝档案》《古代冷兵器》等，对中国古代苏州冶炼科技和云锦工艺制作有比较翔实的介绍，但苏州古代工艺的独特之处远远不止于此。苏州古代科技荟萃，闪耀生辉，很多工艺代表了中国古代工艺的杰出水平，值得深入探究。以上纪录片虽然很有借鉴价值，但是时间偏长。比较来讲，短小精悍、言简意赅的科普视频更便于宣传和推广。

我们观看了苏州主题的纪录片，例如《苏州史记》等，这些纪录片主要从历史人文的角度来诠释，其艺术性强，科学性弱，更鲜有把人文和科技相融合的作品。

---

① 强亦忠：《苏州科技文化》，江苏凤凰科学技术出版社，2016。
② 苏州市科学技术史学会：《苏州科技史话》，中国科学技术出版社，2013。

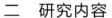

二　研究内容

本项目以中国古代苏州地区杰出科技为主要内容，旨在普及当地的科学和技术知识，让人们理解科学、技术和文化的关系，提升公民科学素养，增强民族认同感。

在《苏州科技史话》一书中选取部分代表中国古代杰出技术水平的内容，分别制作以苏州丝织工艺和制造工艺为主题的两组微视频。其中丝织工艺主题分为"神奇桑蚕丝之源""丝光线影巧织锦""七里山塘依法护"三集；制造工艺主题分为"姑苏名剑重辉煌""千峰翠色秘色瓷""千锤百炼砖成金"三集。

（一）丝织工艺

苏州向来有"丝绸之府"的美誉，丝绸不仅是中国传统丝织业中的珍品，更是中国古文明的重要载体，在与西方的文化交流中起到重要作用。其中，云锦、苏绣已列为世界非物质文化遗产，与印染相关的"禁染碑"是世界上第一部文字记载的环境保护法律。本组视频以"神奇桑蚕丝之源""丝光线影巧织锦""七里山塘依法护"为主要内容，以丝绸文化为主线，对桑蚕基地、唯亭草鞋山遗址和太湖湖滨的吴兴钱山漾文化遗址、苏州丝绸博物馆、山塘街、禁染碑等进行拍摄，聘请专家进行实地实物讲解，诠释古代养蚕、织造、印染及环境保护技术，分析其中的科学原理。

（二）制造工艺

苏州古代制造工艺历史悠久，品类丰富，很多工艺品是高超技术和精湛艺术的融合。苏州是中国古代冶金术的起源地之一，吴越兵器名噪一时；御窑金砖是中国传统窑砖烧制业中的瑰宝，为皇家宫殿的建造增添辉煌；秘色瓷在苏州的出土，也表示古代苏州是商业发达、文化昌盛的先进地区。本组视频以"姑苏名剑重辉煌""千峰翠色秘色瓷""千锤百炼砖成金"为主要内容，对苏州博物馆、苏州御窑金砖博物馆、苏州御窑金砖厂等进行拍摄，聘请专家进行实地讲解，探究古代铸剑、制瓷、造砖的技艺以及现代仿制技术，揭示其中的科学奥秘。

三 总结与思考

（一）主要成果

项目团队根据《苏州科技史话》一书和其他资料，在苏州科学技术史学会的专家帮助下，撰写拍摄脚本，以此为基础制作了"神奇桑蚕丝之源""丝光线影巧织锦""七里山塘依法护""姑苏名剑重辉煌""千峰翠色秘色瓷""千锤百炼砖成金"等六集微视频。

这六集视频体现了科学的理念，采用多样的表现手法进行呈现。"神奇桑蚕丝之源"以专家演示配讲解的方式诉说了蚕变成丝的重要生物过程；"丝光线影巧织锦"以专家讲解科学知识的方式解释了丝织物光影色泽亮暗的科学原理；"七里山塘依法护"以实景拍摄的方式阐述了古代媒染剂与水环境保护的生态问题；"姑苏名剑重辉煌""千峰翠色秘色瓷"以博物馆藏品实物展现的拍摄方式挖掘了古代匠人的科学技艺；"千锤百炼砖成金"以博物馆藏品和活态加工过程相结合的拍摄方式还原了古代匠人的制作技艺。六集微视频虽然运用了不同的表现方式，但是都很好地讲述和呈现了其中的科学原理，让民众能够感受到科学的力量、理解科学的智慧，并探索身边科学的奥秘。

在体现吴地文化魅力和人文底蕴的基础上，对养蚕缫丝、织锦、水生态环境、铸剑、制瓷和造砖六个方面进行了科学的挖掘，展现了蕴藏在人文特色下的科技光辉，在普及科学知识和科学技术的基础上激发了民众的科技意识，增强了民族科技认同感。

（二）创新点

1. 科学与人文的融合，内容的视角新

区别于以往仅从历史角度叙述的纪录片，本视频在传统文化的背景下，用现代科学知识和科学技术对中国古代苏州地区杰出科技进行分析，从古代技术中挖掘现代科学知识和原理，使科学技术不仅能够传承，还能够与时俱进，让科技切合现实的需要。

2. 古代与现代的对话，表达的形式新

本视频区别于原本单一的文字表述方式，以微视频作为表现形式，使呈现效果更加立体、丰满。这样的动态表现形式能够更加吸引大众的眼球，加速科学技术的传播，促进科学知识的普及。

3. 宏大与短小的统一，普及的途径广

苏州作为古代海上丝绸之路的源头之一，在"一带一路"建设中有重要地位。本视频能将苏州古代科技的特色带给世界，意义重大。有别于一般的历史人文纪录片，它短小精悍，适用面广，可用于各种传播平台，如电视栏目、移动客户端和学校的课堂教学。

（三）前景展望

1. 公众的科普教育

视频成果可以在博物馆进行播放，成为青少年课外科普教育的一部分，以及博物馆特色教育的重要一环。例如在丝绸博物馆中播放"神奇桑蚕丝之源""丝光线影巧织锦"，让民众深入了解蚕到丝、丝到锦的科学原理；在御窑金砖博物馆中播放"千锤百炼砖成金"，结合御窑金砖博物馆中的活态加工过程，更加清晰地展现制砖过程中的科学奥秘。

2. 学校的课堂教育

青少年是未来的希望，我们期望将视频运用于学校科学课堂教学之中。例如，在高中课堂中讲到合金，可以以"姑苏名剑重辉煌"中的铜锡合金为例，进行教学探究；又如讲铁离子的性质时，可以分析"千峰翠色秘色瓷"中秘色瓷的呈色原理。这样的教学不仅在突出文化地域特色的基础上，对学生进行科普教学，而且使人文与科学相融合，让学生综合素养得到发展。

3. 其余科技成果价值的挖掘

苏州在"一带一路"建设中占有重要地位，而苏州从古至今遗留下来的科技财富远远不限于本项目制作的六集视频所展现的。悠久深厚的人文底蕴加上精湛闻名的科技成果能为科学知识的普及和传播提供良好的条件，为科技的发展奠定良好的基础，为国家科技进步输送源源不断的能量。

身边的电磁波

项目负责人：王汝杰

项目成员：李露娟　聂菁　高鸿　张艺缤

指导老师：高盟

摘　要： 新媒体时代下，网络科普成为一种新型科普形式，而快节奏的生活使大家很少有精力关注自己专业领域之外的知识。本项目以 MG 动画（动态图形动画）的形式，制作了 5 集有关电磁波的科普动画短片，每集 2 ~ 3 分钟，可供观众利用碎片时间观看、学习。同时，动画不受时间、空间等条件限制，可以自由选择观看，可无限次播放，方便传播，在发挥娱乐作用的基础上传播科学，寓教于乐。

一　项目概述

（一）研究缘起

国务院办公厅 2016 年 3 月印发了《全民科学素质行动计划纲要实施方案（2016 – 2020 年）》，对"十三五"期间中国公民科学素质实现跨越提升做出总体部署。中国互联网信息中心（CNNIC）发布的关于中国网络科普现状研究的报告指出，我国有超过 30% 的网民会定期浏览科普网站、科技博客以获取科学知识，86.6% 的用户出于个人兴趣爱好主动通过互联网获取相关科学知识。

随着互联网的迅猛发展和用户数的急剧攀升，我国网络科普呈现快速增长的趋势，并成为一种新型科普形式。动画短片的出现迎合现代人碎片化的阅读、观看习惯。科学知识，由于其内容的专业性以及大量的数字、图表，大多显得枯燥乏味，大部分受众没有时间和耐心观看科普节目或是参加科普讲座。在现代社会快节奏、高压力的大环境下，受众更愿意看轻松有趣的节目作为调剂。以动画短片的形式进行科学传播并非全新的形式，动画生动形象的传播形式使晦涩难懂的科学知识变得清楚明了，不仅增加了科普的感染力，增强了动画片的教育性，而且增强受众的创新意识以及科学思考问题的能力，提高对科学的兴趣，让受众潜移默化地接受科学知识。科学知识与网络动画短片的结合最符合受众需求，也最利于科学传播。

《关于加强国家科普能力建设的若干意见》明确提出，加强科普能力建设是建设创新型国家的一项重大战略任务。而科普能力建设的一项重要内容就是繁荣科普创作。科普动漫作为科普创作的一种重要形式，对于提高科普能力有着十分重要的作用和极其重大的意义。同时，发展科普动漫也有利于促进科学文化的传播，有利于增强公民对科学的兴趣。目前我国的政策环境和经济环境都有利于科普动漫发展，公民对于科普动漫产品存在广泛的需求，媒介的扩展和技术的进步也为科普动漫的发展提供了良好的条件。

（二）研究过程

首先，制定访谈提纲，进行访谈，根据访谈结果分析总结，了解目标用户的兴趣、希望通过科普动画了解哪些知识。通过整理访谈内容，查找相关文献及专业书籍，然后创作动画初期剧本，并请专业老师把关，最终完成剧本的创作。

其次，根据剧本内容进行音频录制和动画分镜的创作，分镜确定后在Adobe Illustrator 中进行动画矢量图的绘制。矢量素材可以确保素材在放大时画面清晰，从而保证动画质量。在绘画过程中，需要进行分层处理，制作分层的组件素材库。同时，根据文案内容进行配音，配音完成后，在 Adobe Audition 软件中进行变速、变音、去噪等处理，之后按照分镜将音频裁切成各个小音频。

在动画制作阶段，主要采用 After Effects 软件。在 After Effects 中使用后期合成技术的动态链接模板和脚本语言，对素材库进行模板化和模块化，使动画创作能够在一个图像素材库中进行动态更新。动画制作人员需要按照音频的节奏进行动画制作。采用 After Effects 内置的 PIN 工具，以及目前比较成熟的脚本技术和 MG 动画技术，对模型进行绑定和 IK 解算，能够制作出工作量和成本比较低、动作质量尚可的人物角色动画。

最后，After Effects 动画制作完成后，需要在 Premiere Pro 中将 After Effects 输出的动画镜头进行合成，同时加上背景音乐和所需音效。用 photoshop 按照一定流程制作批量字幕，之后便可以在 Premiere Pro 中批量加字幕。

（三）主要内容

本项目研究内容从人们日常生活中的电磁现象展开，分析现象背后的科学道理，主要包括：什么是电磁波、电磁波的污染和危害、电磁波的来源、电磁波对人的影响和电磁辐射的防护。通过身边随处可见的小例子，科普背后大道理，做到浅入深出，从而提升公民科学素养，满足人们对科技文化的需求。同时采用动画形式，轻松展示现象背后的科学技术原理，方便科学知识记忆、广泛传播和长期播放。

每集动画时长为 2 ~ 3 分钟，其短小精悍的特点，顺应了当代受众的浅阅读与碎片化阅读习惯，并不会占用观众的大量时间。其创作目的是培养大众的科学意识，让大众认识到科学不只是藏在课本里的知识，它融合在我们生活的方方面面。

二　研究成果

本项目共制作 5 集 MG 科普动画片，每集 2 ~ 3 分钟，每集科普一个科学知识，旨在面向青少年和儿童科普电磁波的科学知识，内容简洁易懂，主题思想鲜明。动画片清晰度为 HD 高清格式，分辨率为 1920 × 1080，满足院线级清晰度要求，可用于影院、展厅展示；画面比例为 16：9，视频格式为 MP4；视频播放流畅，转场自然。在声音方面，由专业声优配音，专业团制作声音特校，实现动画、配音和音效的和谐统一。

（一）动画脚本示例（第一集：什么是电磁波）

要了解电磁波，还得从电磁现象说起。1820 年，丹麦的物理学家奥斯特发现了一个神奇的现象：给导线接上电以后，放在导线附近的磁针发生偏转。奥斯特的实验说明了，电能够产生磁，同时发现，闭合电路的一部分导体做切割磁感线运动时，在导体上会产生电流，这个现象说明了磁能够产生电。科学家麦克斯韦首先指出了电磁波的存在，他认为在变化的磁场周围，能够产生变化的电场，变化的电场周围又产生磁场，这样循环下去，交替变化的电磁场就会像水波一样向远处传播，这就是电磁波，它可以在空间中传递能量。

电磁波是一个大家族，我们可以通过不同的波长来区分它们。电磁波还有波速、波率、周期等属性，电磁波就像一条波浪线，波浪线上最高的地方叫作波峰，最低的地方叫作波谷，距离最近的两个波峰或者两个波谷之间的距离就是波长了。在一定的时间内，电磁波传播的距离叫作波速，从一个波峰到距离最近的波峰所需要的时间就是周期。在单位时间内，电磁波传递波长的个数叫作电磁波的频率。

我们可以把电磁波波长从小到大排列形成一张电磁波谱，它们分别是 γ 射线、X 射线、紫外线、可见光、红外线和无线电波。我们的眼睛可以看到的电磁波只有可见光，有了可见光我们才能看见这个世界。自然界中可见光的主要来源是太阳光，太阳光是由红、橙、黄、绿、青、蓝、紫 7 种颜色的光组成的。比红色光波长更长的光叫作红外线，比紫色光波长更短的光叫作紫外线，红外线和紫外线我们的眼睛都看不到，但这些电磁波在生活中发挥着巨大的作用。

（二）动画作品

动画共 5 集，部分视频截图如图 1 所示。

（三）结论与建议

通过本次项目实践，我们熟悉了动画的整个制作流程，了解了有关电磁波的许多专业知识。经过 5 集科普动画的创作，我们对 MG 动画产生了进一步的兴趣，并在此基础上制作了天眼、可燃冰、量子、5G、北斗卫星等一系列关于国家新科技的科普动画，旨在宣传我国重大科技成果，传播正能量，弘扬社会主义核心价值观。

我们认为，现阶段科普短视频动画的播放不能只局限在优酷、爱奇艺和 B 站等视频平台。因为 B 站用户可能更关注二次元的内容，而优酷和爱奇艺用户可能更热衷于电影、综艺、电视剧等，所以科普动画在这些平台可能并不受欢迎。科普动画更适合在各大短视频平台投放，例如快手、西

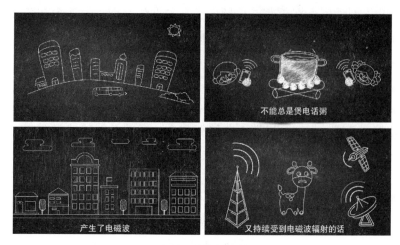

图 1　视频截图

瓜视频、秒拍等，这些平台的用户多为打发时间、追求新奇，MG 科普动画容易获得此类用户关注。同时，应该注册微信公众号，定期更新科普视频，积累稳定的用户群体。

三　创新点

目前互联网上多流行有关生活小常识和热点话题的科普小动画，但涉及专业科学知识内容的较少。快节奏的生活使人们很少有时间去耐心学习与自己专业不相关的知识，而那些老旧的动画，又不具有吸引力。所以我们将科普与动画结合，通过幽默诙谐的语言和简单易懂的动画来吸引观众，达到科普的目的。

在具体表现形式上采用了当下流行的 MG 动画，这种动画制作相对比较简单，不像传统二维或三维动画那样烦琐；且时间短，扁平化潮流，节奏快，信息量大，非常符合互联网传播特点以及流行趋势，有利于科普内容的传播。

四　应用价值

本项目作品将在微信公众号、微博、优酷等新媒体平台播出，通过系列动画的积累逐步取得用户关注，实现社会效益输出；在用户关注积累到一定程度之后，采用流量变现和点击量的方式换取经济效益和可持续发展的良性循环。同时，本项目是 MG 动画领域的一次有益尝试，扩大了 MG 动画的应用范围，为未来动画领域的发展提供了新的方向。

参考文献

1. 《中国公布全民科学素质行动计划纲要五年实施方案》，中国经济网，2016 年 3 月 14 日。

2. 段如翼：《基于网络传播的科普动画〈飞碟说〉研究》，四川外国语大学硕士学位论文，2016。

石头奇遇记：少年李四光与奇怪的石头

项目负责人：尹璐

项目成员：张豪　余文倩　余睿　孙福玮

指导教师：王玉德　聂海林

摘　要：本项目以一块石头为叙事主体，通过讲述李四光小时候对家乡一块石头（冰川漂砾）产生兴趣，直到后来取得伟大的科学成就（提出中国第四纪冰川的存在）的故事，介绍李四光的科学大发现，弘扬科学家的优良品质，进而展现儿时科学兴趣和科学精神对长大后的积极影响。项目成果以科普微视频主，辅助以微信小文章，并通过实地播放、调研等手段多方位进行科普宣传。

一　项目概况

（一）研究缘起

青少年承担着未来社会发展的重要责任，然而在应试教育环境下，我国青少年科学素养结构存在明显缺陷。因此，提高青少年的科学素养成为政府和学界关注的焦点。科学素养，不仅包括获得科学知识、掌握科学方法，而且包括形成正确的科学观，即对科学的基本认识和基本态度。习近平总书记在全国宣传思想工作会议上强调"讲好中国故事，传播好中国声音"，在这一点上，树立并宣传我国科学家形象显得尤为重要。由于科学事业的建制化发展，科学家和公众很难有机会实现双向沟通，新媒体成为科学家与公众之间的重要媒介。我们认为，宣传我国近现代著名科学家形象，可以增强我国青少年的民族自信心和文化认同感，进而激发广大青少年的爱国热情和社会责任感。李四光是世界著名科学家，更是中国杰出的科学家，对他的科学兴趣、科学精神、科学成就进行深入探讨和大力宣传，是弘扬中华优秀文化的契机。

（二）研究过程

通过查阅文献、实地调查对李四光的相关研究、科普微视频发现状等进行了分析。我们认为，我国对科学家少年时期的关注和宣传有待挖掘，其对当今青少年发展的积极影响极具潜力，而对于李四光少年时期的研究宣传较为薄弱。可尝试结合一定的科学知识，用特点鲜明、符合儿童心理认知的形式进行宣传科普。根据这一分析结论，我们先进行文献资料整理；进而撰写脚本，根据脚本进行动画设计和视频制作；同时根据老师反馈的意见进行修改。修改定稿后广泛投入使用，分别在小学、初中、高中、科技馆等场所播放，并开展问卷调查，对项目进行总结分析。

（三）主要内容

本项目主要对以下内容展开了研究，包括少年李四光的家乡、家庭氛围与社会环境；少年李四光的学习与生活；少年李四光的"石头趣味"；中国第四纪冰川的发现过程；李四光其他重大科学成就（以石头为主线）；李四光的爱国心、报国情；视频效果的调查分析报告。

具体而言，在内容上以少年时期的李四光对科学的兴趣为主线，着重阐述贯穿科学家一生的科学精神和优秀品质，突出其对人类社会的贡献与影响。视频以"石头"为叙事视角，讲述了李四光自幼求知欲强，爱读书、善思考、有志向，充满好奇心，并将兴趣作为最好的老师，为其之后提出中国第四纪冰川的存在埋下重要的伏笔；后赴武昌求学，树立为国争光的决心；李四光一生最有代表性的科学成果，尤其是新中国成立后为社会主义建设做出的努力和成就，为了祖国奋斗至生命的最后一刻等爱国奉献事迹。并通过问卷调查的方式，从调查对象基本信息、对我国科学家了解情况及了解方式、对科普微视频《石头奇遇记》的反馈情况、视频传播效果、对科普视频认同度等五个方面对本项目进行了评测，初步展示了有关科学家的科普微视频的应用效果。

二　研究成果

研究成果主要包括科普微视频一套、相关科普文章一篇、项目效果分析报告一篇。

（一）科普微视频

科普微视频《石头奇遇记》共包括四集，分别为"'我'与少年的邂逅""'我'与第四纪冰川""少年与科学""少年忠心报国"，共计10分钟。

第一集："我"与少年的邂逅

以"奇怪的石头"为切入点和叙述者，展开介绍他与少年李四光的"相识"，引出李四光的思考和一些故事。石头作为主人公，用询问的方式吸引观看者，介绍自己的年龄、外貌、位置，进而介绍家乡的朋友李四光孝顺懂事、聪慧勤奋、关心朋友的故事；最终转为介绍李四光对"石头"产生兴趣和思索，并立志好好学习，以及对他后来科学研究的影响。

第二集："我"与第四纪冰川

讲述了李四光带着兴趣与好奇开始求学之路后对第四纪冰川的考察研究，最终清楚了"石头"的来历。故事线索为：求学之路→北大执教期间的地质考察→提出观点→太行山麓的地质考察、黄山庐山考察 →论文《冰期之庐山》成立了"中国第四纪冰川遗迹研究工作心"→回到故乡指出了"石头"的来历。这一集体现了李四光对待科学不唯上只唯实，敢于挑战权威，为了追求真理，深入各种艰苦的地质环境实地考察的科学精神。

第三集：少年与科学

1941 年，李四光在广西大学的演讲上发现了一个特殊的弯曲成 90 度的小砾石，并论证了其是在成为砾石之后才开始弯曲的。后来他还特别写了一篇文章《一个弯曲的砾石》寄给英国《自然》杂志。同时，为加强国防建设，李四光依据地质力学理论，认为中国的铀矿十分具有前景。铀矿是稀有放射性矿床，往往产生在地质构造复杂的地区，由于构造力的作用，深部的东西会运移到上面，由此他提出了中国的铀矿主要分布于三个东西构造带上。这一集主要展示了李四光所取得的一些重要科学成就，讲述他追求科学的经历，以启迪观众。

第四集：少年忠心报国

主要展现李四光以天下为己任、努力向学、蔚为国用的抱负，讲述了李四光赴日留学时积极投身革命加入同盟会，受到孙中山的肯定；新中国成立后，李四光不仅积极响应国家号召，为社会主义建设奋斗，创造性地提出了新华夏沉降带找油理论，为中国寻找石油建立了不可磨灭的功勋。而且坚持用辩证唯物主义指导科学研究，积极向党靠拢并于 1958 年加入共产党；在年迈之时仍然为中国的新能源开发和地震预报奋战到最后一刻。

（二）科普文章

按照项目的研究目标和研究内容，我们于微信公众号"读故事闻天下"发表了一篇名为《科学家的那些事之李四光》，共计 2733 字。

（三）传播效果研究

一个作品的好坏不仅仅在于它是否制作精美、繁复，而在于它是否给受众带来积极影响，是否得到了他们的认可，传播的范围是否广泛。为了扩大视频的传播范围及了解其传播效果，在制作完成视频前后，项目组精心设计了用户满意度调查问卷。项目组成员分批前往武汉市科技馆、武汉市华中师范大学保利南湖附属小学等地展开问卷调查，并实地与观看者交流。采用内容分析的方法，以四至八年级中小学生为调查对象，共发放问卷 500 份，回收问卷 483 份，其中有效问卷 473 份。问卷从调查对象基本信息、对我国科学家了解情况及了解方式、对科普微视频《石头奇遇记》的反馈情况、视频传播效果、对科普视频认同度等五个方面进行了调查，初步揭示了有关科学家的科普微视频的应用效果。

此外，经过查阅文献，了解了之前有关青少年对科学家认识的研究，前人的研究基本上侧重于研究公众（尤其是青少年）对科学家形象的认定及刻板形象的研究，如张楠、詹琰 2014 年发表在《科普研究》上的《北京地区中小学生心目中的科学家形象比较研究》通过中小学生心目中的科学家形象比较研究，显示出科学教育与媒体对科学家形象的传播所造成的影响。① 伍新春

---

① 张楠、詹琰：《北京地区中小学生心目中的科学家形象比较研究》，《科普研究》2014 年第 6 期。

等人 2010 年发表在《华南师范大学学报》（社会科学版）上的《初中生的科学家形象刻板印象及科技场馆学习经历对其的影响》一文选取北京某中学初一年级两个平行班，采用科学家形象绘画测验和相关调查问卷，评定了学生心目中的科学家形象，同时考察了学生了解科学家形象的渠道，最终检验了作为了解渠道之一的科技场馆学习经历对改变学生心目中科学家形象的影响。① 而对新媒体作品中有关科学家内容的研究凤毛麟角，目前有王坎、詹琰 2013 年发表在《科普研究》中的《电视商业广告中的科学家形象与科学传播》一文，从科学传播角度分析电视广告中的科学家形象特点，试图探究形成这些特点的原因，并深入研究电视商业广告中科学家形象对科学传播可能产生的影响。② 而本研究在学术前史的分析下，基于视频成果《石头奇遇记》的调查结果，论述了新媒体环境下科学家李四光的传播效应。

三　创新点

第一，视频中以少年李四光所感兴趣的"石头"为叙述视角较为新颖有趣，不同于平白枯燥的科普，此为本视频制作的创意。

第二，当今科普活动，对于科学家精神的弘扬较为少见，本项目旨在让公众感受科学家精神，了解科学家所在领域的科学常识，让科学知识与科学精神结合的科学普及更加有趣亲切。

第三，梳理整合并展示李四光少年时期的故事，发掘它的现实意义，是前人没有的研究。用少年李四光的故事启迪当今的少年，从一个新的层面提问并解答为何李四光可以成为著名的科学家，并选择了微视频这种新颖的传播形式，弥补了前人研究的不足。

四　应用前景

首先，成果具有实用性。在与武汉市科学技术馆、湖北省历史博物馆、

---

① 伍新春、季娇、尚修芹、谢娟：《初中生的科学家形象刻板印象及科技场馆学习经历对其的影响》，《华南师范大学学报》（社会科学版）2010 年第 5 期。

② 王坎、詹琰：《电视商业广告中的科学家形象与科学传播》，《科普研究》2013 年第 6 期。

黄冈博物馆、黄冈李四光纪念馆、中国地质大学博物馆以及华中师范大学国家数字化学习工程技术研究中心有关负责人联系、咨询后了解到，他们都十分缺少关于科学家人物的新媒体科普作品，尤其是湖北省科学馆馆务会会员和黄冈李四光纪念馆表示十分期待关于李四光的科普微视频投入本馆的展陈，并愿意首先尝试应用本项目成果，借以提高本馆科学文化竞争力，甚至可以在此基础上建立以某一科学家为核心的小型展区。这给予本项目极大的动力。本项目成果除了可以满足于以上各种场馆需要，还可以不断丰富这些微视频和文字脚本，配合"世界地球日"丰富科普内容；为漫画读本提供资源；为各地中小学提供第二课堂教学；为影视节目提供文本参考；还可为手机软件、电脑网站等提供资源。

其次，推广和调查发现，项目成果微视频不仅验证了微视频这一新媒体形式的较高认同度，而且增进了青少年对科学家李四光的认知，也得到了校方的认可和建议。因此，科学家系列微视频的制作和推广定能深化科学传播意义、改变公众对科学家的刻板印象、影响青少年的科学兴趣和职业选择、完善公民科学素养结构。

植入人体的小医生

——3D 打印可降解植介入体

项目负责人：田山

成员：张雨薇　姚艳　高元明　吕若凡

指导老师：樊瑜波　王丽珍

摘　要：植介入医疗器械是治疗骨科、心血管疾病的有力武器，前沿新型的 3D 打印和可降解植介入医疗器械已逐步应用于临床。为向大众传播新型植入医疗器械的原理及治疗效果，本项目采用科普漫画的形式，分别针对可降解血管支架、3D 打印个性化面部修复、3D 打印可降解儿科骨板创作了三个系列漫画，生动形象地展示了 3D 打印和医用可降解材料两种新技术在新型植介入医疗器械中的应用和优势，并传播新型植介入医疗器械临床设计中的个性化订制、康复后体内无异物残留等创新医学理念。漫画内容集科学性、趣味性、艺术性于一身，适用于少、青、中、老年各年龄段受众，可依托线上微信公众平台和线下宣传册及宣传海报等形式，提高大众医学健康意识，助力"健康中国"建设。

一　项目概述

（一）相关背景及知识

植介入医疗器械用于修复或替换人体组织或器官、增进或恢复其功能，包括人工关节、骨固定器械等骨科植入体，口腔种植体，以及血管支架、人工心瓣、人造血管等血管介入体等，在骨科及心血管疾病的临床治疗中都发挥着重要的作用。其中，骨科植入治疗是用来替代、修复、补充及填充人体骨骼，治疗在一定外力作用下骨骼发生骨折或磨损的，是治疗骨科疾病的有力武器；心血管介入治疗是在病变段置入支架以实现支撑狭窄闭塞段血管，减少血管弹性回缩及再塑形，保持血流通畅，是目前针对心血管狭窄疾病最主要的治疗手段。据统计，目前我国65岁以上的人口中有7000万名骨质疏松症患者，近4000万人有骨性关节炎症状，心脑血管疾病患者高达2.9亿人；我国每年需要行关节置换术的人数超过50万、血管支架约500万例，我国正在成为全球最大的骨科、口腔、心血管等植介入医疗器械消费市场。

使用医用可降解材料设计和制造植介入医疗器械是生物医学工程学科发展的新趋势，在骨科和心血管植介入医疗器械中均有应用。在骨科植入医疗器械中，此前广泛应用的传统金属材料包括不锈钢、钛合金和钴合金，都是永久植入体，容易发生并发症。由医用可降解材料制作的骨科植入医疗器械在植入体内后，能够逐渐被溶解、吸收、消耗或排出体外，在手术部位愈合后可完全降解消失，可以避免传统金属材料植入物的应力遮挡、电解腐蚀、材料断裂及其他一系列并发问题，且不需要在手术部位愈合后行二次手术取出；同时，降解后骨科植入物对骨骼生长的约束消失，这对于骨骼处在不断生长发育过程中的儿童来说意义巨大。因此，新型可降解骨科植入医疗器械受到医生和患者们的广泛青睐。在心血管介入体中，以医用可降解材料制作的支架一方面能在短期内支撑血管，达到血运重建的目的，另一方面在体内生物环境和力学环境等的控制下，能在体内以合理的速度降解。此前广泛应用的传统金属钽、医用不锈钢、镍钛合金、钴和铬合金血管支架长期存留血管内，可能引起血管的慢性损伤及内膜下平滑肌细胞增生，极易导致血管再狭窄。因此，可降解支架短期可减少血管弹性回缩和急性闭塞，预防再狭窄；长期可减少支架内血栓形成，缩短抗血小板治疗时间，降低再次血运重建率，避免金属永久支架引起的不良并发症。可降解心血管植介入医疗器械是近年来全球研究的热点。

3D打印是一种快速成型技术，是以数字模型文件为基础，运用粉末状金属或塑料材料，通过逐层打印的方式来构造物体的技术。近年来，3D打印技术在骨科植入体的应用发展迅速。应用3D打印技术制造骨科植入体，可以有效降低定制化、小批量植入体的制造成本，并可以制造出更多结构复杂的植入体。3D打印可以实现完全个性化定制，在需求自定义且高精度三维形状的面部修复手术中应用，可以帮助患者更完美地恢复面容。同时，在普通的骨折损伤修复中，3D 打印个性化骨板可更好地贴服骨伤面，使骨折后骨质受力更均匀，有利于促进骨重建，加速骨折愈合。

目前，我国民众对植介入医疗器械的原理、应用、结构等基本信息了解程度并不深，对 3D 打印技术、可降解材料技术等前沿新热点、新技术在植介入医疗器械领域的融合及应用，更是所知寥寥。依靠 3D 打印技术、可降解材料技术制造的新型植介入医疗器械的构造、优势及应用，期望经过本项目的科普作品推广，可以广泛为我国民众所了解，并对植介入后怎样发挥治愈作用以及 3D 打印技术、可降解材料在植介入医疗器械中应用的优势等有所理解，提高前沿医学及生物医学工程学科理念的科普程度。

（二）研究过程

首先，大量收集 3D 打印技术原理、可降解材料和人体植介入医疗器械的相关资料，了解国内外科研动态，走访多家植介入医疗器械产品公司进行信息调查与采集。

其次，根据收集的资料，确定 3D 打印技术原理及打印过程、可降解材料植入人体后的生物相容性及降解过程和降解产物、个性化植介入医疗器械的设计及制造和植介入手术过程，并与多位专家教授讨论，以确保科普内容的科学严谨性。

再次，根据调研资料确定血管支架模型、面部假体模型以及骨钉、骨板模型。

然后，兼顾科普性、观赏性、科学严谨性及方便推广性对三个系列漫画内容进行设计。

最后，漫画手稿专业修饰与后期处理。

（三）主要内容

本项目制作三个系列的科普漫画，主题分别为可降解血管支架、3D 打印个性化面部修复、3D 打印可降解儿科骨板，以漫画与文字结合的形式，通俗易懂而有针对性地介绍了 3D 打印和可降解技术与医疗植介入医疗器械的结合理念和应用。

1. 可降解血管支架

介绍用于冠状动脉疾病治疗的可降解血管支架。包括血管狭窄、血管支架、可降解材料基本概念，血管支架手术植入过程，可降解血管支架的降解过程和产物。展示可降解支架避免作为异物长时间存在于患者体内导致各种并发症，且当血管发展再狭窄时可再次手术植入等优势。

2. 3D打印个性化面部修复

介绍3D打印个性化面部修复技术，包括3D打印及面部修复基本概念，针对患者设计个性化假体，应用3D打印技术制造面部假体过程，为患者提供个性化、高精度的面部修复，助其实现"破相不要紧，完美还原修复"的愿望。

3. 3D打印可降解儿科骨板

介绍3D打印可降解儿科骨板的设计和应用。漫画介绍儿童肋骨骨折后，为患儿量身定做贴合其骨折处骨质结构的骨板，并使用3D打印和医用可降解材料制造骨板后植入骨折处，随后骨钉骨板在体内降解的全过程。同时，展示3D打印骨板的优势——可更好地贴合伤骨，起到固定作用；以及可降解骨钉骨板的优势——骨折愈合后，植入的骨钉骨板随儿童成长而降解为对人体无害的物质，毫无残留，从而避免骨钉骨板限制儿童骨骼的生长发育，无须进行二次手术将其取出。

二 研究成果

本项目最终研究成果为三个系列植介入医疗器械科普漫画，分别是介入性的可降解血管支架（6张），植入性的3D打印假体个性化面部修复（5张）和3D打印个性化可降解儿科骨板（5张）。每个系列漫画配图精美清晰，配文简洁通俗，直观地展现了植介入医疗器械、3D打印技术、可降解材料的概念、应用范例以及相应的个性化医疗的理念，具体如下。

（一）可降解血管支架

该系列漫画为大众科普了血管支架介入手术过程以及可降解血管支架的概念、作用原理，强调了可降解血管支架的应用优势。

第一张：血管狭窄概念。漫画中左侧为正常畅通血管，右侧为患有粥样硬化斑块的狭窄血管。将粥样硬化斑块设计为中间带孔洞结构的奶酪状，以示疾病，将血液进行拟人化处理，通过表情变化反映血液畅通情况。这样可以更加直观明了地展现血管堵塞前后的差异。

第二张：血管支架植入治疗过程。本张漫画分为左、中、右三张，首先，通过微创手术，用导丝将血管支架和球囊引导并放置于血管狭窄处；其次，球囊撑开支架，而支架撑开血管至正常尺寸，粥样硬化斑块被压扁；最后，撤出球囊和导丝，手术完毕，支架留在体内支撑狭窄血管。

第三张：可降解支架——降解过程及产物（见图1）。本张漫画分为左、中、右三张：首先，展示支撑血管植入后的完整形态；其次，血管壁在被支撑时发生重构，逐渐吸收斑块为正常组织，同时可降解支架逐步降解为对身体无害的离子及水等产物；最后，血管壁完成重构，恢复正常形态，可降解血管支架降解完成，从血管中彻底消失。

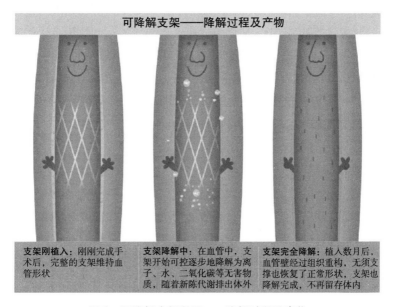

图1 可降解支架漫画——降解过程及产物

第四张：可降解支架优势1——减少血管炎症等不良反应的发生。漫画中左侧展示传统支架容易引发诸多并发症，将血管壁和粥样硬化斑块都设计为中间带孔洞结构的奶酪状，区别于正常血管壁；右侧展示可降解支架，植入后随着血管壁的重构其逐渐降解为无害物质，不会引起并发症。在传统支架图中，以红色斑点反映炎症反应效果，加上拟人化表情突出可降解支架不会引起异物反应的优势。

第五张：可降解支架优势2——再狭窄可再植入。漫画中左侧展示传统支架在身体内发生支架内再狭窄，此时无法通过再次植入支架治疗；右侧展示可降解支架在体内降解后，血管壁恢复正常形状，如果再狭窄发生，还可通过植入新支架治疗。

第六张漫画进行小结，说明可降解支架是医工交叉领域的结晶。相比于传统支架，可降解支架的优势明显，为血管狭窄疾病患者带来福音。

（二）3D打印假体个性化面部修复

该系列漫画为大众科普了3D打印技术、面部损伤、面部假体植入和个性化修复等概念，展现了利用3D打印技术个性化制作面部假体的具体过程（见图2）。

第一张：面部损伤。对肿瘤、交通事故等场景进行设计，展示面部损伤的外形及成因。漫画中的男子因为头部缺损而难过哭泣，并迫切地想要恢复原貌。

第二张：个性化治疗面部损伤。此张漫画中左屏幕中实物部分为患者

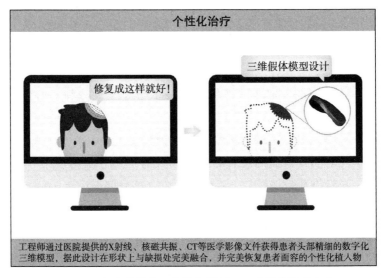

图2　3D打印个性化面部修复漫画——个性化治疗理念

头部受损骨质的外形，虚部还原出患者想要恢复的头部外形。右屏幕中实物部分为针对此患者的头部损伤和面部特征所个性化设计的相应三维植入假体，虚部为患者有缺损的头部模型，展现面部精准修复中"个性化治疗"这一概念。

第三张：3D打印过程与原理。此张漫画假想3D打印机为一个患者头上的定制加工厂，加工打印过程则类似于"搭积木"，按照设计好的三维模型操控机器在患者头部缺损处将钛合金烧结为实体并逐层搭建贴合伤口的三维假体，形象展现3D打印修复过程。

第四张：假体的力学性能测试。漫画中将力学试验机拟人化，用两只互相挤压的手模拟力学试验机进行抗压试验的两个力臂，对假体进行测试。

第五张：面部修复过程。此漫画由四部分组成。第一，展示患者头部创伤和个性化设计的面部假体原状。第二，展示手术中将面部植入体放入面部凹陷缺损处，并通过部分透视化处理展现骨钉固定植入体；第三，展示手术后将创口缝合过程，患者头部外形不再凹陷；第四，展示术后得到的完美复原的面部。

（三）3D打印个性化可降解儿科骨板

该系列漫画为大众科普了肋骨骨折、3D打印技术、可降解儿科骨板等医疗概念。展现3D打印技术个性化定制可降解儿童肋骨骨板过程，重点强调3D打印技术可实现个性化定制功能以及可降解骨板的优势。

第一张：儿童肋骨骨折。漫画中一个意外跌倒导致肋骨骨折的小男孩，外部表现为胸口红肿，胸部透视化处理展示肋骨骨折后相互错位的断骨，以及断骨断面。

第二张：3D打印儿科骨板的设计、制造和植入。本张漫画共分四部分，第一部分为患者肋骨断裂的位置和附近伤骨的外形三维模型图；第二部分为个性化设计贴合断骨伤骨的骨板模型；第三部分展示应用3D打印机及镁合金粉打印骨板实体的过程；第四部分展示骨板体内固定伤骨效果。

第三张：3D打印骨板的优势。左图展示结合有缝隙，不能完美贴合，右图个性化定制骨板可以完美贴合伤口处。通过配上拒绝和欢迎的拟人化表情和姿势，形象展示3D打印骨板的优势。

第四张：骨钉骨板的降解过程。漫画分为三张小图：降解前骨板和伤口完全贴合，随后伤口愈合的同时骨板降解为对身体无害的物质。最终伤口痊愈，骨板完全降解。

第五张：可降解骨钉骨板的优势。漫画中左边为肋骨骨折固定治疗后的小男孩。右边展示小男孩长大后伤口处骨钉骨板完全降解，不会对其骨骼生长造成不良影响，如图 3 所示。

图 3 3D 打印个性化可降解儿科骨板——可降解骨钉骨板优势

三 创新点

（一）研究对象

本项目的科普对象为结合 3D 打印及医用可降解材料两项新技术的新型植介入医疗器械，是生物医学工程学科的新兴热点和前沿产物，其原理及应用都具有鲜明的时代性和创新性。

（二）研究方法

本项目对形状较复杂的三维人体结构及植介入医疗器械进行适当的简化处理，采用通俗易懂的 2D 漫画形式进行表达，表达效果不失真，充分保留了三维模型的形状特点，同时具备 2D 漫画的可爱特点，做到了科学性与艺术性的统一。漫画画风可爱，深受少、青、中、老年各个年龄段受众喜爱。

（三）研究成果

本项目的科普漫画研究成果共分为三个系列，每个系列的内容既有相关性又有独立性，使成果普及更加平易化。通读三个系列漫画，对新型植介入医疗器械的原理和应用层层深入，引人入胜；只阅读其中一个系列漫画，也可以了解此种新型植介入医疗器械的临床应用，有所收获。

四　应用价值

本项目用通俗易懂的系列漫画形式，向大众介绍个性化医疗的设计、加工、手术、术后恢复的连续过程，适用的科普受众涵盖少、青、中、老年各个年龄段。可将个性化医疗理念、植介入医疗器械、3D 打印技术、可降解材料等先进科技及理念科普给各年龄阶段、不同文化背景的人。内容通俗易懂且前沿先进，弘扬科学精神，普及科学知识，传播科学思想和方法。

在实际科普工作中，可将本项目漫画以三种形式进行宣传推广。编订制成"植入人体的小医生"宣传册，在科技馆、医院、公园和青少年活动夏令营等场所进行分发推广；设计制作成"植入人体的小医生"科普宣传挂图、展板等，在科技馆、博物馆进行张贴展示推广；在微信公众号"植入人体的小医生"中制作网页，图文结合进行线上推广。

参考文献

胡堃、李路海、余均武等：《3D 打印技术在骨科个性化治疗中的应用》，《高分子通报》
　　2015 年第 9 期。

何雪锋、熊爱兵：《3D 打印技术在整形外科的研究及应用进展》，《中国组织工程研究》
　　2017 年第 3 期。

L. Peter：《血管内介入治疗技术》，兰泽、王谨等译，天津科技翻译出版公司，2010。

Qiu，G.，"The Clinical Application and the Adverse Events of Orthopaedic Implants," *China
　　Medical Device Information*，2006，12（7）：1 - 7.

Tang, Q. , Wang, L. , Mo, Z. , et al. , "Biomechanical Analysis of Different Prodisc-c Arthro-plasty Designs after Implantation: A Numerical Sensitivity Study," *Journal of Mechanics in Medicine & Biology*, 2015, 15（1）: 1550007.

Fan, Y. , Xiu, K. , Duan, H. , et al. , "Biomechanical and Aistological Evaluation of the Ap-plication of Biodegradable Poly-L-lactic Cushion to the Plate internal Fixation for Bone Frac-ture Healing," *Clinical Biomechanics*, 2008, 1（23）: S7 – S16.

Grogan, J. , O'Brien, B. , Leen, S. , et al. , "A Corrosion Model for Bioabsorbable Metallic Stents," *Acta Biomaterial*, 2011, 7: 3523 – 3533.

Peter, H. , Grewe, "Coronary Morphologic Findings after Stent Implantation," *The American Journal of Cardiology*, 2000, 85: 554 – 558.

Yang, Y. , Zhao, Y. , Tang, G. , et al. , "In Vitro Degradation of Porous Poly（L-lactide-co-glycolide）/β-tricalcium Phosphate（PLGA/β-TCP）Scaffolds under Dynamic and Stat-ic Conditions," *Polymer Degradation & Stability*, 2008, 93（10）: 1838 – 1845.

Gastaldi, D. , Sassi, V. , Petrini, L. , et al. , "Continuum Damage Model for Bioresorbable Magnesium Alloy Devices-Application to Coronary Stents," *Journal of the Mechanical Be-havior of Biomedical Materials*, 2011, 4（3）: 352 – 365.

指尖上的"二十四节气"

项目负责人：顾巧燕

项目成员：魏伟　张晗　陈晶　杨洋

指导教师：董艳

　　摘　要：科普漫画风靡欧、美、日、韩等地多年，并形成了成熟的创作与出版体系。随着国外科普作品的流入，国内也逐渐关注漫画在科学传播中的作用。然而至今，对于科普漫画创作模式的探讨十分稀少，对于新兴的移动互联网环境下的漫画开发研究更是少之又少。本项目从传播与教育的视角，基于经典的 ADDIE 模型梳理出移动互联网环境下科普漫画的设计与开发模式，并以节气习俗所涉及的传统技艺为内容载体，牢牢把握漫画核心的"叙事"特征，进行科普漫画的设计与开发。

一　项目概述

（一）研究缘起

　　科普漫画是以介绍科学原理、科学技术、科学理念为目的，借助漫画的形式来传播信息，从而在寓教于乐的氛围中给读者以教育和思考的漫画读物。在我国动漫市场飞速发展的今天，漫画以其独特的优势进入科普领域，以大众文化为基础，满足了人们对科学知识的好奇和需求，同时保持漫画的娱乐性，让现代读者在繁忙中得到精神放松。一套优秀的科普漫画，可以激起人们对科学浓厚的兴趣和学习欲望，这一点在欧、美、日、韩等发达国家和地区已经有所见证。

（二）研究过程

通过对已有的以节气为主题的科普作品进行梳理，归纳漫画语言以及漫画中科技内涵的表达方式，在前期的受众偏好调查与分析之后进行内容策划与素材筛选，并最终进行故事编创与漫画绘制。

1. 国内主题科普漫画作品分析

国内现有的以节气为主题的科普漫画主要存在以下几方面问题。

（1）低幼化倾向。在日本，漫画的读者群有一半左右为成人。在我国当今社会，也已经出现了面向成人的图像化科普趋势，中医药本草多格漫画《本草孤虚录》就是一次很棒的科学尝试。但是整体看来，目前国内的科普绘本、动漫仍然有低幼化倾向（受众基本不超过12周岁）。

（2）内容以事实陈述为主。现有的节气绘本、漫画内容多为气象、农业、动植物等方面，大多概述某一节气中植物、动物等的特点，对该节气发展历史、节气演变的过程与原理、相关习俗仅是点到为止、一带而过，对于二十四节气习俗里的传统技术工艺的科学内涵并未深入挖掘。

（3）故事性有待挖掘。科普作品是面向大众的，旨在让读者在非正式学习环境下自行学习。因此，科普作品的潜在竞争对手不仅仅是同类产品，还包括一些娱乐性产品。现有的科普作品形式以散文为主，故事性、趣味性不足。

（4）拓展延伸不够灵活。现在的科普漫画，尤其是科普出版物，一旦作品成型要进行增补十分麻烦。本作品的优势在于，在新媒体的环境下进行传播，采用网络漫画的形式，补充的内容可以以"番外""小剧场"等形式诠释，不影响故事主线。

2. 漫画语言及科普漫画发展趋势

在漫画的展现形式方面，主要以"文字"要素与"图画"要素为漫画故事的呈现手段。

在新漫画中"文字"指对白、旁白、拟声拟态词等，应用现有文字直接作为表达方式的漫画构成部分。漫画中的"图画"就稍显复杂了，从图画中抽象出意义的一些接近图画的图形也是一种符号，漫画拥有自己独特的符号系统。这种接近于文字的图形符号介于文字与图画之间，既拥有图画的那种与所指对象有外观上相似性的特点，也拥有类似文字的趋于概念的抽象性意义。①

在科普漫画方面，以日韩和欧美为代表的漫画呈现以下两种趋势。

一是娱乐化导向。更为注重情节的曲折生动，让科学知识自然而然地穿插其中，从心理层面使读者能够自然而然地接受。同时运用新漫画丰富灵活的漫画语言，运用分格、文字框、图表等多种形式相结合的方式向读者传授信息。在这类漫画中，科学知识除了穿插于故事情节之中，也经常由固定的角色形象（通常是可爱的角色）进行进一步解说，从而达到寓教于乐的目的。

二是实用导向。注重实用价值以及漫画本身的科学含量，善于从生活细节之中寻找科学乐趣。通常强调趣味性，注重开发人们对科学的探索心，而不是单一地灌输科学理念。文字的幽默与图画的夸张相结合，语言风格简洁易懂，科学内容严谨可靠。

3. 受众漫画偏好分析

通过文献研究以及网络调查发现：①悬疑推理类、日常幽默类和热血冒险类故事是当代学生最喜爱的动漫类型；②故事情节对于漫画的受欢迎程度起到了决定性的作用，漫画画面表现力也十分重要，但是居于其次；③漫画的教育意义并不被排斥，但是要与故事不着痕迹地融合才好；④手机漫画阅读需求很高，漫画阅读主要在空闲时间进行，场景极为多样化，包括课间休息、乘车途中、学习间隙或者晚间、休息日等在宿舍的场景；⑤对于多样化的题材普遍持开放型心态。

4. 项目设计与开发

本项目创作流程主要包含如下步骤。

第一步，根据岁时节令相关文献与古代科技史相关文献筛选出每个节气的核心习俗。

第二步，查阅该节气习俗涉及的科学原理、技术工艺与传说典故等，由此为出发点撰写科普小短文。

第三步，设置故事背景、线索、人物，并构建故事细节。

第四步，增强独立小故事之间的联系，修改各独立故事使其相互间能够呼应。有两条线索贯穿各篇小故事，漫画的主线故事的核心目的是引出

---

① 李岩：《漫画语言——漫画构成规律及原理研究》，中央美术学院，2015。

所要科普的核心节气习俗,通过设置悬念等方式使故事具有张力。而漫画支线内容的定位则有两点:一是对于主线故事涉及的科学原理与技术工艺等相关内容进行进一步的阐释;二是对于主线故事的情节进行补充,以他人的视角讲述。

第五步,脚本编创。根据文字版故事改编成对话内容,以及对分镜场景进行简略描写,为绘制分镜及后续漫画的详细绘制提供便利。

第六步,初步评测。

二 主要内容

(一)科普漫画开发模式

科普漫画在国内受到关注仅有十余年历史,尚未形成既定的开发模式或者理论体系。本研究从传播与教育的视角进行科普漫画的开发,探索性地应用了教学设计中的经典模型——ADDIE 模型(见图 1)。

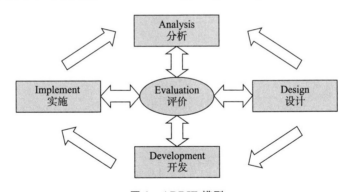

图 1 ADDIE 模型

由于科学漫画是一种非正式学习资源,在缺乏开发流程的情况下,可以考虑将教学开发模型迁移应用到科学漫画开发领域。由于漫画制作周期长,需要考虑的因素较多,并不太适合短期快速迭代,因而需要在设计开发过程中的每一阶段都进行仔细评估,按步骤次序完成一个版本的开发更利于实际操作,所以最为经典的 ADDIE 教学模型相对而言最为合适。为此,笔者将其应用于科学漫画开发,形成如表 1 所示的科学漫画开发框架。

表1　ADDIE 模型应用于科学漫画开发：科学漫画开发框架

阶段	描述
分析	科普需求评估： 确立科普目标 明确所要阐释的科学技术相关内容 确定所需的知识和技能 根据受众分析、结合科普目标，确定科学内涵展现的深度 为科学漫画的使用效果创建评估方式
设计	该阶段需要考虑的内容包括： 受众了解相应科技内容所需达成的学习目标 证明科技内涵掌握情况的评估与测试 科技内涵模块与情节片段的设计，以及叙事的安排 画面场景安排和文字符号的选择
开发	开发活动应提供以下材料： 作为非正式学习材料的条漫 补充解释的小短文（叙事性漫画的科学信息密度低）
实施	将科学漫画付诸实践包括： 选择漫画试点人群的详细方案 发布漫画
评价	评价与改进： 回顾与评价 ADDIE 模型的每一个阶段内容，确保达到科普目标 评估科普漫画的效果 改进科学漫画的开发

（二）移动互联网环境下的科普漫画开发

条漫的主要应用场景为碎片时间、移动场景，因而其篇幅较为有限，在单独的一条漫画之中故事情节相对较为简单。在每一组条漫里，通常主要叙述一个核心内容。根据剧作原理，最为经典的叙事结构是三幕——开始/展开/结束，这样的基本构造是剧情的构成单位（Drama Unit）。[①] 通常是主人公遇到了某些需要解决的问题或是需要达到某种目标而做出努力，由于主人公的转变，问题得以解决或是目标得以达成。日本的少年漫画也通常运用此模式，以"对立/矛盾/变化"或者"友情/努力/胜利"的形式存在。

---

① 〔日〕沼田康博：《畅销的故事，热门的角色》，周丰等译，重庆大学出版社，2017。

在描述一些小故事的时候这是最为常用的结构。

本项目所选择的科普题材是生活科技类。这类题材更为贴近民众生活却常常没有受到足够关注，进行形象化的科普更容易引起广泛共鸣。落实到创作手法上，本项目采取了如下措施。

第一，通过大小间隔的分镜模拟电影的节奏感，让读者体味身临其境的刺激，从而激发他们对相关科学知识的好奇心与探索之心。

第二，形成系列内容，线索贯穿全剧，通过为故事人物设置困境、制造悬念、配备动手制作工艺流程等内容来提高受众探索科学的积极性。

第三，故事情节表现多元化，提升漫画的趣味性。部分科学类教材让人感到无趣的原因是只讲述提炼出来的科学知识，而将科学知识产生的时代背景、社会发展状况全部剥离，让人敬而远之。本项目将节气习俗这一富含人文气息的民俗学内容与特定节气习俗所涉及的科学技术内容相结合，展现人文情怀。

（三）项目评价

当今流行的新漫画的核心特征是叙事。项目作品在这方面的尝试收到了较为不错的反馈，95.0%的读者认为故事情节与科学内容融合得十分自然，少有科普痕迹。但是在篇幅有限的情况下，追求故事性而在一定程度上减少了漫画中科学内容的设置，需用更多补充文字来说明。

各个小故事有线索贯穿，联系较为密切，但又相对独立，保持了一定的情节完整性；一些故事设置的小悬念的确引人探索其中的缘由；科普内容融入得比较自然，不是为了科普而科普，很有趣味性；题材上借由高科技的反噬来传达传统技艺同样重要的观点。

相对于市面上简单的科普漫画画风，本项目作品画风较为细腻，其中国风特色让人有继续阅读的动力；有专门的科学原理或技术工艺流程的阐释；能够在一定程度上激起读者对于每个节气的习俗及其与该节气的联系的好奇心。

本作品仍有一些不足，由于篇幅受限，每个知识点的阐释都点到为止，有些画面过渡得稍快，个别内容需要一定的知识储备才能看懂（例如清明纸鸢那一篇里面的航海"针路图"）；解释型科普短文的文字内容略多等。

（四）思考与建议

新漫画是一种十分具有潜力的科普形式，比单纯的图解更能吸引读者。科普漫画不可避免地会有一些介绍性的内容，但是一些漫画创作法则认为在遇到需要介绍和解说而增加篇幅时，需要注意不能让客观视点内容持续三页以上，[①] 否则影响阅读意愿。这对于故事类科普漫画来说是一个极大的挑战。

在以条漫形式呈现的故事之中，成体系的独立小故事相对而言是目前比较可行的操作方法，三幕构成是最为经典且适用于短篇叙事（无论是文字还是图像叙述）的法则。日韩和欧美的科普漫画都有各自的特点，如果既希望有日韩科普漫画引人入胜的情节，又要有欧美漫画的高实用价值与科学含量，那么科普漫画理论研究与创作之路仍然有很长的路要走。

三　创新点

本项目的研究对象是移动互联网环境下的科普漫画，这尚属于新生事物，相关研究十分稀少，但是当前网络漫画流行、国外科普漫画不断引进、教学中漫画应用增多乃至国家政策对于科普动漫扶持力度加大，科普漫画是一个蓬勃发展的领域，但同时需要理论层面上的方法论构建，例如开发模式上的探索。

考虑到科普漫画本身是一种教育产品，本研究对于教学设计 ADDIE 模型的迁移应用是一种创新且合理的做法。项目作品以注重故事性的新漫画形式呈现，与以往知识呈现型的说明书式漫画不同。使用三幕式经典结构的独立小故事呈现了较为完整的剧情小单元，其情节张力能够增强科学内容对于读者的吸引力。补充的科普文章则说明了某个节气选择某种传统技艺进行诠释的历史依据与文化源流。

四　应用价值

移动互联网环境下的科普漫画更适合传播。节气习俗中所涉及的传统

---

① 〔日〕松岗博治：《漫画创作法》，张旻旻译，浙江人民美术出版社，2016。

技艺古老而源远流长，本身承载了很多科学技术内涵。除了在碎片时间供人消遣，潜移默化地传递知识内涵之外，该作品也可以应用到相关主题内容的教学之中，在不同的教学环节起到不同的作用。用漫画导入情境，用熟悉的现象，促使受众进入情境；由漫画情节的推进进行知识点的切换能够自然地调节和提高读者的情绪与认知，并不产生突兀之感。利用漫画创设问题情境，让读者在挖掘漫画内涵的过程中产生疑问，帮助故事中的人物摆脱困境，训练读者的自主探究与问题解决能力。漫画也能很好地展示抽象的内容，这对于视觉学习者而言能产生很大的效益。无论是在正式教学还是非正式学习之中，该种形式的科普漫画作品都是一种很好的新的选择。

图解 VR、AR、MR 技术及其应用

项目负责人：曾文娟

项目成员：许明　翟小涵

指导老师：刘秀梅

摘　要： VR、AR、MR 技术是当前比较受热议和新潮的技术，这几年随着 VR、AR 技术的不断成熟和发展，VR、AR 技术在各个领域的应用越来越广泛，2016 年更是被称为 VR 元年。但是，很多民众仍对 VR、AR、MR 技术不是特别熟悉和了解。科普漫画作为一种比较新颖的科普形式，比较符合当代人通过微信、微博等新媒体接收信息的方式和碎片化的阅读习惯，更能激发人们的阅读兴趣。因此，本项目旨在用漫画这种有趣、简单的形式来展示和解读 VR、AR、MR 技术以及它们在教育、医疗、娱乐等不同领域的应用情况，达到科普 VR、AR、MR 技术及其应用的目的。

关键词： VR　AR　MR　技术应用　科普漫画

一　项目概述

（一）研究缘起

近几年，VR（虚拟现实）、AR（增强现实）、MR（混合现实）技术成为全球科技圈最热门的话题，尤其是里约奥运会闭幕式上 VR、AR 技术的惊艳亮相，更让 VR 和 AR 技术变得火爆而又神秘，2016 年更是被称为 VR 元年。而且在近几年，VR、AR 技术得到快速发展和完善，VR 技术逐渐被应用到娱乐游戏、主题公园、健身、购物、高校教学、新闻直播以及展示设计、绘画应用、医疗、军事等领域；AR 技术也在书籍杂志、教育、游戏、体育等领域被开发应用，发展前景不容小觑。

VR、AR、MR 三种看起来相似而又不同的新数字技术，它们到底是什么，它们之间的联系和区别是什么，它们在不同领域的具体应用情况怎么样。项目组通过调查发现，很大一部分民众对于上面这几个问题一知半解，甚至有些民众全然不知。另外调研发现，市面上关于 VR、AR、MR 技术的书籍，如《虚拟现实：引领未来的人机交互革命》《VR 革命》《虚拟现实时代：智能革命如何改变商业和生活》等，对 VR、AR 技术的介绍都较为专业、艰深，一般读者难以看懂，也很难提起兴趣。

此外，从对现有 VR、AR、MR 技术等方面的微信推文、网上资讯以及作品的调研来看，虽然 VR、AR、MR 技术是当前比较火爆的技术，但目前关于 VR、AR、MR 技术的科普作品不多，而运用漫画的形式来解读其技术和应用情况的作品更是少之又少。因此，本项目运用漫画的形式图解 VR、AR、MR 技术及其应用具有很大的前景和应用价值。

（二）研究过程

1. 步骤

准备阶段（2017 年 5 ~ 7 月）：进行文献资料的搜集；参加相关研讨会和学术会议，咨询业内专家、学者；参加相关产品展览会，现场调研和体验项目产品。

实施阶段（2017 年 8 ~ 10 月）：参考优秀作品，确定本项目科普漫画的风格和文案；进行 VR、AR、MR 技术及其应用的漫画创作以及图文排版设计；参加项目中期答辩，根据专家提出的修改建议进行修改。

总结阶段（2017 年 11 ~ 12 月）：整理项目研究过程中的资料，进行分析、总结；撰写项目结题报告，参加项目结题答辩；整理项目成果，提交项目成果作品以及其他相关材料，结题验收。

2. 具体活动

2017 年 5 月，查询、调研国内外有关 VR、AR、MR 技术的最新权威论文及文献，咨询相关 VR、AR、MR 技术的专家和学者，了解具体详细的科学原理。2017 年 6 月，考察、调研国内外最新的 VR、AR、MR 技术产品，掌握最新、最全的相关技术的产品、项目情况。整理之前相关的资料和调研成果，开始作品整体的初期构思。2017 年 7 月，运用传播学、艺术学、设计学研究适合新媒体传播的漫画和文本风格以及图文排版样式，参考国内外优秀科普漫画作品，确定漫画的创作风格以及作品的整体视觉排版标准。2017年8月、9月，完成有关 VR、AR、MR 技术的联系与差异，VR 技术的具体内涵和应用的漫画创作，AR 技术的具体内涵和应用的漫画创作，参加中期答辩。2017 年 10 月，完成漫画作品整体的图文排版设计，参考专家意见对作品进行完善和修改。2017 年 11 月，撰写项目结题报告，整理相关项目成果，提交项目作品以及其他相关材料，结题验收。具体研究步骤和技术路线如图 1 所示。

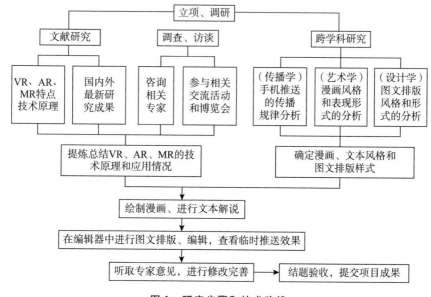

图 1　研究步骤和技术路线

（三）主要内容

1. 前期调研

（1）有关 VR、AR、MR 技术及其应用情况的资料搜集

首先，搜集相关的文献资料，内容包括 VR、AR、MR 的基本含义、技术原理、需要的软硬件设备以及行业应用情况与具体案例。只有在全面掌握和理解这些内容和知识的情况下，漫画绘制才能更加准确和科学。我们查阅的有关 VR、AR、MR 技术的专著有《虚拟现实：引领未来的人机交互革命》《VR 革命》《虚拟现实时代：智能革命如何改变商业和生活》《VR 虚拟现实与 AR 增强现实的技术原理与商业应用》《VR + 虚拟现实构建未来

商业与生活新方式》《VR 爆发：当虚拟照进现实》《VR 虚拟现实》《增强现实技术导论》《虚拟现实与增强现实技术概论》等，专业文献有《显为人知：VR/AR/MR 高端技术全解读》《虚拟现实技术在数字图书馆的应用研究》《少儿出版与 AR 技术应用》《在职业教育应用视角下的 VR/AR 技术》等。

（2）参加 VR、AR、MR 技术论坛与展览，咨询业内相关专家

项目实施前期，除了搜集和查询相关的文献资料，还参加了 VR、AR、MR 技术论坛、学术会议以及业内的项目产品展览。通过现场体验产品，与业内专家、学者交流，我们对项目研究的内容理解得更透彻、更科学。如参加了上海全球跨媒体创新峰会、上海 VR 动漫艺术展等，另外，咨询了华东师范大学计算机科学与软件工程学院的相关学者以及 VR、AR 领域的研究生和博士生。

（3）查阅、搜集相关优秀科普漫画作品

通过查阅其他科普作品，特别是 2011～2016 年全国优秀科普作品中的一些科普漫画，比如《酷虫学校——科普漫画系列》（6 册）、《爆笑科学漫画——物理探秘》《密码的奥秘》《漫画脑卒中》等，以及现在微信上比较火爆的科普微信公众号"混子曰"，综合考虑 VR、AR、MR 技术的阐释难度以及现在观众的阅读喜好，确定项目的漫画形式是图片加文字混排，漫画的总体风格偏诙谐、可爱。

2. 项目实施

（1）文案策划

文案策划是整部漫画作品得以实施的必不可少的前期准备阶段，整部漫画作品主要由三个分别代表 VR、AR、MR 的拟人化动画形象，以它们的口吻分别介绍 VR、AR、MR 技术及其应用情况，整体的文案风格偏轻松幽默，也使用了一些现今比较受欢迎的网络用语，以迎合年轻人喜好。

（2）设计艺术分析

项目整体的漫画风格偏卡通可爱风格，单线填涂，简洁而又干净，角色形象显得呆萌可爱。项目为 VR、AR、MR "量身"设计了三个拟人化的漫画形象，分别取名为 V 弟、A 哥和 M 神，三个主要角色按照 VR、AR、MR 技术的特点设置了不同的性格定位。因为 VR 技术是虚拟现实，创造了虚拟世界，讲究想象力，所以 V 弟的形象设定为天马行空、想象力丰富的调皮小弟；AR 的特点是虚拟与现实结合，在现实环境中增加虚拟数字信息

以增强视觉效果，虚实结合，起着"锦上添花"的作用，所以 A 哥设定为比较憨厚老实、乐于助人的大哥哥形象；而 MR 技术是 VR 与 AR 的结合，是 AR 的增强版，它的能力和效果是最强、最酷炫的，因此 M 神设定为比较高傲又很酷的最强的学神形象，具体角色设计如图 2《漫画图解 VR、AR、MR 技术及其应用》角色设定所示。

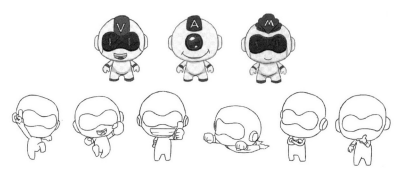

图 2 《漫画图解 VR、AR、MR 技术及其应用》角色设定

（3）制作技术分析

项目制作综合运用了平面绘图软件 SAI、Adobe Photoshop 以及 Adobe Illustrator，使用绘图软件 SAI 和 Adobe Illustrator 绘制线稿并上色，使用专业平面设计软件 Adobe Photoshop 进行文字与图片的排版设计以及修改画稿的瑕疵和调色工作。

3. 具体研究内容

项目主要有两个部分，分别介绍 VR、AR、MR 技术及其在各个领域的应用情况。

第一部分：运用漫画的形式解释 VR 技术及其最新的技术应用情况。①用漫画的形式阐释 VR、AR、MR 技术的联系与差异；②用漫画或者示意图的形式阐释 VR 技术的具体内涵；③用漫画及图文混排的形式展示 VR 技术在社交通信、旅游、艺术设计（虚拟画廊、虚拟博物馆）、教育、电商购物、电影娱乐等领域的应用。

第二部分：运用漫画的形式解释 AR 技术及其最新的技术应用情况。①用漫画或者示意图的形式阐释 AR 技术的具体内涵；②用漫画及图文混排的形式展示 AR 技术在教育（教学/指导）、路线导航、医疗健康、零售业（家装）、娱乐游戏等领域的应用。

此外，由于 MR 技术还不够成熟，全球 MR 领域的企业和团队比较少，很多还处于研究阶段，没有成熟的实际运用，所以 MR 技术应用这一部分的内容缺失。

二　研究成果

项目最终形成 51 张漫画作品，分为 16 个小系列，分别具体介绍 VR、AR、MR 技术的联系与差异，VR、AR、MR 技术的具体内涵以及 VR、AR 在各个领域的应用情况。最后的项目成果既可以打印成一套漫画宣传册，也可以直接在手机（安卓和苹果两个版本）上推送，达到有效普及 VR、AR、MR 技术的效果。

具体成果有：《一分钟了解 VR、AR、MR 的联系与差异》《一分钟了解 VR 技术》《VR 应用之电商购物篇》《VR 应用之社交通信篇》《VR 应用之艺术设计篇》《VR 应用之娱乐健身篇》《VR 应用之旅游篇》《VR 应用之教育篇》《VR 应用之医疗篇》《一分钟了解 AR 技术》《AR 应用之教育篇》《AR 应用之医疗篇》《AR 应用之导航篇》《AR 应用之家装篇》《AR 应用之维修篇》《AR 应用之游戏、体育篇》。

项目达到的要求与水平：①清楚、通俗易懂地介绍了 VR、AR、MR 技术及其各自在不同领域的应用情况；②漫画风格卡通可爱，文字介绍简单又不失小幽默；③分类清楚，逻辑性比较强。

三　创新点

（一）研究对象

本项目的研究对象是 VR、AR、MR 技术以及其在当今各个领域的应用情况。VR、AR、MR 技术是当前比较受热议和新潮的技术，以其为研究对象的项目还不多，而且通过前期的调查发现现在有很多民众对于 VR、AR、MR 技术还不够了解，VR、AR、MR 技术普及面不广，所以本项目将 VR、AR、MR 技术以及其在当今各个领域的应用情况作为研究对象具有一定的创新性。

（二）研究方法

本项目在实施过程中运用了多种研究方法，特别是运用了跨学科研究方法和观察法。科普漫画的创作需要创作者既要掌握准确的科学知识，又要有比较好的艺术创作和传播技能，需要将科学与艺术完美融合。另外，想要具体、准确地展示 VR、AR 技术在各个领域的应用情况，需要创作者运用观察法亲身体验和观察 VR、AR 产品，而不只是通过查阅资料或者咨询别人这种间接的方式了解，只有这样创作出来的漫画作品才能准确又有特色。

（三）研究成果

VR、AR、MR 技术是当前比较热门的技术，而目前关于 VR、AR、MR 技术的科普作品不多，运用漫画的形式解释技术以及其应用情况的作品更是少之又少。用简单有趣的漫画形式解释深奥难懂的 VR、AR、MR 技术，比较符合当代年轻人通过新媒体接收信息的方式和碎片化的阅读习惯，有利于引起人们的阅读兴趣，达到科普的效果。科普漫画改变了以往单纯知识普及的传统，将艺术和科学相结合、科学与人文相融通，促进了传统科普方式的创新。

四　应用价值

随着科学技术的进步，以动漫为技术载体的现代传播方式越来越受到大家的关注和重视，它已经形成一种新型创意产业，在我国得到迅速发展。而把动漫技术应用到科普推广中，无疑是创意经济的一种完美体现。动漫形式丰富了科普的技术手段，主动迎合受众的兴趣爱好，使科普变得有声有色，容易受消费者的青睐。动漫作为目前广受欢迎的宣传手段之一，在科普宣传推广上发挥着极其重要的作用。

本项目遵循"贴近现实、贴近生活、深入浅出"的原则，通过漫画形式将抽象、复杂的 VR、AR、MR 技术生动形象化，将繁杂的科学原理化繁为简，以一种简单、直观的方式展现给读者，赋予科普新鲜感，给予观众视觉享受，给观众留下深刻印象。项目最终成果是一套系统介绍 VR、AR、

MR 技术及其应用的科普漫画作品。作品通过卡通可爱风格的漫画搭配轻松幽默的文字简介，将神秘、复杂的 VR、AR、MR 技术以一种简单、直观的方式展现给读者，赋予科普新鲜感，可以达到比较好的宣传和科普的效果。本作品可以出版或者打印成专门介绍 VR、AR、MR 技术及其应用的漫画作品或者宣传小册子，用于线下相关的科普宣传活动；可用于微信和微博等推送，成为介绍 VR、AR、MR 技术及其应用的科普漫画专集，用于线上的科普宣传。

参考文献

王莉、杨明辉：《虚拟现实时代：智能革命如何改变商业和生活》，机械工业出版社，2016。

王寒、卿伟龙、王赵翔、蓝天：《虚拟现实：引领未来的人机交互革命》，机械工业出版社，2016。

娄岩：《虚拟现实与增强现实技术概论》，清华大学出版社，2016。

苏凯、赵苏砚：《VR 虚拟现实与 AR 增强现实的技术原理与商业应用》，人民邮电出版社，2017。

王振华：《新媒体时代动漫技术在青少年科普中的应用》，《海峡科学》2015 年第 12 期。

哥伦布的漂流瓶

——图解世界洋流

项目负责人：江珊

项目成员：王旭　程一航　田婷婷　刘晴

指导教师：陈刚

摘　要：漫画是公众喜闻乐见的一种传播载体，科学漫画就是把漫画与科普相结合，从而弘扬科学精神、普及科学知识。洋流是海洋中具有相对稳定的流速和流向的海水，从一个海区水平或垂直地向另一海区大规模地非周期性运动，对地球气候影响甚大。本作品以科学漫画为载体，从科学、技术、社会三方面对洋流进行科普，既让受众了解洋流的现状、洋流的科学原理、与洋流有关的技术，也让受众了解"漂流瓶"流经地域的人文、自然风光。这是一种创新的、集成性的科普方式，希望为科普方式的创新提供借鉴。

一　项目概述

（一）研究缘起

2016 年全国科技创新大会、两院院士大会、中国科协第九次全国代表大会上，习近平总书记指出："科技创新、科学普及是实现创新发展的两翼，要把科学普及放在与科技创新同等重要的位置。"

在《关于加强国家科普能力建设的若干意见》中，明确提出加强科普能力建设是建设创新型国家的一项重大战略任务，而科普能力建设的一项重要内容就是繁荣科普创作。科学漫画作为科普创作的一种重要形式，对于提高科普能力有着十分重要的作用和极其重大的意义。同时，发展科学漫画也有利于促进科学文化的传播，有利于激发公民对科学的兴趣。但如何将深奥的科学技术通过浅显易懂、生动有趣的语言和富于想象力的故事，以及丰富多彩的图像表现出来，让公众较为容易地理解和接受，是一项具有很高难度的创造性活动。虽然目前我国的政策环境和经济环境都有利于发展科学漫画，公民对于科学漫画产品存在广泛的需求，媒介的扩展和技术的进步也为科学漫画的发展提供了良好的条件，但目前优秀的科学漫画作品少之又少。

在 2016 年中国科普作家协会繁荣科普创作高层论坛上，郑永春指出做科普不单单是写科普文章，随着新媒体的发展，科普视频、动画、漫画、科普讲座、科普展览等是科普的重要途径，应迎合社会发展的潮流，丰富科普的表现形式。科普的表现形式多种多样，地理是一个重要的学科，在地理中洋流又是一个非常重要的知识板块。

提高公众的科学素养已越来越被世界各国所重视，并被认为是当代社会中一个国家兴旺与发展的根本因素之一。基础教育中的科学教育是科学素养培养的主阵地，中小学也是公众科学素养培养的关键时期，科学教育改革由此成为当今世界教育改革的重点。我国公众科学素养与发达国家相比存在较大差距，这与我国近年来的经济快速增长，社会全面改革开放和素质教育、创新教育大力推行的现实不符。在反思科学教育和比较各国科学教育改革的基础上，我国提出了 STS 教育是我国科学教育改革之路，是全面提高中华民族科学素养之方略的观点。将科学漫画与 STS 教育理念融合，能更好地实现寓教于乐。以漫画为载体，从科学、技术、社会三个维度讲洋流，对于提升读者的科学素养有很大作用。

（二）研究过程

1. 立项伊始

团队成员严格按照任务书中既定的技术路线开始实施内容构思、文献收集和专家访谈工作。首先，在任务书中已有研究内容的框架之下，继续深入挖掘漫画科学的呈现方式和呈现范围；其次，通过查阅已有的科学漫画，分析它们的优缺点，取长补短；最后，将成型的框架与学院科学教育研究者、省科技馆科普专家、漫画创作从业人员进行交流，听其意见，进行修正。

2. 受众分析

受众分析是创造性、服务性工作的前提，了解了受众需求才能更好地明白创作的路径和侧重点，以便被读者更广泛地接受。通过访谈、问卷等对目标受众的需求进行调研，作为漫画创作的受众基础。

3. 创意既成

团队将与洋流有关的科学、技术、社会知识梳理清晰，规划漫画的版面，设计主要故事人物的形象，以及漫画的主要风格。尝试画出前3张漫画，根据这三张漫画确定后续漫画的主基调，然后完成正文全部32张漫画的创作。

漫画创作是一个艰辛的过程，初稿完成后，我们便实施目标受众评估。团队选取了武汉科技馆的少年儿童进行漫画的阅读与问卷调查，共发放问卷50份，回收50份，有效回收率为100%。根据问卷中统计的答案，确定漫画中的优秀之处与不足之处，然后有针对性地修改完善，最终定稿。

（三）主要内容

本项目通过漫画的形式，采用拟人化的手法，以哥伦布在航海途中遭遇恶劣的雷电天气，很多船只被风浪打翻，在他以为自己要死的时候把手头的珍贵资料写在几卷纸上，并装到一个漂流瓶中抛入大海为背景，讲述承载着科学家精神和梦想的漂流瓶在历经千难万险之后从海地随着洋流回到西班牙比斯开湾的故事。漫画以漂流瓶为第一人称，采用漂流瓶归程中与鱼和鸟亲密对话的形式，带我们学习洋流及其相关的地理知识。第一，学习洋流的种类和性质，如大西洋有哪些洋流，它们是怎么流的。根据在路途中瓶子有时觉得冷，有时觉得热，教会我们哪些是寒流，哪些是暖流。第二，洋流对极端气候的影响。瓶子在漂流期间会经历极端气候现象——厄尔尼诺。第三，洋流对沿岸风景的影响。跟着漂流瓶还会看到沿途的国家和地区的人文、自然风光。

本项目希望达到以下目的：第一，通过漂流瓶"回家"的旅程，向人们科普世界洋流和世界地图的相关知识，促进学校科学教育和校外科普活动的有效衔接；第二，通过思考漂流瓶"回家"的几种路线，培养人们的发散性思维、科学探究能力和创新精神；第三，弘扬追求真理、探索未知、迎难而上的科学家精神，激励人们努力奋斗，积极向上；第四，通过漫画的形式，突破学校传统的填鸭式教学，做到寓教于乐，使人们在幸福愉快的娱乐中，潜移默化地学到科学知识，有利于激发公民对科学的兴趣；第五，提高公民科学素养，使公民了解必要的科学技术知识，掌握基本的科学方法，树立科学思想，并具有一定的应用科学知识处理实际问题、参与公共事务的能力，如读者能由洋流联想到自然灾害——厄尔尼诺现象，或者 MH370 随洋流漂到哪里去了，以及德国潜艇作战等问题。

故事背景：航行途中遇险，哥伦布抛下漂流瓶。（营造科学氛围，漂流瓶从海地到达比斯开湾象征着科学精神的传承。）

第一系列——结交新朋友！漂流瓶与鱼和鸟亲密对话，通过对话科普一些洋流知识。（科学知识的传播）

第二系列——沿途风景正好！介绍漂流路线所涉国家和地区的人文、自然风光。

第三系列——不好，灾难来临！科普厄尔尼诺现象。（提高科学素养，具有一定的应用科学知识处理实际问题、参与公共事务的能力，2016 年是厄尔尼诺现象极为严重的一年，引发了很多极端天气。）

第四系列——未解之谜！瓶子漂流路线假说，猜想瓶子可能通过哪几种路线从海地回到西班牙比斯开湾。（科学探索）

二　研究成果

本项目完成漫画脚本一套，绘制漫画 32 张，并完成漫画满意度调查报告。

漫画完成后，我们在武汉科技馆对 50 位 7～15 岁的参观者进行调研，给他们看完漫画后，发放问卷。经过分析发现，该漫画已基本达到预期目标。

（1）漫画具有趣味性。50 个人中，有 16 个人认为该漫画很有趣，有 31 个人认为比较有趣，只有 3 个人认为不是很有趣。

（2）漫画具有创新性。50 个人中，有 37 个人没有看过洋流漫画。

（3）漫画具有科学性。50 个人中，有 14 个人表示完全看懂了，有 25 个人表示基本看懂了，只有 1 个人没有看懂。

（4）漫画具有教育性。50 个人中，有 15 个人表示在此之前完全不了解洋流知识，有 24 个人表示了解一点，有 11 个人表示了解部分。看完漫画后，有 48 人表示对洋流知识有了更多的了解，基本达到了传递知识的目的。

三　创新点

（一）科普形式创新

科普是一个大命题，中国科协、科技部、教育部、中国科学院等均投入大量精力进行科普。在社会公共文化机构中，有科技馆、自然博物馆、植物园、动物园、水族馆等科技类博物馆专门进行科普，在互联网上，也有大量的机构和个人进行科普。而漫画作为一种科普形式和载体，却很少被深挖和采用。这并不是因为漫画不适用于科普，而是因为国内缺少像样的团队。本项目采用科学漫画进行科普，是科普形式的一种创新。

（二）科普内容创新

科普内容是科学漫画所要传达的，不仅仅要包括科学知识，更要包括科学方法、科学思想、科学精神，但是即使这"四科"全部包含，也仅是囿于科学的范畴。本项目突破科学的范畴谈论科学问题，创新地从科学、技术、社会（STS）三个维度谈论"洋流"的内容，在科普内容上是一种创新。

（三）漫画理念创新

以漂流瓶为第一人称，采用拟人化的手法，在漂流瓶与鱼和鸟的对话中不知不觉地进行地理科普，赋予瓶子科学家的精神。由书中的知识点引申到现实生活中，使人们具有一定的应用科学知识处理实际问题、参与公共事务的能力，真正提高了公民的科学素养。

四　应用价值

漫画的市场价值毋庸赘述，在优质科普资源紧缺的时代，充满趣味性和知识性的科学漫画势必有比较好的应用价值和市场价值。

首先是直接应用价值。本项目所完成的科学漫画正文为 32 张，以独特的视角展示了世界洋流的分布、原理和影响，以及途中的人文、自然风情，漫画整体色调明朗，比较符合少年儿童的审美风格，同时内容容量也比较符合少年儿童的阅读能力。本漫画可以应用于地理和科学课堂教学，以及手机、电脑等多媒体平台传播。以本项目的成果为基础，开发出一系列的科学漫画，必将有较好的市场。

其次是间接应用价值。新事物、好事物的出现必将引起市场的跟风甚至超越，如果科普行业、漫画行业通过本项目认识到了科学漫画的价值和应该呈现的方式，进而创作出更加精美的作品，也将是本项目的应用价值。

参考文献

《中国科普作家协会繁荣科普创作高层论坛在京举办》，新华网，http：∥news. xinhuan-et. com/2016－12/28/c_ 135937575. htm，最后访问时间：2017 年 10 月 10 日。

蔡铁拳：《公众科学素养与 STS 教育》，《全球教育展望》2002 年第 31 期。

汪洋：《乘风御波》，科技出版社，2013。

"睡得好，记得好"

——睡眠与学习记忆

项目负责人：陈宇

项目成员：艾思志　孙艳　陈洁

指导教师：时杰

摘　要： 进入 21 世纪，人们的健康意识空前提高，"拥有健康才能拥有一切"的新理念深入人心。睡眠作为生物体最基本的生命活动之一，全面调控着机体代谢、免疫、内分泌等多种生理机能。研究发现，大脑的信息处理过程具有状态特异性。觉醒状态下，大脑主要对信息进行快速识别和高效整合，以使机体适应外界环境的变化；睡眠状态下，大脑则主要对先前获取的信息进行提取和加工，以实现记忆的选择性巩固、情绪的调节和认知功能的维持等。可见，睡眠在学习记忆的加工过程中起着不可或缺的作用。睡眠的慢性缺失或者剥夺会导致个体信息加工处理过程紊乱，造成记忆力的显著下降、认知缺陷和注意力不集中等脑功能损害。此外，睡眠的生理功能复杂多样，还可以作为学习的一种新形式，提高人们的学习效率，本项目以图文科普的形式向读者传递相关睡眠知识，旨在提高群众的科学文化素养，促进群众的健康发展。

一　项目概述

（一）研究背景

睡眠是自然界最基本的生命过程之一，占据了人类生命 1/3 的时间。人和动物为什么会睡觉？这个问题自古以来一直是科学家们所好奇和关注的。

随着 17 世纪中期生理学、解剖学等自然科学的发展，科学家们才开始对睡眠及其大脑机制进行初步的研究，限于当时的认识水平，人们认为睡眠仅仅是一种被动的过程和神经系统的静止状态。直到 20 世纪 20 年代，德国精神科医生汉斯·贝格尔首次在人体上记录了脑电波，奠定了睡眠研究的神经电生理学基础。随后的 1953 年，美国科学家 Aserinsky 和 Kleitman 首次发现人类在睡眠过程中存在快速眼球运动现象，并将其命名为快眼动睡眠阶段。进入 21 世纪以来，以睡眠为主题的研究论文呈现蓬勃发展的趋势，睡眠研究进入了一个崭新的黄金时代。

根据现代睡眠医学理论，睡眠是机体的一种自然、可逆的生理状态，表现为个体对外界刺激的反应性下降、机体的活动性减少以及意识逐渐丧失。睡眠对于生命的维持是不可或缺的，良好的睡眠能够帮助机体消除疲劳、恢复体力、维持体温和代谢平衡。在睡眠期间，机体的基础代谢率降低、能量消耗减少，从而使体力得以恢复，此外，睡眠过程中一些内分泌激素，如生长激素分泌的增加可以帮助机体合成蛋白质等营养物质，促进机体的生长发育和能量储存。除此之外，睡眠也有助于增强个体的免疫力，维持情绪等大脑认知功能的正常状态，新生皮肤细胞的生成，并且延缓皮肤细胞的衰老等。此外，睡眠时的合成代谢大于分解代谢，为机体储备能量物质及营养物质，使人们恢复体力和精力，以保证白天的劳动效率。

（二）研究目的和预设目标

进入 21 世纪，人们的健康意识空前提高，"拥有健康才能拥有一切"的新理念深入人心。自 2003 年中国睡眠研究会把"世界睡眠日"正式引入中国，"健康睡眠"这一概念逐渐融入大众的生活中，相关睡眠障碍引起了社会的高度关注。

但近年来，随着生活节奏的加快和社会压力的增加，人们的睡眠问题日益严重。《2017 年中国睡眠指数报告》显示，超半数人是睡眠"困难户"（以多梦、入睡困难、醒后疲惫等为主要表现），说明中国人睡眠现状不尽如人意，睡眠问题在我国具有严重性和普遍性。

以大学生为例，睡眠情况相当不容乐观。调查研究表明，大学生睡眠质量普遍较差，究其原因，学业繁重带来的学习压力和不良的个人习惯在相当大的程度上影响着学生的睡眠。环顾周围的学子们，白天精神不振，听课时趴在桌子上打瞌睡，更有些人甚至连课都不来上待在宿舍里补觉，种种现象引人深思。

"如果睡不好觉，就学不好"是人们由来已久的认识，记忆力减退的根本原因可能是睡眠出了问题，我们在处理相关的问题时，可以尝试从解决睡眠问题入手。在日常生活中保证良好的睡眠质量和时间，来帮助学子们走出低迷，恢复活力，更能提高学习效率。

针对睡眠相应的基本规律和睡眠障碍等问题，已经形成了一门新的学科——睡眠医学。这是一门新兴的发展迅速的综合性医学科学，它除对睡眠进行基础研究外，主要对各种睡眠疾病的发生、发展、防治及其与临床各科的相互关系进行探讨和研究。经过20多年的发展，美国的睡眠医学已逐渐成为独立的专业学科，但在中国其尚未成为一个独立的学科，相关睡眠健康知识普及不够，网上相关睡眠信息资料质量参差不齐，很容易误导大众。

根据《全民科学素质行动计划纲要实施方案（2016－2020年)》和《中国科协科普工作发展规划（2016－2020年)》的指导，结合本课题组的专业特长和积累的科研经验，以及认知神经科学领域和睡眠医学领域的最新研究成果，通过各种新媒体传播渠道，普及如何"健康睡眠"的科学文化知识，为相应的睡眠障碍提出专业有效的指导建议，不仅可以提升人民群众科学文化素质，而且对推动中国对睡眠问题的深入研究，加快科学睡眠的社会化进程，提升人民健康水平有着深远意义。

（三）研究方法与技术路线

项目主要研究方法为文献法和调研法。通过文献梳理，广泛收集资料，进行文本撰写和相关睡眠知识小结，汇总成文字版之后，与专业的图形设计人员商讨图形设计和排版构思，将初步设计的图文解说反馈给同行或者是大众进行评议，若不合适，则进行内容修改或图形重设，最终制作完成睡眠简介、不良睡眠的危害和睡眠中进行学习的策略等图文科普作品。

二　研究内容

（一）睡眠与学习记忆密不可分

睡眠是一种高度保守的生命现象。在哺乳动物中，睡眠主要包括两个阶段：快速眼动（Rapid Eye Movement，REM）睡眠和非快速眼动（Non-rapid Eye Movement，NREM）睡眠，NREM 睡眠又可以再分为 3 个睡眠期——1 期睡眠（Stage 1 Sleep）、2 期睡眠（Stage 2 Sleep）、3 期睡眠（Stage 3 Sleep），其中 3 期睡眠又被称为慢波睡眠（Slow Wave Sleep，SWS），主要集中出现在前半夜；REM 睡眠多在后半夜密集出现。

通过多导睡眠监测（Polysomnography，PSG）发现，人类的整夜睡眠过程中，从 NREM 睡眠到 REM 睡眠每 90～100 分钟为一个周期间歇交替出现，每夜 5～6 个周期。同时，NREM 睡眠又可以再分为 3 个睡眠期：1 期睡眠出现在入睡开始阶段和睡眠过渡阶段，属于浅睡眠；2 期睡眠大概在整夜睡眠 50% 的时间内会出现，脑电特征是睡眠纺锤波（Sleep Spindle）和 K 复合波（K-complexes）；3 期睡眠主要集中出现在前半夜，脑电活动以高波幅慢波振荡为特征；REM 睡眠多在后半夜密集出现，脑电活动以清醒样低电压快波振荡为主，伴随时相性快速眼动和肌张力迟缓。

每个人的睡眠需求各不相同，并且对于每个个体而言，从出生到步入老年阶段，一生中的睡眠模式也在不停变化。

睡眠时间的长短因人而异，除了受个体状态、年龄以及遗传等因素影响之外，还受生物节律和环境的调节。对于个体而言，在不同的年龄阶段，睡眠需求也有所不同，俗话说"前三十年睡不醒，后三十年睡不着"。在新生儿和婴幼儿期，由于大脑等神经系统的发育，个体所需的平均睡眠时间可达 13～18 个小时；到儿童期，平均每天的睡眠时间略有减少，每天只需要 10～12 个小时；青春期以后，睡眠时间进一步减少，但每天仍应保持 9～10 个小时的睡眠时间；成年期以后，一般只需要 7～8 个小时的睡眠时间即可满足工作的需求；而到了中老年期以后，人类的睡眠时间进一步减少，每天的睡眠时间为 5～6 个小时。但无论对于哪一个年龄阶段，养成良好的睡眠习惯，保持充足的睡眠时间，对于个体的身心健康和工作生活都是非常重要的。

记忆是人脑对经历过事物的识记、保持、再现或再认，它是进行思维、想象等高级心理活动的基础。记忆作为一种基本的心理过程，是和其他心理活动密切联系着的。记忆联结着人的心理活动，是人们学习、工作和生活的基本机能。

众多研究表明，大脑的信息处理过程具有状态特异性。觉醒状态下，大脑主要对信息进行快速识别和高效整合，以使机体适应外界环境的变化；睡眠状态下，大脑则主要对先前获取的信息进行提取和加工，以实现记忆的选择性巩固、情绪的调节和认知功能的维持等。

睡眠与学习记忆的关系非常密切。1994 年研究证实了睡眠能够促进记忆巩固（Sleep-dependent Memory Consolidation，SDC）。德国著名的神经科学家 Jan Born 认为，记忆可以在睡眠过程中自发再现和再加工，我们的大脑在睡眠过程中会对白天学习的知识进行整理，可以帮助人们选择性地增加一些记忆。对于儿童和青少年来说，睡眠尤为重要。最近的研究表明，儿童深睡眠的时间长短与他们的学习记忆能力的高低直接相关，睡眠不好的儿童可能在课业上的表现不如睡眠好的儿童。不仅仅是儿童和青少年，老年人总体睡眠时间的减少，尤其是深睡眠时间的减少也与他们记忆能力的衰退有关。研究表明，慢波睡眠过程中人们白天经历的一些信息会在睡眠过程中重现，如同放电影一般，这个重放过程有利于巩固白天学习的一些信息。

（二）睡眠剥夺影响个体的记忆功能

睡眠剥夺（Sleep Deprivation）是研究在睡眠不足情况下认知功能及相应神经活动变化的一种人为限制睡眠的实验操作方法，时长可从一夜到几十个小时不等。研究表明，睡眠剥夺会损伤学习记忆功能。通过对学习记忆的研究我们发现，学习记忆与中枢神经系统的突触可塑性以及脑内大量化学物质相关。睡眠剥夺很可能通过影响这些神经递质来对记忆造成损伤。

（三）睡眠中进行学习的策略

近些年的研究发现，睡眠中还可以进行学习，这颠覆了人们的传统认知，可以提供高效学习的新策略。科学家们让一群被试记忆一些图片的空间位置，在记忆过程中，用玫瑰花的气味作为背景线索，当被试进入深睡眠阶段，再暴露气味线索，等被试清醒之后进行测试，发现此操作可以增强被试对图片的空间记忆能力。其他的研究，使用单词线索让母语是德语的被试学习荷兰语单词，在电脑屏幕前听荷兰语的发音并且看德文单词的翻译。当被试进入睡眠过程中，再播放荷兰语的发音，发现被试清醒之后，对这种语言的学习记忆表现得更好。心理学家推测：人在处于半睡眠状态，又称假寐状态时，大脑的某些点上的"小窗口"（感觉通道）依然开着，能够接收由听觉器官发来的信息。如果这时有人不断地反复向假寐中的人讲话或播放一段录音（即"暗示"），那么假寐中的人就能在不知不觉中将讲话或录音内容记住，这是一种基于暗示性亢进原理的学习方法。由于假寐时的大脑不受外界干扰，因而对暗示作用非常敏感，最适宜用来记忆需死记硬背的知识，诸如外语单词，这种学习方法可以使人不费劲地、大量地、迅速有效地记住大量外语单词，挖掘记忆潜能。

睡眠与学习记忆的关系非常密切。对于学习记忆来说，睡眠是一个非常重要的阶段，可以加工和处理人们白天学习和记忆的信息；紊乱的睡眠节律会导致个体的记忆能力下降，影响工作和学习效率；睡眠中进行学习，是一种新的学习策略，掌握其科学原理，对大众科学文化素养的提高和推广新的学习记忆策略具有重要意义。

三　研究成果

本项目完成了"认识睡眠""不良睡眠的危害""睡眠中进行学习策略"等三个系列的图文科普作品，每个系列不少于 8 张图片，适合移动端（安卓和苹果两个版本）推送（见图1）。

图1　"不良睡眠的危害"部分

四　总结与思考

世界科技飞速发展，但是许多科技知识晦涩难懂，加大了科技与群众之间的鸿沟。青少年时期是人成长的重要阶段，具有很强的可塑性，对青少年开展科普教育，是向青少年传播科学思想、科学精神、科学方法的有效措施，是素质教育的重要内容。加强对青少年的科普教育，引导他们参加科技活动，能培养学生对科学的兴趣、爱好和志向；能培养学生勤于钻研、勤于思考、勤于研究的良好习惯；是培养学生创新精神和实践能力的重要途径和方法。科技教育是终生教育，从小接受科技教育对一个人科学素养的形成有关键的作用。

通过本次项目，我们完成了主要面向青少年的睡眠知识科普作品，利用自己的专业背景，将艰深的科学知识化为轻松有趣的科普作品；不仅仅在实践中学习了丰硕的科学知识，提升了自己的科研水平，更充分认识到科普活动的重要性，培养了科普实践能力。

总之，科普是一项与社会、经济、政治、文化、科技密切相关的公共事业。提高公民科学素质，对一个国家的发展至关重要。通过这次科普能力提升项目，希望我们能为社会尽一份力，帮助大家了解科学，促进大家热爱科学，推动科学发展，更好地造福社会。

参考文献

Astori, S., Wimmer, R. D., & Lüthi, A., "Manipulating Sleep Spindles—Expanding Views on Sleep, Memory, and Disease," *Trends in Neurosciences*, 2013, 36 (12), 738.

Siegel, J. M., "Clues to the Functions of Mammalian Sleep," *Nature*, 2005, 437 (7063), 1264 - 1271.

Rasch, B., & Born, J., "About Sleep's Role in Memory," *Physiological Reviews*, 2013, 93 (2), 681 - 766.

Gangwisch, J. E., Babiss, L. A., Malaspina, D., Turner, J. B., Zammit, G. K., & Posner, K., "Earlier Parental Set Bedtimes as a Protective Factor Against Depression and Suicidal Ideation," *Sleep*, 2010, 33 (1), 97 - 106.

Hakim, F., Wang, Y., Zhang, S. X., Zheng, J., Yolcu, E. S., Carreras, A., Khalyfa, A., Shirwan, H., Almendros, I., Gozal, D., "Fragmented Sleep Accelerates Tumor Growth and Progression through Recruitment of Tumor-associated Macrophages and tlr4 Signaling," *Cancer Research*, 2014, 74 (5), 1329.

Stickgold, R., "Sleep-dependent Memory Consolidation," *Nature*, 2005, 437 (7063), 1272.

Rasch, B., Büchel, C., Gais, S., & Born, J., "Odor Cues during Slow-wave Sleep Prompt Declarative Memory Consolidation," *Science*, 2007, 315 (5817), 1426.

Rudoy, J. D., Voss, J. L., Westerberg, C. E., & Paller, K. A., "Strengthening Individual Memories by Reactivating them during Sleep," *Science*, 2009, 326 (5956), 1079 – 1079.

Hauner, K. K., Howard, J. D., Zelano, C., & Gottfried, J. A., "Stimulus-specific Enhancement of Fear Extinction during Slow-wave Sleep," *Nature Neuroscience*, 2013, 16 (11), 1553.

蝇类"秘史"

——蝇类生物学与人类社会

项目负责人：葛应强

项目成员：裴文娅　王超

指导教师：张东

摘　要：本项目旨在结合项目团队所具有的蝇类研究专业背景，通过图解科学形式的科普创作，向公众系统全面地介绍蝇类，让公众对蝇类生活史的多样性、相关科学研究的最新进展有所了解，引导公众客观认识蝇类。项目最终撰写完成并发布图文作品4篇，分别刊发在隶属于中国科学技术协会与中国科学院的"科普中国"、"中国数字科技馆"及"科学大院"三个新媒体平台上，累计阅读量超过3万次，获得诸多读者的好评。

一　研究背景

蝇类，或称苍蝇，在昆虫分类学中隶属于双翅目环裂亚目。蝇类物种数目众多，但仅蝇科的家蝇（Musca domestica）、厕蝇科的夏厕蝇（Fannia canicularis）和丽蝇科的丝光绿蝇（Lucilia sericata）等少数腐生性种类与人类生活环境联系较多，它们均是以城镇、乡村等环境中的腐败物质或动物排泄物为食的常见种类。实际上，蝇类食性复杂，除腐生性之外，还包括植食性（如潜叶蝇）、蜜食性（如食蚜蝇）、捕食性（如螳水蝇）和寄生性（如寄蝇）等。蝇类庞大的种类数目、食性的复杂程度，均是该类群爆发式适应辐射演化的表现，即从生物演化的角度来看，生活史有着高度多样性的蝇类，是昆虫纲中非常成功的一个分支。

蝇类生活史多样性的科普能让公众建立起对蝇类的客观认识，这可以在公共事件中起到一定的积极作用。例如，2008 年四川省广元市柑橘种植区发现柑橘大实蝇蛀蚀果实，此消息一经报道，引起了大范围的担忧，全国柑橘销量直线下滑，全国橘农因此蒙受巨大损失。实际上，隶属于实蝇科的柑橘大实蝇（Bactrocera minax）是果树种植业中常见的蝇类，仅对作物有一定危害，造成作物减产，对人则完全无害。如果公众对昆虫知识和蝇类知识有所了解的话，上述情况便可避免发生。李芳在对昆虫科普现状的评价中称，对昆虫利害关系的解读，不能仅仅从人的角度出发，更应立足于生态学规律，将 "害虫" 和 "益虫" 之间的辩证关系进一步呈现给公众。

二　研究内容

本项目意为揭秘蝇类不被知晓的生活史，旨在结合项目团队所具有的蝇类研究专业背景，通过图解科学形式的科普创作，向公众系统全面地介绍蝇类，让公众对蝇类生活史的多样性、相关科学研究的最新进展有所了解，引导公众客观认识蝇类，以期公众对蝇类利害关系拥有辩证认识；并希望通过蝇类科普，公众能将这种角度进行迁移，在认识生命世界中其他相关类群时（如蜘蛛、蜈蚣和蛇等），也能够立足于科学，做到辩证看待。

项目研究过程分为前期和后期两个部分。前期，项目成员前往北京及周边保护区以及郊野公园，寻找特殊蝇类进行生物学观察以及标本采集制作；同时以高清微距摄影的方式，记录蝇类的生物学习性和生活史过程。后期，项目成员根据观察和记录所得，围绕特殊蝇类的生活史，结合科学研究最新成果，或介绍相关类群的有趣行为习性，或讲述其在科学史中的角色，或解析背后的特殊生物学原理等，最终完成 4 篇原创图文混排科普作品。

该项目主要内容分为野外作业、图像处理、物种鉴定、图文撰写以及投稿审校五个部分。自项目获批后，项目组所有成员连续不间断前往位于新疆、湖北、内蒙古等地的保护区进行野外作业并观察记录（见表 1）。野外作业过程中，共计拍摄 110 张照片，涵盖了 7 个科级阶元 12 种蝇类。项目成员在专业图像后期软件 Photoshop 及 Lightroom 中对图像进行了处理。后期处理的原则是不影响图像中生物体的客观性和真实性，具体操作包括亮度、饱和度、锐度、比例等参数的调整。经过后期处理的图像更加美观，更具吸引力，更适于新媒体传播。

在野外作业获得标本和照片记录的基础上，共发现寄生、捕食等5种特殊习性的类群共计11种，包括麻蝇科、狂蝇科、虱蝇科、食蚜蝇科等7个科级阶元；具体为吸血性（外寄生）3种、捕食性2种、寄生性（内寄生）2种、腐生性2种以及蜜食性2种（见表2）。拍摄高清照片110张，并根据照片及标本对这些习性特殊的物种进行了准确鉴定。

表1 项目成员野外作业行程

时间	地点
5月20日~6月8日	广西十万大山国家森林公园
6月4~14日	湖北宜昌大老岭国家级自然保护区
6月10~15日	北京百花山国家级自然保护区
6月16日~8月16日	新疆卡拉麦里山有蹄类自然保护区
6月20~30日	内蒙古阿左旗巴彦浩特

表2 本项目观察记录到的特殊习性蝇类

习性	物种	所属阶元	备注
寄生性 （内寄生）	驼头狂蝇 *Cephalopina titillator*	狂蝇科 （狂蝇亚科）	寄主为双峰驼
	黑腹胃蝇 *Gasterophilus pecorum*	狂蝇科 （胃蝇亚科）	寄主为普氏野马
吸血性 （外寄生）	短翅虱蝇 *Crataerina* sp.	虱蝇科	寄主为北京雨燕
	金光喜鸟虱蝇 *Ornithophila metallica*	虱蝇科	寄主为黑尾地鸦
	双节蛛蝇 *Phthiridium biarticulatum*	蛛蝇科	寄主为蝙蝠 （种类未定）
腐生性	肥须红麻蝇 *Sarcophaga* （*Liopygia*）*crassipalpis*	麻蝇科 （麻蝇亚科）	—
	陈氏污蝇 *Wohlfahrtia cheni*	麻蝇科 （野蝇亚科）	

续表

习性	物种	所属阶元	备注
捕食性	内蒙古溜蝇 *Lispe neimengola*	蝇科	—
	黄粪蝇 *Scathopaga stercoraria*	粪蝇科	—
蜜食性	长巢穴蚜蝇 *Microdon apidiformis*	食蚜蝇科 （巢穴亚科）	幼虫蚁栖
	赛蜂麻蝇 *Senotainia* sp.	麻蝇科 （蜂麻蝇亚科）	成虫访花

根据所记录的7个科级阶元12种蝇类各自的特殊习性，查找对应类群的资料文献。选定捕食性、蚁栖性及寄生性3种特殊习性的蝇类为重点，在文献资料的基础上，结合新近研究成果，重新梳理一套有趣的逻辑思路来撰写图文。最终选择有一定用户基础、传播范围广力度大、又具权威性的新媒体平台进行投稿；与对应编辑沟通进行审稿、校稿以及排版优化工作。

三 研究成果

本项目选题立意独特，以不为人熟知的蝇类复杂生活史为切入点，介绍各种食性蝇类（腐生、植食、捕食、寄生等）的生物学原理及其与人类社会的关系，旨在让公众对蝇类与人类的辩证利害关系产生开拓性的认知、让公众通过蝇类科普对自然界的各类生命有更加客观的看待角度。

按照项目计划，撰写完成并发布图文作品4篇，分别刊发在隶属于中国科学技术协会与中国科学院的"科普中国"、"中国数字科技馆"及"科学大院"3个新媒体平台（见表3）。

表3 图文作品详情

主题	平台	所属单位
捕食性蝇类	科普中国微信主页	中国科学技术协会
蝇类秘史-集锦概述	中国数字科技馆网站 及微信主页	

主题	平台	所属单位
蚁栖性蝇类	科学大院微信主页	中国科学院
寄生性蝇类		

（一）"蚁栖性蝇类"文稿示例

苍蝇还有不吃粑粑的？嗯，有！还特萌！

一说起苍蝇，你会联想到哪些词语？估计在答案中，"肮脏、细菌、腐败"这类词语榜上有名。但作为研究苍蝇的科研人员，给出的答案却有完全不同的情感色彩。在这群熟知苍蝇的人眼中，这些小虫子不是肮脏的代名词，而是多样的、奇妙的生命，是大千世界中不可或缺的角色之一。

笔者来自蝇类进化生物学研究组，日常工作就是研究各种各样的苍蝇：生活中很常见的"绿豆苍蝇"，拟态蜜蜂、食蜜访花的食蚜蝇，样貌似蜘蛛、奇特堪比异形的蛛蝇……不夸张地说，研究人员见过的苍蝇种类，很可能比你这辈子见到的所有虫子加起来都多。

1. 苍蝇……还有不吃粑粑的？

蝇类，或称苍蝇，在昆虫分类学中隶属于双翅目环裂亚目。在物种如此多样的蝇类中，以城镇、乡村等环境中的腐败物质或动物排泄物为食的腐生性物种，不过是其中的寥寥少数。

实际上，蝇类食性复杂多样，除了"重口"的腐生性之外，还包括诸如植食性（如潜叶蝇等）、蜜食性（如食蚜蝇等）、捕食性（如溜蝇等）和寄生性（如寄蝇等）等其他习性。退一步来讲，即使是腐生性苍蝇，我们嫌弃归嫌弃，但没它们还真不行：地球上那么多腐败物质，需要通过食腐生物来重新进入物质循序，苍蝇可是其中的"生力军"。

蝇类庞大的种类数目、食性的复杂程度，都说明了一个事实：无论你喜不喜欢，苍蝇是一个在进化史中非常成功的类群。该类群经历了爆发式的适应性辐射进化，从而拥有了高度多样的生活史。本文中的主角，也许会彻底颠覆你对苍蝇的认知，让你啧啧惊叹，高呼：大自

然真是无奇不有！它就是不爱粑粑爱蚂蚁的——蚁栖性蝇类。

2. 别拿"蜜蜂"来骗人！

今天要揭秘的，是隶属于食蚜蝇科的巢穴蚜蝇——一类蚁栖性苍蝇。成虫乍一看，全身披着萌萌的黄色绒毛，活像只大蜜蜂啊！可是，带芒毛的触角和由后翅特化成的平衡棒出卖了它苍蝇的身份。仔细看看，你找到这两个特征了吗？

顾名思义，巢穴蚜蝇这类苍蝇，不爱粑粑爱蚂蚁：它们的幼虫深居蚁巢之中，以蚂蚁为食。蚂蚁的卵、幼虫和蛹在巢穴蚜蝇幼虫眼中，都是美食！它们在成虫阶段倒不怎么吃东西，通常活跃在蚁巢附近，伺机产卵。

这样的外貌和食性，在整个食蚜蝇家族中，真是"离经叛道"！尽管不同学者采用不同的分类体系，亚科以下阶元未能统一，但食蚜蝇科大家族的生活习性倒很容易梳理清楚，这一家子的口味有3类：第一类，吃蚜虫的食蚜蝇，也是该类群得名的原因；第二类，食腐的迷蚜蝇和管蚜蝇，前者喜欢潮湿的树洞，后者滋生于粪便污水中（哈哈哈洗白失败！管蚜蝇就是最爱旱厕、屁股上带根长气管，人称鼠尾蛆的家伙）；第三类，当然就是我们的主角巢穴蚜蝇，数万种苍蝇中的"凤毛麟角"。

3. 连昆虫学家都被它搞晕了！

不单是成虫阶段，巢穴蚜蝇就连幼虫时期的模样，也相当特殊。椭圆形的巢穴蚜蝇幼虫，和它那些长条形亲戚有着不一样的气质，同样都是蛆，差别竟然这么大！而且巢穴蚜蝇幼虫身上还带有各种纵横相交的背面条纹，像极了乌龟壳！

这怪异的模样，着实让科学家们犯了难：近200年前，科学家初见巢穴蚜蝇时，没有见着成虫，根据幼虫的形态来判断，认为他们发现的这种动物是……一种蛞蝓！或者是……蚧壳虫！随着深入的观察、对应的成虫的发现，这些假蛞蝓、假蚧壳虫的身份才逐渐明朗。

4. 巢穴蚜蝇的演化之道

进化的力量赋予了巢穴蚜蝇特殊的装备。潜入蚁巢生活混吃混喝，需要解决的最重要的问题就是"作为不利于蚁群的入侵者，如何躲过蚂蚁的防御"。

蚂蚁作为膜翅目的社会性昆虫，等级结构严密。蚁后工蚁各司其职，共同维持撑起一个巢穴，为的是族群的繁盛。对于前来共生的昆虫，根据彼此间的相对利害关系，蚂蚁有不同的反应。一方面，像我们熟悉的蚜虫和灰蝶幼虫，和蚂蚁属于营养共生关系，以蜜露来交换蚂蚁的保护庇佑，对双方来说是共赢的好事。另一方面，深入蚁巢中、把蚂蚁各虫态当作美食的巢穴蚜蝇，则是外来侵略者，是不利于蚁巢壮大的。"工蚁会毫不犹豫地攻击它们（巢穴蚜蝇）的成虫，直到对方死去"——昆虫学家们发现蚂蚁并不会对这一入侵者手下留情。

那巢穴蚜蝇幼虫是如何成功地"瞒天过海"的呢？靠的是由里到外的伪装。"外"指的是外观形态的伪装。巢穴蚜蝇的低龄若虫和蚂蚁蛹长得很像，兵蚁会将其搬运到蚁巢深处。"里"指的是化学信号的伪装，是对应化合物的合成。蚂蚁彼此之间通过表皮碳氢化合物来识别异己，不同家族的蚂蚁有不同的碳氢化合物。巢穴蚜蝇体内拥有和其蚂蚁寄主相同的碳氢化合物组分，仅在成分含量上略有不同。

通过由里到外的伪装，在蚂蚁眼中，入侵者巢穴蚜蝇成了它们中的一员。巢穴蚜蝇这只"披着羊皮的狼"因此在蚁巢中穿行无阻。但具体而言，巢穴蚜蝇身上的特殊化学物质，是通过自身代谢合成的，还是通过吃蚂蚁获得的，目前仍无定论。有趣的是，其他混迹于蚁巢中的共生动物，还有其他法子搞到"羊皮"：卵形蛛会爬到工蚁身上，利用步足快速摩擦蚂蚁的外壳，把碳氢化合物刮下来，再涂抹至自己身上。

巢穴蚜蝇和蚂蚁联系紧密，不单体现在化学信号的模仿，还体现在与对应蚂蚁类群的关联性上。在各种巢穴蚜蝇和对应"寄生"蚂蚁种类的记录不断丰富完善后，科学家们发现一个特殊现象：在种类繁多的蚂蚁之中，仅有行军蚁成功抵御了巢穴蚜蝇。蚂蚁大家族的其他成员，包括蚂蚁、猛蚁、臭蚁和切叶蚁等，均被巢穴蚜蝇"感染"。具体在进化过程中，是什么事件导致了这个情况，仍无人知晓。而且，巢穴蚜蝇物种丰富度在热带高、温带低，和蚂蚁的分布格局一致。

从一开始把幼虫认成蛞蝓，到现在记录了诸多种类，全球各地理区系有500余种巢穴蚜蝇；从简单记录对应关联蚂蚁的种类，到重建二者的发育关系并对比……我们对这类苍蝇的认识逐步加深。其实，无论苍蝇是吃粪便也好，和蚂蚁一起生活也好，那都是它在进化这场比赛中为了努力生存下来而做出的最优选择。

但是，神奇的巢穴蚜蝇在被我们彻底了解之前，就走了下坡路：迅猛的工业化进程和日益增长的城市建设用地需求，造成了原始生境的丧失，带来的后果是蚂蚁的多样性急剧下降。作为链条中的一环，巢穴蚜蝇的种群也开始衰败。在一些国家，巢穴蚜蝇甚至被列为 "易危" 物种。

世界各地的野生动植物都遭遇着类似的情况，正经历着第六次物种大灭绝。无论是大熊猫还是小苍蝇，任何一类生物的衰败甚至消失，对于作为蓝色星球上共同居民的我们，都是深切的痛惜。愿万物繁荣昌盛、生生不息！

（二）作品效果反馈

截至 2017 年 12 月，发表在 "科普中国"、"中国数字科技馆" 及 "科学大院" 等新媒体平台上的作品累计阅读量超过 3 万次。其中，发表在中国数字科技馆微信主页的蝇类秘史集锦概述，阅读量超过 2 万人次。其他作品阅读数据统计：捕食性蝇类约 4700 人次；蚁栖性蝇类约 3500 人次；寄生性蝇类约 2900 人次。各图文作品获得读者好评，摘录部分评价如下：

- 网友 1（ID 牛仔之父）：

不错，通过本文了解了苍蝇在生物链中的作用。

- 网友 2（ID 美人蕉）：

这是谁执笔的？科普文章都写得萌萌哒，没看够。

- 网友 3（ID 花开为谁谢）：

我要给儿子留着看看，科普一下，深度好文，赞👍！

四　总结

就创新性而言，本项目选题立意独特，以不为人熟知的蝇类的复杂生活史为切入点，介绍各种食性蝇类（腐生、植食、捕食、寄生等）的生物学原理及其与人类社会的关系，以期公众对蝇类与人类的辩证利害关系产生开拓性的认知、让公众通过蝇类科普对自然界的各类生命有更加客观的看待角度。

神农就爱尝百草

项目负责人：董笑克

项目成员：张宁怡　王程娜　赵雪琪　董昕　董玲

指导教师：董玲

摘　要： 为践行国家发展中医药文化产业，创作一批承载中医药文化的创意产品和文化精品的号召，本项目以互联网时代最热门的传播方式——新媒体作为推广平台，将传统的中医药文化与大众喜闻乐见的漫画形式相结合，以轻松活泼的方式向大众宣传普及中医药宝库中的精华。漫画选择以大家熟知的"神农尝百草"故事为主线，讲述神农"穿越"回现代之后和朋友们一起品尝道地药材的故事，内容涉及各地道地药材，采用漫画，图文结合地展现，通过在新媒体公众号连载的形式传播，获得了一定的关注和粉丝。

一　项目概述

（一）研究背景

1. 中医药科普现状

自 1978 年十一届三中全会中央提出要踏踏实实推进中医事业后，随着中华全国中医学会的成立，中医药科普工作逐渐拉开序幕，随后的几十年中涌现了一系列相关的杂志、学报、书籍、电视节目等形式的中医药科普成果。2004 年，随着养生类电视节目开始兴起，全社会掀起了一股"中医热"与"健康潮"，人们开始产生对中医药知识的需求。无论是访谈类节目《健康之路》，还是杂志型节目《天天见医面》《中华医药》，抑或是整合传播中医养生和传统文化的养生类电视节目《养生堂》等，将知识性与趣味性结合，使中医学中"食疗""针灸""穴位按摩"等养生方法重新得到人们的重视，在很大程度上促进了中国传统医学的普及，同时带动了公众对于健康的需求。根据相关调研，公众认为多出版通俗易懂的中医药类图书是有必要的，建议政府每年拨出充足的中医药知识普及经费进行中医药科普。

伴随中医科普电视节目一并发展的还有图书领域。市面上中医养生类图书琳琅满目，如《从头到脚说健康》《求医不如求己》《不生病的智慧》等，这些书籍连续数月雄踞图书销售排行榜，畅销一时。

近几年移动互联网的发展进入加速阶段，新媒体的出现使媒体内容生产传播、媒体使用场景都得到全面的变革，微信、微博等迅速成为中医药科普的主要阵营。

以"中国中药杂志"微信公众号为例，该平台每日更新发布权威的中医药政策、学术、产业、文化、养生资讯，旨在"打造最靠谱的中药知识平台"，推送的头条内容阅读量平均在 5000 次以上。在新浪微博平台上以"健康"为关键字在"找人"一栏中检索，共搜索到 9144623 个关于健康类的账号，其中有 55351 个为新浪认证账号，具有较广的传播面和较高的传播率；截至 2017 年 12 月，用同样的搜索方法在腾讯微博平台上可搜索到 485709 个健康类账号，其中约 13108 条已经过认证。

国内移动互联网领域成长最快的产品之一——今日头条 APP，通过大数据统计发现，该平台对"健康"感兴趣的用户占全平台总量的 23%，近 1/4 的用户对于健康资讯有需求，截至 2016 年 8 月，在医学类头条号中，中医头条号占 30%。今日头条 APP 的健康资讯以文字资讯为主，视频、漫画内容较少，制作优良的漫画、视频等养生信息会更受用户关注。

由上可知，中医药科普已成当今国内科普事业的一大热点，公众逐渐增大的需求量促进了中医药科普的多样发展，也为众多致力于弘扬中医药文化的有志者提供了广阔的空间。2016 年 2 月 26 日，国务院印发《中医药发展战略规划纲要（2016—2030 年）》（以下简称《纲要》），明确了未来十五年我国中医药发展方向和工作重点。《纲要》指出，要"推动中医药与文化产业融合发展，探索将中医药文化纳入文化产业发展规划。创作一批承载中医药文化的创意产品和文化精品。促进中医药与广播影视、新闻出版、数字出版、动漫游戏、旅游餐饮、体育演艺等有效融合，发展新型文化产品和服务。培育一批知名品牌和企业，提升中医药与文化产业融合发展水平"。在"大健康"已成为社会发展主题词之一的环境下，把握中医药文化传播的良好客观环境和国家积极的支持政策，将能成就一番中医药科普事业。

2. 新媒体发展现状

新媒体涵盖了所有数字化的媒体形式，包括数字化的传统媒体、网络媒体、移动端媒体、数字电视、数字报纸杂志等。新媒体具有传播与更新速度快、成本低、信息量大、内容丰富、检索便捷、多媒体传播、互动性强等优点。从互联网出发，经手机这个原本单一的通信工具，繁殖成为一个多样并不断增加的新媒体大家族，以互联网为首，微信、博客、播客、维客、手机报、手机电视、手机杂志等新媒体分支蓬勃发展。相关研究表明，60.8%的新媒体用户将微信、微博等社交媒体作为近三个月获取新闻资讯的主要方式，用户日益养成依赖社交媒体获取信息、表达诉求的习惯，同时58.9%的用户将手机客户端作为获取新闻资讯的主要方式，42.6%的用户将电视作为获取新闻资讯的主要方式。作为平台级产品，微信融合了传播的各种形式——单向传播、互动传播、人际传播、组织传播、大众传播，其用户渗透率（65%）远超过微博（43.6%）。截至2014年底，国内微信用户数量已达5亿人，覆盖全球200多个国家和地区，国内外月活跃用户超过2.7亿。而微信公众号更是被广泛运用到各个领域，2014年中国社会科学院发布的新媒体蓝皮书指出，2014年微信公众账号已增长至200多万个，并保持每天8000个的增长速度以及超过亿次的信息交互。相较于传统纸质期刊，微信公众平台具有使用操作的便捷性、推送内容的丰富性、信息交流的高效性等优势，满足了群众巨大的信息需求。人们可凭自身喜好与需求自由地选择信息来源（关注相应微信公众号），实现信息的点对点投递。反向地，若想高效地传递信息，微信公众号无疑是很好的选择。

新媒体目前已深入每个人的日常生活，具有普遍性、信息传递高效性等特点，其运营简单、收效较大，而科学普及的特点表明，科普工作必须运用社会化、群众化和经常化的方式，充分利用现代社会的多种流通渠道和信息传播媒体，不失时机地广泛渗透到各种社会活动之中，才能形成规模宏大、富有生机、社会化的大科普。由上可知，新媒体的优势可以充分满足科普工作的大众化、公平性、平等性、低成本、高效益、自然风险小等要求，因而新媒体已成为公众获得科技知识和信息的重要渠道之一，对公众的影响越来越大。

中共中央、国务院印发的《"健康中国2030"规划纲要》中提出，普及健康生活，加强健康教育，提高全民健康素养，大力传播中医药知识和易于掌握的养生保健技术方法，加强中医药非物质文化遗产的保护和传承运用，实现中医药健康养生文化创造性转化、创新性发展。为了响应国家对于发展国民健康教育、中医药养生传播的大力号召，2015年12月，首届中国中医药新媒体传播峰会暨互联网＋中医药战略研讨会召开，由近百家中医药医疗机构、院校等参加的全国中医药新媒体联盟正式宣告成立。研讨会提出，发展中医药新媒体首先要加强建设，突出特色，创新形式，要综合运用图文、图表、动漫、音频、视频等多种形式和手段实现信息产品从可读到可视、从静态到动态的转变，满足多终端传播和多种体验需求，同时注重个性化信息产品的开发，进行点对点的推送，促进对象化、定制化、精准化传播，致力于在建设健康中国的时代大背景下，积极促进中医药行业利用好新媒体，扩大传播影响范围。

3. 漫画在科普中的应用

科普漫画是以介绍科学原理、科学技术、科学理念为目的，借助漫画的形式来传播信息，从而在寓教于乐的氛围中给读者以教导和思考的漫画读物。在我国动漫市场飞速发展的今天，漫画以其独特的优势进入科普领域，它以大众文化为基础，满足了人们对科学知识的好奇和需求，同时保持自身的娱乐性，让读者在繁忙中得到精神放松。一套优秀的科普漫画，可以激起人们对科学的浓厚兴趣和学习欲望。如今的出版市场越来越重视视觉的冲击力和吸引力，讲究趣味性与知识性的统一，与一般的医学专业插图相比，漫画明显更适用于医学科普市场。国际和国内许多成功的图书销售案例表明，漫画正以其独特的艺术魅力日益成为医学科普选题策划工作中无法忽视的重要因素。而中医作为一种较为抽象的学科，很多内容无法用直观的图片展示，采用漫画的形式进行科普具有简单易懂、记忆深刻等多种好处。采用漫画的形式进行中医科普主要具备以下优势。

（1）漫画通俗易懂，有利于"简化"中医，适合非专业人士阅读，有助于中医科普。令人轻松愉快的漫画阅读，会给人很多想象的空间，图形的性质相比枯燥长篇的文字，更易让人记住，比文字更具有视觉效应，辨识率比较高。漫画用简单的图画来传达相对枯燥乏味的中医知识，通俗易懂。

（2）漫画对于读者的文化程度要求不高，受众面非常广泛，普及性强。从老人到儿童，都能轻松愉快地阅读，尤其受小孩喜爱。漫画能给人以直观的感受和理解，可以让小朋友在感到愉悦的同时很容易吸纳其中的知识。

（3）采用漫画的形式更有助于记忆。图片与文字是信息储存（记忆）的两种基本方式，威尔顿和勒迪格的研究结果表明，在自由回忆中，被试对图片的记忆优于单词；而在残词补笔中，被试对单词的记忆优于图片。伍尔夫（Wulf）发现视觉图片随记忆保存时间的增加而变得更规则、更对称。图片信息的刺激具有变动与殊异性，图片信息会随不同的观看角度而展现不同的面貌及意义。瑞利（Riley）在分析格式塔学派的研究时，强调词语化（verbalization）效应对记忆的影响，认为人们用于标定视觉图片的词语，决定了他们以后的记忆。因此通过基于思维导图的漫画形式科普中医药，构建记忆框架，进行药物的功效导出，形成记忆关联，更有利于人们记忆的形成，提高大家对中医药的使用率，从而真正起到科普、推广的目的。

（二）研究目的、内容及方法

1. 研究目的

为践行《中医药发展战略规划纲要（2016—2030年）》中"发展中医药文化产业，推动中医药与文化产业融合发展，探索将中医药文化纳入文化产业发展规划。创作一批承载中医药文化的创意产品和文化精品"相关内容，弘扬传统文化，以轻松活泼的方式向大众宣传普及中医药宝库中的精华，响应国家大力发展中医药事业的号召。

2. 研究内容

本项目通过漫画的形式，以神农为主人公，采用一个个故事介绍中国各地具有代表性的道地药材，引出中药的药性、功效、用法以及注意事项等，科普常见中药的使用。

3. 研究方法

（1）实地考察法。前往道地药材产区（如甘肃、浙江）进行实地考察，通过了解当地道地药材种植情况、产业发展概况，参观中药材贸易市场等，收集最真实、最贴近生活的创作素材，保证项目成果的科普权威性。

（2）文献调查法。以CNKI为数据库，查阅拟科普中药材相关资料，包括但不限于现代药理研究、古代医籍文献综述等，作为漫画创作的学术基础，保证科普内容的准确性与先进性。

二　研究成果

（一）构建"线上＋线下"宣传互动模式

"神农就爱尝百草"系列漫画以微信公众号作为展示载体，利用互联网进行推广宣传，打破地域和时间限制，发展了全国各地的粉丝。为了增进与平台粉丝的互动，本项目多次策划线下宣传活动。如在新生入学季进入社区、医院、大学进行宣传，张贴大型宣传海报，增加粉丝量；以系列漫画为基础，策划粉丝互动推送，通过在漫画中埋伏笔、设疑点吸引粉丝，鼓励平台读者参与漫画创作、内容讨论，并专门设计《同学们，今天的体育课我们来做一套试卷！》（于2017年11月6日推送）对粉丝进行"考核"，根据"答题情况"对粉丝进行排名并赠送礼品，将线上内容巧妙地衔接到线下互动中，既保持了粉丝对平台的黏度，又促进了历史文章阅读量的二次增长，打破互联网的虚拟界限，打造轻松、幽默、接地气的品牌形象。

（二）构建"正文＋番外"漫画创作模式

"神农就爱尝百草"系列漫画以神农走遍中国寻访各地道地药材为主线，每前往一个道地药材产区，均在当地展开一段或爆笑或温情的故事，由故事引出当期要介绍的中药及相关知识，称为"正剧"。除此之外，根据每一篇"正剧"中的一些情节线索，或当期介绍的道地药材的相关知识，编剧会进行二次创作，撰写番外篇，且番外篇的重点着力于娱乐读者，语言风格及图画风格少了学术气息，多了生活感，如《第二话：骑着黄芪炖鸡，向药材产区进发！》（于2017年8月26日推送）讲述了神农在山西邂逅道地黄芪的故事，并品尝了经典药膳"黄芪炖鸡"。根据这个故事情节，主创团队编写了《番外篇｜党参、黄芪都要炖鸡，那鸭怎么想？！》（于2017年9月21日推送）。在番外篇中，主创团队借漫画形象"帅董""胖宁"的日常无脑对话引出了鸡、鸭的药用功效之别，既创造了生活段子，又不忘科普中医知识。

这种"正文＋番外"的漫画创作模式使"神农就爱尝百草"系列在形式上更加灵活，在内容上更加全面，有利于吸引更多的粉丝，对于主创团队而言，也是一个很好的思维转化。

（三）开创"古典传统文化＋网文流行元素"科普漫画风格

"神农就爱尝百草"系列漫画主要内容基础为中医药传统文化精髓，尤其侧重于博大精深的中药文化之科普，其选题意义十分重大，且该选题所蕴含的文化重量惊人。如何将如此丰富厚重的科普选题做得平易近人、接地气，做到趣味性与科普性相结合，是本项目的一个挑战。因此，主创团队经研讨后决定本系列漫画以网络小说流行元素为骨架，以中医药传统文化精髓为血肉，开创并探索"古典传统文化＋网文流行元素"科普漫画风格，将"神农尝百草"的故事放到 21 世纪来展开，并以"穿越"为故事主线索（也是暗线），既增强了漫画的现代感，故事情节中的古今对比（如神农的原始生活方式与 21 世纪的现代生活方式对比）也使整个漫画多了许多幽默段子。

三　创新性

第一，内容创新。选择家喻户晓的"神农尝百草"故事进行现代演绎，重新创作，以此科普中国道地药材知识，传播中医药文化。

第二，形式创新。采用漫画形式讲述科普内容，增强阅读趣味性，降低医学科普的枯燥性，更利于吸引读者，促进信息传播。

四　应用价值

本项目经过 7 个月的运营后，积累了一定数量的粉丝，形成了相当数量的作品，在一定范围内产生了社会影响。然而在新媒体时代，科技更迭速度不断加快，新技术、新平台层出不穷，如何在这样的外部环境下保持本项目的长久生命力，是一个值得思考和总结的命题。

为了延续与扩展"神农就爱尝百草"的品牌影响力，本团队将"线上"

内容发展到线下，通过制作"神农"手提袋、"神农"扑克牌等周边产品，拓宽本项目的发展前景。除了坚守核心的原创科普漫画制作，更要在此基础上挖掘多种发展可能性，将新媒体作品从新媒体中"解放"出来，将项目品牌化，将文学作品产业化，从而延续其生命力。

参考文献

范燕莹:《中医科普图书市场正缓慢回暖》,《中国新闻出版广电报》2016 年 3 月 21 日。

《中医药发展战略规划纲要（2016—2030 年）》, 新华网, 2018 年 5 月 22 日。

Rips, L. J. , "Inductive Judgments about Natural Categories," *Journal of Verbal Learning and Verbal Behavior*, 1975, 14 (6): 665 – 681.

Weldon, M. S. , "Altering Retrieval Demands Reverses the Picture Superiority Effect," *Memory & Cognition*, 1987, 15 (4): 269 – 280.

小石头历险记

——无处不在的地质学

项目负责人：于皓丞

项目成员：杨帅斌　于翀涵

指导教师：欧强

摘　要： 地球科学发展迅速但其科普工作明显落后，导致公众对身边的地质现象缺乏了解。项目组通过问卷调查、大数据分析等前期调研确立了借助新媒体漫画的科普形式和基于地质公园现象的科普内容，最终完成25张漫画，开展3次线下交流活动，取得了不错的科普效果。观众反馈的信息表明，新时代的科普工作要以科学性为底线，不能误导公众；内容层次要逐渐提升，加强内容的科学深度；要注重与成熟的新媒体平台相结合。在地质学领域，新媒体与博物馆相结合将有很好的应用前景，博物馆这一成熟的平台可以给科普漫画带来充足的流量，科普漫画则以其生动、灵活的表现形式拉近展品与公众的距离。

一　项目概述

（一）研究缘起

1. 地质科普事业对提高全民科学素质、保护地球环境具有重要意义

地质学作为六大基础学科之一，历来是各国科普工作的重点方向。[①] 我

[①] 李军：《我国地质科普事业的百年历史》，中国地质大学（北京）硕士学位论文，2009。

国地质矿产丰富，地质景观众多，地质灾害也较为频繁。无论是经济建设、环境保护、地质旅游，还是地质灾害预防等，都离不开地质科普工作。[①] 地质也在公众身边，大至岩石圈、水圈、大气圈，小至山石、珠宝，均涉及地质知识。[②] 同时，地球是茫茫宇宙中迄今为止所发现的唯一适合人类生存的行星。人类对地球不够了解，无节制地向地球索取资源，造成了生态环境的严重破坏，并为此付出了巨大代价。因此，我们应当加强地质科普教育，让公众都能认识地球、了解地球，从而做到人人关心地球、爱护地球。

2. 公众对地质常识的认知程度较低

我们通过腾讯网对近几年地质大事件报道中网友的评论，来调研公众对地质常识的认知程度（见表1）。通过表中三条与地质相关新闻的网友评论，我们很痛心地看到为数不少的网友严重缺乏最基础的地质常识，对于正常的地质科考工作、科学研究不认同或不理解，具有一定地质学基础知识的网友不足1%。作为与数学、物理、化学并行的六大基础学科之一的地质学，在九年义务教育的课本中几乎没有涉及，导致公众对我们脚下的地球尚处于无知的状态。而地质学其实在我们的生活中无处不在，大到涉及国家的能源战略，小到手指上的一颗宝石，人类衣食住行每一步的背后其实都有无数与地质相关的产品。人们离不开地质，却又如此不了解。而且目前地质学的发展突飞猛进，研究内容、研究手段、研究体系等已发生了翻天覆地的变化，研究成果也层出不穷。许多基础性的、关注度高的、涉及公众生活的地质学知识也已发生较大变化，而地质学科普教育工作并未及时跟上。这就要求我们以新的理论体系、新的科学观念、新的科普方式向公众传播基本的、关注度高的地质学知识。

3. 微信等新媒体的广泛应用为地质科普事业的飞速发展提供可能

近年来，我国科普作品的发展呈现了一个新高峰。在以传统媒体为介质的科普作品如科普图书、科普报刊、科普电视广播节目等稳定发展的同时，

---

① 彭燕：《丹霞山世界地质公园科普旅游发展调查》，湖南师范大学硕士学位论文，2016；周堃、许涛、薛花：《中国房山世界地质公园主要地质遗迹资源价值评价》，《中国人口·资源与环境》2016年第5期。

② 臧小鹏、周进生：《美国地质科普教育及对我国的启示》，《地球》2015年第9期。

表1 腾讯网近几年报道的地质大事件及网友评论（截至 2017 年 3 月 13 日）

时间	新闻标题	网友评论及点赞情况
2015 年 12 月 5 日	人类将首次打穿地壳！中国专家将全程参与	不同意打穿地球的朋友，请顶一下！（点赞 5425）
		人类将首次打穿地壳：一钻穿，部分海水流进去，水突然升温产生爆炸，爆炸扩大洞口，更多的水进去，海水全漏入地球中心，海洋没水了，熔岩被冷却后停止流动，就没有了地磁场，这跟现在的火星很相似。火星地表没有水，没有地磁场，可能是远古火星人钻地壳造成的（点赞 4438）
2016 年 12 月 9 日	人类首次在琥珀中发现恐龙化石可以清晰看到羽毛	你们是怎么确定是恐龙的尾巴呢！看漫画书吗？（点赞 2646）
2017 年 3 月 13 日	一个多月鲁甸连发 2 次 4 级以上地震 云南地震局回应	地震前和地震后好像都没地震局啥事，我就纳闷了，这个局的人每天都在干些什么？国外有地震局吗？（点赞 207）
		请问专家，下一次地震是什么时候？如果答对了就承认你是专家！（点赞 94）
		地震局，人民需要的消息不仅是地震后的灾情，更需要地震前的消息（点赞 54）

出现了以新媒体为介质的科普作品，即科普网站和科普手机软件。[①] 新媒体从诞生之日开始至今的十几年间发展迅猛，对传统媒体造成了巨大的冲击。[②] 新媒体具有传播速度快、传播空间广、传播受众范围大、传播交互性强等特征，这使其相对于传统媒体来说有无法比拟的优势。[③] 科普作品如果能以新媒体为载体，借助微信公众号或其他手机软件，能吸引更多的受众，极大提高了传播力。微信作为一种相当普及的新媒体传播方式，已覆盖全国 90% 以上的智能手机，每月活跃用户数超过 5 亿。相当多的学校、公司等机构设立群聊进行组织内沟通，刷、点赞、转发"朋友圈"也已成为一种生活方式。许多泛媒体类、服务行业利用微信公众号进行新闻推送和自

---

① 喻国明：《网络崛起时代：北京人媒介接触行为变化调查》，《新闻与写作》2000 年第 11 期；周荣庭、何登健、管华骥：《参与式科普：一种全新的网络科普样式》，《科普研究》2011 年第 1 期；李锐：《新媒体背景下的科普产业创新研究》，武汉科技大学硕士学位论文，2015。

② 任福军、任伟宏、张义忠：《促进科普产业发展的政策体系研究》，《科普研究》2013 年第 1 期。

③ 张加春：《新媒体背景下科普的路径依赖与突破》，《科普研究》2016 年第 4 期。

身宣传，取得了不错的效果。

目前，地质学因偏重实践和野外的学科特点，其科普形式以场馆科普和户外科普为主。虽然科普场馆数量和规模不断扩大，但过于关注展品展览，忽视配套教育活动，笨重不灵活的科普方式也为人所诟病，而新媒体的出现恰恰补充了这一点。因此，本项目以基础地质知识为对象，利用微信公众号这种新媒体科普方式，通过原创漫画与活泼文字相结合的模式，吸引更多的人了解地质知识。

（二）研究过程

项目组于 2017 年 3 月开始探讨项目研究内容、研究目标和研究方法，持续搜索近三年网络上关于地质学的要闻，通过新闻内容和网友评论了解媒体对地质学的关注热点和网友对地质学知识的了解情况。3 月底结合网络大数据分析、问卷调查结果和线下科普面对面活动——"聊聊你眼中的科普"，对近五年地质学方面的热点、焦点进行解析，针对这些热点现象合理地设置漫画内容，确立了漫画风格和三大主线。

项目启动后，项目组根据预设的三大主线，充分收集和整理国际前沿文献资料，确保所绘漫画没有科学问题。为保证所述地质公园资料的完整和准确性，项目成员选择 4 个地质公园进行现场考察和描绘，将能代表地质信息的现象一一描绘。在漫画绘制完成两个系列后，项目成员于 2017 年 10 月开始在地质博物馆进行线下交流活动。我们以漫画为蓝本，利用中国地质博物馆的馆藏向游客进一步介绍所绘内容及地质知识，并向他们赠送小礼物，极大地增强了科普效果。

（三）主要内容

在已有调研工作、志愿服务等的基础上，针对上文提出的关键问题，本项目团队在已有的两个微信公众号上推出一套地质科普漫画，主题是"小石头历险记"。以小石头为主人公，讲述旅途中小石头走过山川河流，经历岩石的变化和地质的变迁，经过风和水的作用，遇见美丽的矿物、深情的化石，从他的视角描述去过的那些地方。而这些地方，将基于中国 33个世界地质公园的地质背景展开故事。希望通过原创漫画与活泼文字相结合这种模式，辅以必要的线下交流，吸引更多的人了解地质知识，因为了解而热爱，因为热爱而去保护我们的地球。

二　研究成果

项目最终完成 3 个系列的科普漫画，每个系列由 8 张漫画组成，加上封面共 25 张。通过两个微信公众号的科普宣传，微信公众号的订阅人数达到 846 人，阅读量达到 2500 次（截至 2017 年 11 月 27 日 18 时）。在中国地质博物馆和中国地质大学博物馆进行了三次线下交流，结合博物馆馆藏和项目成员提供的展品向游客进行讲解和展示。通过现场讲解、礼物赠送等互动形式增强了地质知识的科学普及效果。

三　创新点

（一）科普内容

项目组自始至终秉持"要做专业、前沿的科学普及工作"这一观点，没有对义务教育阶段的或者已被广大公众了解的知识做解读，而是选择具备一定学术前沿性的知识作为科普内容。在漫画绘制过程中，不断阅读最新的权威文献，对当前地质学主流知识做系统梳理，结合每个地质公园的地质特色，分成三条主线进行表达。

（二）科普方式

本项目没有拘泥于仅用微信公众号进行线上科普的形式，而是加入了相关的线下活动。虽然考虑天气、安全等因素没有组织野外出游活动，但在中国地质博物馆和中国地质大学博物馆进行了三次线下讲解与交流。通过面对面的讲解、标本展示和礼品赠送，增加了公众对地球科学的认识，极大地增强了科普效果。

四　应用价值

平台建设是科普漫画推广的基础。目前，微信公众号数量已经超过

2000 万个，要在数量繁多的公众号中脱颖而出，不仅需要高质量的内容，更需要吸引观众关注的手段。若是单独新建立一个微信公众号进行科普漫画宣传，不仅要耗费大量的精力，也很难引起青少年受众的关注从而得到应有的科普效果。因此，科普平台尽量选择成熟的、已有大量受众的公众号，例如博物馆官方微信公众号。即使现有博物馆公众号尚没有大量粉丝，可以利用博物馆设施迅速提高关注度。比如利用微信连 WiFi 功能这个最便捷的推广手段，博物馆的信息量很大，很多观众喜欢边参观边上网查阅相关资料或在网络上分享自己的见闻。利用这个功能可以起到吸引关注的作用。另外，在博物馆游览册、宣传画等醒目位置张贴二维码吸引流量。

对科普场馆而言，虽然场馆数量和规模不断扩大，展品展览也不断丰富，但其在配套教育活动及知识点更新方面一直是短板。我们根据展品绘制相应的漫画或者其他新媒体科普作品，将其制成二维码贴于展品一侧。只需轻松一扫，冷冰冰的展品就会立刻变得鲜活起来，向公众展示展品蕴含的丰富的地质信息。一旦需要知识点的更新，也只需要在后台更改即可。因此，在博物馆公众号开设"博物馆导览"栏目，利用"微信连 WiFi"功能吸引游客关注，并将栏目中的科普作品与展品相结合，这样既可以使固定的展品讲出鲜活的故事，又可以根据观众的点击和反馈信息修改和更新科普内容。我们相信这样会产生很好的科普效果。

墨子访"星"记

——"墨子号"量子通信卫星

项目负责人：连昕萌

项目成员：储彩云　丁献美

指导教师：褚建勋

摘　要："墨子号"量子科学实验卫星发射任务的圆满完成，标志着我国空间科学研究又迈出重要一步。为了激发公众对量子科学的兴趣、提升公众科学素养，本项目通过文献研究法、问卷调查法、深度访谈法、焦点小组访谈法系统学习了量子科学的有关知识，并邀请专家和受众全程参与，围绕"墨子号"量子实验卫星运行原理和相关的中国科技史知识，用拟人的手法创作《墨子访"星"记》这一"墨子号"量子通信卫星科普漫画，可在网络环境和教学环境中推广使用。

一　项目概述

（一）研究缘起

20世纪后半叶以来，随着新科技革命的爆发，科学技术对经济社会发展产生了日益全面而深刻的重大影响。[①] 2017年是我国"十三五"科普规划的第二年，也是诸多改革任务深化、推进的一年。如何聚焦公众需求，勾起公众好奇心，创新科学解读形式和内容表达方式，向世界推广、展示中华文明和智慧的科幻、动漫、游戏、科普展览、图书等作品，增强我国

---

① 孙德忠、熊晓兰：《科技文化当代建构的中国路径——〈型塑与创新：中国特色科技文化的建构〉评介》，《武汉理工大学学报》（社会科学版）2015年第4期。

在国际科学传播领域中的话语权，已经成为我国推进科普事业的当务之急，也是打造科普中国的时代召唤。

2016年8月16日凌晨1时40分，一位年轻的"旅行者""墨子号"量子科学实验卫星离开了地面，奔向广袤无垠的宇宙，去实现它的科学使命。这颗凝聚了中国人骄傲的卫星是我国第一个也是世界首个量子科学实验卫星。4个月后，"墨子号"量子通信卫星顺利完成在轨测试任务，正式交付用户单位中国科学技术大学使用，开始进行首次星地之间的量子实验。在过去的几个月乃至未来很长一段时间里，它势必会受到全球的持续性关注。

目前，国内关于"墨子号"量子卫星的科普信息主要存在于各大媒体报道和小型科普板块中，这些大都存在专业壁垒，使用语句较为晦涩，公众理解起来有一定困难。正如2017年"感动中国"节目，主持人白岩松向量子科学界的执牛耳者潘建伟问了这样两个问题："量子是什么，与我们有什么关系"，国内普通大众对这一领域还很陌生。为了激发公众对量子科学的兴趣，提升公众科学素养，了解我国量子科学目前发展的最新进展，团队希望通过系列科普漫画这种丰富生动的形式，引入"墨子"这位中国著名的科学家始祖，以他的视角，与"墨子号"量子通信卫星展开一场跨越千年的对话。具体来说，有以下三个目的。

（1）通过古人穿越到现代，与拟人化的卫星展开对话的形式，充分调动公众的兴趣，促进公众对"墨子号"卫星背景信息和发展进度的了解。

（2）通过中国古代先贤墨子和现代高端科技成果"墨子号"的恳切、细致、有趣的对话，唤起公众的民族自豪感和科学责任感、使命感。

（3）通过创作系列漫画的方式对目前国内关于量子卫星的重要科普信息做一个综合盘点，力求较为全面地展现量子科学发展的前瞻性成果。

漫画的目标受众人群定为以青少年为主的普通大众。根据科普知识调查结果，考虑到广大受众对于量子科学知识的掌握程度以及互联网平台的主要受众人群，项目组将目标受众群体从青少年拓展到以青少年为主的普通大众，力求在保证科学性的基础上，尽可能地呈现量子卫星的基本运作过程和相关知识。

（二）研究过程

研究过程主要由三大部分构成：第一，漫画文案设计，即三回"墨子访'星'记"的对话和情节内容的确定，主要通过量子知识科普问卷、三次针对不同人群的焦点小组访谈、专家的质询座谈来确定；第二，漫画主体内容绘制，这一部分主要是将文案内容"变现"，对量子科普知识进行艺术加工，增强作品的可读性和趣味性；第三，装载平台测试，这一部分是整个项目的收尾工作，将漫画装载到移动平台进行测试并调整细节参数。

（三）主要内容

1. 漫画文案设计基础：量子科学相关资料收集和重点提取

（1）漫画脚本创作的一般过程 & 科普漫画所要进行的调整。课题组针对漫画的形式、表达技巧及脚本创作的过程进行了学习和探索，并对一般漫画形式与科普漫画的特点进行了对比，以决定本项目所要采用的漫画叙事形式。由于科普漫画以科学知识的解说为重点，因此漫画文案的设计主要参考对话型漫画文案的设计方式。

（2）墨子相关资料的搜集 & 墨子号相关资料的搜集。课题组集中对墨子的历史生平、思想以及科学贡献进行了分析研究，并针对漫画文案设计的需要进行了要点的取舍。最终决定从墨子的治国思想——"兼爱非攻"，"墨子号"相关的光学研究方向的贡献——"小孔成像"，脍炙人口的墨子轶事——"止楚攻宋"等角度对漫画内容进行包装。

（3）量子科学知识积累：书籍、相关科普作品、相关专业同学加盟。课题组邀请校内外物理系专业的同学指点专业书目的类别和名称，通过图书馆馆藏以及采购的相关书籍，对量子科学和量子卫星的有关知识进行了学习和了解。

2. 预调研：科普知识调查问卷、焦点小组访谈、深度访谈

由于专业的限制，团队在文案设计的过程中邀请了国内物理学专业的研究生、博士生参与讨论，共同确定漫画文案的重点内容，并参考国内外已有的量子科学科普作品的叙事侧重点和有争议的问题点进行了分析；其次，团队在网络平台上发放了量子科学与量子卫星科普知识问卷，通过微信朋友圈、微信群发、邮件邀请、街头偶遇等方式邀请公众对问卷进行填写，共回收问卷 510 份，并完成了线上与线下共计五次的焦点小组访谈（对象为科普工作者、普通公众以及经过量子科学知识系统学习的物理系学生），分别针对受众的科普需要和对漫画的看法收集意见；然后，在资料研究和实际调查的基础上，我们采访了国内著名科普学者袁岚峰（合肥微尺度物质科学国家实验室副研究员、科技与战略风云学会会长，微博ID：中科大胡不归）、彭承志（首席科学家助理及科学应用系统负责人，正在参与领导并组织中国科学院空间科学战略先导性专项量子科学实验卫星项目）及其他课题组成员老师，接受专家的质询和修改意见，调整文案的表达侧重点并澄清易错点，以保证项目的科学性和专业性。

二 研究成果

"墨子访'星'记"设计为3集漫画，围绕"墨子号"量子通信卫星的产生背景、科学原理、价值意义，通过多步骤、多角度、正逆向思维综合思考等手段，灵活地将各种因素考虑进来，形成与量子科学科普内容匹配的画面效果，最终形成成基于科幻背景、带有中国本土色彩的科普漫画。主要面向以青少年为主的大众，既可在教学场景中推广演练，亦可在互联网社交平台上传播。

（一）人物形象设计

（1）墨子的形象设计。墨子人物形象的确定最初由团队成员参考墨子相关的史书和现代教科书、邮票等常见资料绘制而成，以墨子的画像、雕塑为原型，设定相应的符合古人外貌衣着的形象。如墨子的包头巾设定为蓝色、服饰以黄色为主，以及衣物的左右对襟等细节。在此基础上，团队接受评委老师和指导老师的意见，对人物形象细节做了修改，使之更接近人们对墨子形象的普遍认知。性格方面，这里将墨子设定为知识丰富、接受新事物能力较强，理智且谦虚的形象。

（2）"墨子号"（拟人）的形象设计。由于"墨子号"量子通信卫星的命名来自中国古代先贤墨子，因此科普漫画设定"墨子号"量子通信卫星的拟人形象与墨子相同，但有颜色或服装方面的差别以示区分；性格方面，与墨子的性格大致相同，但因为受到现代量子科学的影响，更有科学家的感觉。

（二）科普漫画绘制

在漫画文案确定的基础上，课题组首先对漫画的基本背景和世界观做出如下界定。①时间轴设定（When）：对话时间设定在"墨子号"量子通信卫星成功发射、进入预定轨道后的一段时间内。②空间背景设定（Where）：对话环境设定在宇宙空间量子卫星所在轨道附近，解说时可能穿插一定数量的历史场景。③故事情节设定（What）：项目计划在一个相对固定的时空场景，从科学先哲墨子在宇宙中的苏醒为缘起，引导其与"墨子号"量子科学实验卫星相遇，并围绕两个"墨子"之间的对话，设计三回主题不同的科普漫画故事情节，以解释量子科学的基本知识和量子科学试验卫星的基本运行原理。

漫画标题采用章回体结构，漫画内容如下所示。

第一回：墨子太空遇"墨子"，量子奇妙初探知。这一部分主要介绍故事背景和"墨子号"的由来，故事从这里徐徐展开，引导受众进入故事场景，为正式科普内容的开展奠定基础。

第二回：光子小童携信走，"止楚攻宋"话新说。这一部分将结合墨子所在的历史背景和著名的生平事迹（止楚攻宋），正式讨论"墨子号"运作的科学原理，即量子卫星是如何对通信过程进行加密的。

第三回：万里宇宙终璀璨，墨子不舍别新友。这一部分主要介绍"墨子号"对于社会、国家的意义，对量子科学的未来寄予希望。具体情节为：在"墨子号"介绍完自己运作的科学原理之后即到分别的时刻，"墨子号"要投入下一轮的科研任务，并承诺在不远的将来会带着子子孙孙们重返太空，再与墨子秉烛长谈，墨子发出"来者可追"的欣慰喟叹。

三　创新点

为了唤起受众的历史荣誉感和使命感，与一般的科普漫画只呈现对关键原理的说明不同，项目漫画在坚持正确、积极的价值导向外，还涉及对墨子经典学说（如兼爱、非攻）等历史知识的讲解，力求漫画既有科学性，又有人文情怀。风格上以丰富的形式、生动而幽默的语言，将量子科学的知识嵌入漫画中，在具有较高可读性的同时寓教于乐，给读者留下深刻的印象。具体而言，创新点有如下三条。

一是项目应科学热点而生。量子科学是近几年的热门研究领域，如今科学成果初现，正在蓬勃发展中，相关科普形式主要表现为单一的科普文章，生动的科普形式尚未充分开掘试验，本项目刚好填补了这一空白。

二是将"墨子号"量子卫星拟人，再由古代先贤"墨子"来向现代科技成果发问，两个"墨子"跨越时空对话的方式引人入胜，在调动受众对量子科学兴趣的同时，向公众渗透墨子的相关历史知识，尤其是他在科学方面的贡献，让公众在这种古代与现实的呼应中更深刻地体会中华文明的源远流长和光明未来，激发受众的国家自豪感和荣誉感。

三是借助新媒体传播平台，从微博、微信两个渠道输出科普漫画，利用社交网络进行影响力扩散。

四　应用价值

本科普漫画的应用价值主要体现在两个方面：其一，"墨子访'星'记"系列科普漫画可在包括移动互联网在内的网络平台上流传推广，能够充分激发科普作品的传播力，适应互联网时代的传播要求；其二，漫画主要受众仍以青少年为主，可结合教学场景，配合相关的教学内容增进青少年对于量子科学的了解，培养他们的科学兴趣。

ColorseeFun

——儿童色彩认知

项目负责人：林嘉

成员：吴琪

指导老师：付志勇

摘　要："ColorseeFun"是一款基于儿童行为的智能颜色科普产品。从儿童心理和行为特征的研究出发，创新性地提出了软硬件结合的、满足儿童心理及亲子互动需求的交互方式和服务体系。全面营造颜色超能力的氛围，将科普与娱乐紧密结合，让孩子在玩耍中学习到颜色的科学知识，激发其科学精神。

一　相关知识

（一）颜色对于儿童的意义

据生理学研究表明：人类80％的信息来源于我们的眼睛，而色彩无形中成为我们眼睛不可缺少的一个重要视觉因素。色彩不仅是美学功能的一个重要方面，对于儿童这个特殊群体来说，它比文字、形状、声音等因素更具有吸引力，每个儿童对世界的感知都源于色彩。研究发现，人从婴儿时期就对色彩产生了知觉，而且深受色彩环境的影响，色彩不但可以刺激儿童的视觉神经，而且关系到儿童智力的发育、情绪的稳定、个性的形成。颜色神奇地影响着人的心理状态。儿童生活环境的色彩与其智力发育、个性发展、情绪等有着极大的关系。曾有国外学者对300名婴儿进行了长达5年的观察和研究，结果表明：一个在五彩缤纷的环境中成长的宝宝，其观察、思维、记忆的发挥能力都高于在普通色彩环境中长大的宝宝；而如果婴幼儿长期生活在黑色、白色、灰色等令人不快的色彩环境中，则会影响大脑神经细胞的发育，使宝宝显得呆板，反应迟钝和智力低下。色彩与孩子的心理成长和个性发展，甚至是智力发育都有着密不可分的关系。

色彩可以提高宝宝的记忆力。儿童对颜色的认知，是其认识世界不可或缺的一部分。颜色与人们的生活息息相关，颜色概念的形成有利于儿童早期形象思维的发展。许多学者从颜色与儿童记忆的关系进行了探索，比如 Vuontela 等通过测试言语、颜色线索在学习和记忆中的作用指出，颜色影响着大脑的记忆。美国纽约大学儿童研究中心主任马克波恩斯提出能较快记住颜色的儿童比较聪明，如果父母能采取刺激性的办法教育孩子对某些新奇颜色引起注意，对提高儿童的智力是大有益处的。澳大利亚心理学家维尔纳的实验证明：儿童，特别是学龄前儿童，对于事物的认识、辨别、选择多是根据对视觉有强烈感染力的色彩进行的。可见色彩在儿童的视觉空间上，以及引起儿童心理注意的倾向上占有何等重要的位置。4 个月婴儿就能分辨红、绿、黄、蓝 4 种颜色，宝宝是通过颜色、形状、大小来区分周围的物品的，颜色是三种属性中最容易辨认的一种，宝宝很容易就能学会利用颜色来对物体进行分类。在早期教育中，颜色的教育非常有利于发展宝宝的辨别力、欣赏力、美的感受力，以及想象力、绘画能力。另外，通过颜色辨认让宝宝更容易提高并养成观察能力和好的习惯。

对于成长中的儿童，颜色感知的正常发展有助于他们学会有关颜色的知识，掌握绘画、彩塑等技能，形成艺术兴趣、审美情感以及美的评价能力等，促进个性的全面发展；反之，颜色感知的不良发展或缺陷，其会阻碍儿童认识能力、情感的正常发展和个性的形成，进而影响其对环境的正确定向和社会适应。色彩艺术教育是培养儿童的发散性思维、具象思维、建立自信心的有效方法和重要手段。同时具有培养情感表达功能、审美情感功能和对大胆的想象力、认知能力、自我表达能力、动手实践能力、独立思考能力、创新能力的开发作用。

（二）不同年龄阶段儿童色彩认知心理

儿童心理学家针对儿童的生理、心理特征，将其成长分成三个阶段：

幼儿期（0～3岁）、学前期（3～6岁）、童年期（6～12岁）。0～3岁幼儿期，对颜色的反应只能算是大脑条件性的反射，属于色彩生理反应，还不涉及心理方面。幼儿在2岁时对颜色的认知能力（同色配对、色命名等）等处于较低水平，2.5岁发生明显变化，但仍然不及3岁。总的来说，3岁前颜色感知初步发展，只能分辨不同的颜色。

儿童心理学的相关研究表明，4岁左右的孩子已有98%能正确说出"红色"，94%的孩子能正确说出"黑色"，92%的孩子能正确说出"绿色"，78%的孩子能正确说出"黄色"。到5岁左右已有70%以上的孩子能正确说出8种颜色。到6岁左右时已有55%以上的孩子能正确说出12种颜色。此研究证明这一阶段孩子有良好的视觉基础和较强的色彩辨别能力。儿童对基本颜色的分类能力随年龄增长而提高。3～4岁儿童对基本颜色分类没有明确的标准。5岁儿童有了一定标准，并出现按"彩色/非彩色"和"冷色/暖色"分类的倾向。6岁儿童的颜色分类标准更明确，开始由主观标准向客观标准转变。

对学前儿童而言，在他们对客观世界的认识过程中，色彩刺激对大脑的成长十分重要。色彩是他们进行情感表达与交流的工具、是他们个性的表现，儿童色彩情感表达能力的高低与其整体智慧发展相一致。陈立等的色彩抽象发展研究发现，3岁以前形状抽象占优势，4岁起颜色抽象占优势，6岁以后颜色和形状共同起作用，说明了颜色感知对学前期的重要性。[①] 总的来说，儿童在学前期对一般颜色的辨认、配对和再认达到高水平，但是对颜色精微差异的分辨、颜色的精确命名仍待继续发展。

童年期这一阶段儿童对色彩的认识开始成熟起来，不再只青睐于鲜艳、刺激性强的色彩，逐渐对明度、纯度较低的暗色、冷色等色调产生一定的兴趣。提高了颜色认知的区辨、记忆和应用能力。色彩心理效应也逐步在他们身上体现出来：开始认识到色彩象征性，对色彩有丰富的联想，能感受到色彩的冷暖、轻重等。

根据以上特点，考虑颜色认知的能力在0～3岁较为薄弱等因素，确定科普定位为3～6岁（学前期）和6～12岁（童年期）儿童。

---

① 陈立、汪安圣：《儿童色、形抽象的发展研究》，《心理学报》1965年第2期。

二 研究目的与预设目标

（一）研究目的

科普游戏是以电子游戏为载体进行科学普及的活动形式，是挖掘科普资源，顺应理念转型，丰富教育手段，进而提升科普效果的一种重要途径，主要目的是让公众通过参与互动来体验、感受、了解科学知识，并且引起思考、学习和自主探究的兴趣。本项目组由清华大学美术学院科学传播方向专门硕士班部分同学组成，成员专业方向包括展示空间设计、视觉传达设计、信息交互设计、影像传播设计，试图在全面了解颜色本质的基础上，打造出亲切易懂、趣味性强、可玩性高的新奇类颜色科普新媒体系列产品。

为了体现科普游戏的服务作用，就现阶段而言，科学普及的开发应当从青少年群体入手，对青少年群体进行受众细分，了解不同年龄段玩家的游戏喜好、学习需求以及审美取向等，必须对儿童的知识水平、行为方式、喜好偏爱进行深入了解和研究；同时从众多科学知识中甄选出难度适宜、内容恰当的传播；结合物理道具、多媒体信息技术、智能硬件技术制作适合儿童互动参与的科普游戏。故针对儿童的用户研究、科学传播知识的甄选以及二者互相结合的综合性游戏方案制作将成为本项目研究的三大要点和意义所在。

（二）预设目标

一是让儿童了解颜色的本质，理解这个世界为什么会有颜色，目的在于从本质上勾起其对颜色探究的兴趣。二是让儿童了解某个对象（不透明或者透明）为什么显示这个颜色而不是其他颜色。三是让儿童分别认识科学性的颜色融合和日常的颜色融合。科学性颜色融合让孩子明白色彩中不能再分解的基本色称为原色，红、绿、蓝三原色通过不同的配比可以融合成不同的颜色。日常性的颜色融合让孩子明白多种颜色的基本组成具体是什么、如何搭配混合。

三　研究方法与难点、创新点

（一）研究方法

本研究主要分为理论研究、调研、设计实现几部分，采取的研究方法有文献分析法、调研法。

1. 文献分析

通过在图书馆及网络查找相关文献，对项目内容进行系统分析，包括色彩对儿童的意义、不同年龄段儿童的色彩心理等理论研究。

2. 前期调研

①基本问卷调研；②市场调研，包括颜色教育科普和颜色教育产品的市场范围和市场细分；③用户调研和实地调研：实地拍摄记录儿童填色过程并进行访谈；④技术调研：体感、智能硬件、智能终端前沿技术调研。

3. 产品设计

①内容设计及数据设计，建立一定的使用情景；②交互设计，展示知识、提高用户体验；③UI 设计、硬件产品设计。

（二）技术难点与创新点

1. 项目实施难点

基于 6~12 岁的儿童心理，①如何直观、可视化地让儿童理解光的本质，光的两个重要属性——能量和波长的关系；②如何让儿童理解物体有颜色的本质，并不单单通过一种虚拟的方式；③如何做一个互动玩具让儿童在玩耍和互动中理解颜色科学；④如何让孩子在一种"超能力"的氛围中学习到颜色相关科学知识。

2. 项目创新点

以"超能力"方式让儿童获取颜色科学知识；做一个能让儿童玩耍的颜色玩具，在玩中学到知识；使用体感的方式，创造有趣的互动。

3. 解决技术难点和实现创新点的措施

（1）滑动改变波长和能量在大屏幕上动态产生某个色彩。或者利用 Kinect 设备来识别双手，左手表示能量、右手表示波长来动态改变能量和波长，在大屏幕上产生某个色彩。

（2）利用开源智能硬件，制作三色推杆让儿童明白三原色融合的原理，并制作颜色融合娃娃让小朋友理解基本颜色的融合。

（3）在暗室中，准备白色透明片三角锥和有色透明片三角锥组成的智能涂色玩具（利用智能硬件制作），让儿童从现实抓取颜色，给这些白色或者有色的透明三角锥上色，会发现白色三角锥会显示所抓取的颜色，有色三角锥只显示有色透明片的颜色。

四　项目内容

（一）颜色教育产品分析

通过对市面上各种颜色教育产品的调研，基于类别、设计出发点和交互方式进行归纳分析，认为市面上的颜色教育产品主要分为两类，一类是颜色教育童书，另一类是涂色类产品。

1. 颜色教育童书

颜色教育童书主要有以下几类：①黑白卡和彩色卡；②颜色认知、视觉启蒙书，如《来自法兰西的神奇大象》；③颜色绘本故事书，如《颜色的战争》；④神奇颜色洞洞书；⑤颜色立体翻翻书；⑥颜色立体书；⑦无拘无束的颜色教育书《艺术大书》。

2. 涂色类产品

涂色类产品主要有以下几类：①涂色书；②水彩画涂色卡片；③烤胶画；④冰晶彩绘；⑤神奇魔术水画；⑥立体贴画/钻贴画；⑦彩色边浮雕型填色画；⑧儿童手工沙画；⑨儿童纸绳画；⑩镭射贴画；⑪搪胶娃娃；⑫AR涂涂乐。

综上所述，颜色教育童书以故事或者游戏的方式，让儿童中在玩耍的过程中理解颜色的知识。以个性化的交互方式，提高儿童的参与度，并在玩耍中学习颜色相关知识、真正做到寓教于乐。

涂色类产品存在以下问题：物料消耗快；不能永久保存；亲子交流较少。而且，儿童涂色的过程可以分解为对比—选择—模仿—创作。

基于前期研究，本项目计划研发智能涂色产品，在"选择"上，拓宽选择范围，拓宽对颜色的认知范围——从现实取色；在"模仿"上，改变模仿方式，以一种类似自然用户界面的方式，直接用手操作，而不是依托于第三方物体（笔、颜料、砂砾）；在"创作"上，简化创作对象构成，采用模块化的方式进行上色，同时加入多人互动，父母可以远程实时参与儿童的创作。此产品也能随时保存创作的电子副本并进行回看。

（二）确定科普定位和目标用户

参考幼儿期（0~3岁）、学前期（3~6岁）、童年期（6~12岁）三个年龄段儿童的认知程度，考虑幼儿期的儿童虽然有跟成人相当的视觉系统，但是对于颜色认知、命名、再认程度还处于较低水平，对于该年龄段的儿童进行色彩知识的科普有一定困难。而学前期和童年期的儿童在一般颜色的辨认、配对和再认上达到高水平，有一定的色彩心理和色彩联想，色彩科学知识在他们可接受的范围之内，能从色彩科学原理上勾起儿童探索色彩世界的兴趣。

（三）确定项目主题

通过对目标用户3~12岁的儿童进行访谈和问卷调研，我们发现，孩子想要的是"我要有颜色的超能力！我马上想要这种颜色！"基于此，我们把项目主题定位于"颜色超能力"，计划开发具有"神奇取色，神奇上色"的线上颜色游戏。

（四）确定项目内容

孟塞尔颜色体系的创建者孟塞尔认为应该从儿童期起进行适当的颜色教育，颜色教育分别有三个层次：颜色辨别和颜色命名教育、颜色基本知识教育、颜色应用教育。而且颜色视觉过程是光线→物体→眼睛→大脑→视知觉。基于这项理论，本项目内容主要涉及以下几个方面。

1. 颜色的本质

（1）知识。颜色实际上是一种"幻觉"，因为世界是由无色物质和同样无色的电磁振荡组成的。但是电磁振荡有不同的波长，人眼可以感知的电磁波波长为400nm~700nm，这一很小的频谱范围在视觉上表现为从深蓝色到深红色。以我们的辨色能力，能够辨识这个范围内千万种不同的颜色。

电磁能量振荡最重要的特征就是波长和能量，其本质就是光量子，不同颜色的不同波长，是由光子的不同能量构成的，短波光谱区聚集着大部分能量，长波光谱区只有少部分能量。

（2）形式。滑动改变波长和能量在大屏幕上动态产生某个色彩。利用Kinect设备来识别双手，左手表示能量、右手表示波长来动态改变能量和波长，在大屏幕上产生某个色彩。

2. 为什么物体会有某种或者某些颜色？

（1）知识。对于透明物体，颜色是由它透过的色光决定的。光线可以通过的物体，射向物体的光线一部分被物体吸收，一部分穿过物体，被物体吸收的光线无法被看到，穿过物体的光线才能进入人眼，不同物体可透过不同的色光，所以透明物体的颜色由它透过的色光决定的。

（2）形式。在暗室中，准备白色透明片三角锥和有色透明片三角锥组成的智能涂色装置，让孩子抓取颜色给这些白色或者有色的透明三角锥上色，会发现白的三角锥会显示所抓取的颜色，有色的透明三角锥只会显示有色透明片的颜色。

3. 颜色可以是互相融合的，颜色和三原色融合的关系

（1）知识。色彩中不能再分解的基本色称为原色，原色可以融合成其他的颜色。红、绿、蓝就是三个原色，调节各个颜色的量可以融合成不同的颜色。

（2）形式。有红色、绿色、蓝色三个推杆，分别表示红色、绿色和蓝色加入的量，用户调节推杆可以看到融合成的不同的颜色。

五　项目成果

完成原型机一套。原型机包括"颜色的本质——颜色与波长和能量的关系"交互装置；"颜色的融合——颜色与RGB融合的关系"交互装置；"颜色的融合——基本颜色的融合"交互玩具（颜色融合手套）；"为什么物体有某种颜色——透明物体版"交互玩具（手套）（见图1和图2）。并开展颜色超能力系列课程，如图3所示。

图 1　原型机操作展示 – 1

图 2　原型机操作展示 – 2

图 3　颜色超能力系列课程现场

参考文献

黄国松：《色彩设计学》，中国纺织出版社，2001。

罗壁娟：《探析儿童产品的色彩设计》，《包装工程》2008 年第 1 期。

涂玲：《浅析色彩对儿童健康成长的影响》，《美术教育研究》2011 年第 3 期。

张远丽：《学前儿童颜色认知的研究回顾与展望》，《成都师范学院学报》2015 年第 5 期。

陈铁山：《颜色与儿童智力》，《幼儿教育》1986 年第 2 期。

丁祖荫：《中国儿童颜色感知的发展》，《心理学动态》1990 年第 1 期。

曹文译：《探析儿童色彩心理认知》，《动动画世界：教育技术研究》2011 年第 7 期。

张增慧、林仲贤、茅于燕：《1.5 岁—3 岁幼儿的同色配对、颜色爱好及颜色命名的初步研究》，《心理科学通讯》1984 年第 1 期。

范晓慧：《儿童色彩知觉之应用研究与图画书创作》，铭传大学，2006。

张积家、陈月琴、谢晓兰：《3～6 岁儿童对 11 种基本颜色命名和分类研究》，《应用心理学》2005 年第 3 期。

丁莺：《学龄前儿童对不同色彩的心理反应》，《商业文化》（下半月）2011 年第 6 期。

陈立、汪安聖：《儿童色、形抽象的发展研究》，《心理学报》1965 年第 2 期。

卡罗琳·布鲁默：《视觉原理》，张功钤译，北京大学出版社，1987。

ZooseeFun

——动物知识新奇科普

项目负责人：吴琪

成员：林嘉

指导老师：付志勇

摘　要： "ZooseeFun"项目旨在更直接、更有趣、更多样地科普动物知识。"更直接"指的是可以使用手机等移动设备进行实时实地的扫描；"更有趣"指的是更加有趣丰富的知识介绍和知识更新方式；"更多样"指的是除了用传统的文字和图片，还引入了多语言版本、动图、视频、直播等来进行展示，展示内容包括动物、博物馆展品、著名景点及其背后的文化。

一　研究背景

（一）政策背景

1. "互联网＋"政策推出

近年来，我国在互联网技术、产业、应用以及跨界融合等方面取得了积极进展，但也存在传统企业运用互联网的意识和能力不足、互联网企业对传统产业理解不够深入、新业态发展面临体制机制障碍等问题，亟待解决。社会需要创新来实现"互联网＋"对稳增长、促改革、调结构、惠民生、防风险的重要作用。

2. 供给侧文化产品相关政策

近几年，我国持续推进供给侧结构性改革，文化产业的发展也需要从

"供给侧"出发，从人民的文化消费需要出发，真正为人民带来满足其精神文化需求的优秀文化产品。

（二）市场环境

1. 中国移动市场庞大

截至 2017 年 12 月，中国手机网民规模达到 7.53 亿人，数额庞大且活跃的用户推动了各类 APP 的快速发展，APP 承载了各种便捷的移动服务，逐渐成为人们日常生活的一部分。

2. 微信逐渐成为多数人生活、工作及娱乐的必备工具

经调查，超过九成微信用户每天使用微信，半数用户每天使用超过 1 小时，61.4% 的用户每次打开微信 APP 必刷"朋友圈"。微信提供的服务包括手机充值、线下消费等，具有很高的渗透力。基于此，ZooseeFun 项目计划以微信小程序为项目搭载，为人们带来良好的用户体验。

（三）可行性分析

本项目的主要用户群和用户量积累渠道来自动物园的参观者。目前国内大多数城市动物园管理水平不高，网络化、信息化、智能化程度较低，对动物知识的科普途径有限且陈旧，多采用展示牌等传统形式，难以满足新时代、新环境下人们日益增长的休闲娱乐、科普教育需求。同时，国内动物园数量庞大，且知名动物园和大型动物园的年平均人流量在百万人次级，潜在用户规模十分庞大（见表 1 至表 4）。

科学技术不断发展，目前已有许多技术手段可用于本项目开发，如图像识别技术、数据采集、数据库储存、数据挖掘、搜索等。

表 1　国内动物园数量

单位：个

项目	动物园类	水族馆	总量
现存	389	63	452
情况不明	41	4	45

表 2　北上广深动物园数量

单位：个

城市	动物园数量	大	小
北京	18	3	15
上海	15	2	13
广州	9	3	6
深圳	3	1	2

表 3　国内知名动物园的人流量

单位：万人次

城市	动物园	人流量	详情
北京	北京动物园	年均余 600	
	北京大兴野生动物园	年均余 100	
	八达岭野生动物园	年均余 500	
上海	上海动物园	累计 16000	春节：11.25
	上海野生动物园	日承载量 9.6	春节：16.3
广州	广州动物园	年均余 400	春节：6.4
	香江野生动物园		日均 0.5，假日 2
深圳	深圳野生动物园	年均余 400	

表 4　国内大城市动物园的人流量

单位：万人次

动物园	人流量
北京动物园	年均 600 余
上海动物园	累计 16000
广州动物园	年均 400 余
成都动物园	年均 180 余
济南动物园	年均 100 余
天津动物园	年均 200 余
杭州动物园	年均 100 余
昆明动物园	年均 300 余
西安动物园	年均 100 余

二　研究目的

该项目旨在解决目前动物园科普中存在的主要问题：①找不到动物介绍牌；②介绍牌内容只有图片和文字，单调乏味；③介绍牌字体太小，需要凑近才能看清；④介绍牌位置太高，儿童观察不方便；⑤介绍牌内容只有中文，缺少翻译。

本项目将充分进行竞品分析、实地调研、产品设计与开发，找到不同用户的切入点进行用户测试和验证，开发趣味性科普识别应用，对动物进行精准识别，以更加有趣的内容和更加多样的科普方式来展示和科普动物知识。

三　研究方法与技术路线

（一）研究方法

1. 竞品分析

市面上识别类应用有商品识别（如拍立淘）、人脸识别、二维码识别，以图搜图等，其中涉及科普领域的主要有识别植物的一些应用，如"形色""拍照识花""微软识花"等。用户在这些软件中输入一张花的图片，应用输出花的基本信息。这些软件普遍存在以下问题。

（1）内容和体验层面。软件输出信息的内容仍通过文字信息和简单图片方式展示，形式单一，缺乏活泼性与趣味性。

（2）技术层面。大部分采用图像分类技术，对输入图像有较严格的要求，用户必须把握好拍照的角度和拍摄距离以保证输入图片的质量，这将带来一定不便，严重影响用户体验。

2. 实地调研

本产品的主要应用场景为动物园、海洋馆和植物园，我们以北京动物园为切入点，进行了多次实地调查。经过观察，目前北京动物园的科普形式主要为说明牌和二维码，这两种形式都存在一定局限性。说明牌数量有限、覆盖面小、位置固定、寻找困难，内容更新迭代周期长、耗费人力物力，展示方式单一；二维码数量有限、覆盖面小、位置固定、寻找代价高，直接链接到百度词条，信息冗余度大，链接信息以文字为主，无趣味性。

我们对北京动物园的游客发放了调查问卷并进行采访，深入了解用户需求，总结出动物园现有的科普方式存在以下问题：一是介绍板的位置不好找，内容不够丰富；二是字体小，需要凑近了才能看到，而且语言只有中文；三是介绍板只有文字，想听到语音介绍或者动物的叫声；四是想知道更多信息的时候，搜索方式太麻烦，扫码没找到。

针对以上问题，我们的产品着重考虑即时性、趣味性、易操作、交互友好等特点，除了提供精准的动植物知识，还借助各种信息化技术将科普过程变得更加有趣多样，从根本上满足用户对科普知识与游玩趣味的需求。同时用户可以发表自己的认知和见解，大家在接受科普知识的时候，也可以了解到民间关于这种动物的趣闻等更广泛的信息。

对于园方来说，该应用将有效解决说明牌数量有限、覆盖面小、位置固定和寻找难等问题，未来借助丰富的图形信息技术，展示内容将更加丰富多样，信息更新成本也趋近于零，而且在用户达到一定规模的时候可以提供大数据服务。

（二）难点、创新点和技术路线

1. 项目实施难点

①如何精确地识别动物；②如何把握科普内容，在全面性和精准性中找到平衡，如何直击用户的痛点和兴趣点；③选择何种展示方式以给用户更好的体验；④如何让用户在获取单一动物知识外，了解更多的趣闻和见解。

2. 项目创新点

（1）体验方面。集科普性和趣味性为一体，更直接、更有趣、更多样地科普动物知识。更直接：可以使用手机等移动设备进行实时实地的扫描。更有趣：更加有趣丰富的知识介绍和知识更新，多语言版本的介绍。更多样：除了传统的文字和图片，还引入了多语言版本、动图、视频、直播等来展示动物知识。

（2）技术方面。本项目产品使用比图像分类更复杂的图像目标检测与识别技术，不但可以在复杂背景下精准、实时识别，且对拍照的图像质量要求不高；对于一个场景中有多个动植物的情况，本产品也可以将所有储存在数据库中的动植物识别出来。

3. 技术路线

本项目以"前期调研——产品设计与开发——验证与测试——理论模型总结研究——再次实践与用户验证"为技术路线,实现项目目标。

(1)前期调研。包括问卷调研、市场调研(市场范围动物园数量、人流量和市场细分)、市场替代品分析(竞品分析)、用户调研、实地调研和田野调研、技术调研(前沿识别技术和识别技术框架调研)。

(2)产品设计。包括内容设计、交互设计、UI 设计。

(3)产品开发。包括识别算法模型设计与开发、数据模型设计与开发、微信服务号开发。

(4)产品测试。包括应用 demo 的可用性测试、手机用户反馈;应用 v1.2 的性能测试。

四 主要研究内容

(一)产品设计

1. 对于动物爱好者

(1)为动物园游客提供寓教于乐的科普服务,在呈现准确的科学知识的同时,提供园内某动物的趣闻和用户发表的关于某种动物的特殊和趣味见解(此项为核心功能)。

(2)提供游览后的趣味服务。①动物印章:游览时收集动物印章,游览后检查收集的印章,对所收集的印章动物有游览时相同的科普体验,或生成动物或印章拼图,进行分享。②科普小问答:基于游览时扫描的动物的知识进行闯关游戏。③声音的世界:重温扫描过的动物的叫声。

游客在扫描动物的时候可以把动物"带回家",通过直播的形式,动物爱好者在平时生活中还可以看到自己喜爱动物的直播,还可以给直播中的动物们进行虚拟的食物投喂、爱心关怀等,所投入的虚拟食物可以化成动物园实际的动物食料资金,在生活中给自己喜欢的动物园表达爱心。

2. 对于动物园

项目将对园区参观者及参观情况进行大数据整合和分析,在园区布局规划、基于游客的个性化宣传、游览路线设计、参观热点选取、不同动物对不同年龄层游客的吸引程度、园方工作人员调配等方面具有一定参考意义。

3. 对于市民

游览动物园时每个用户每一次的扫描都是获取科普知识的直接渠道，且用户可以发表自己对某种动物的特有和有趣见解，也可以获取更多的他人关于某种动物的见解。

（二）市民科学理论探究

ZooseeFun 项目在某种程度上属于市民科学项目，从 ZooseeFun 的调研和设计入手，结合项目进行市民科学设计框架的探索和研究。以活动理论和数字化创新为基础，总结了关于市民科学的三大模型：基于活动理论的市民科学内容模型，基于数字化社会创新的市民科学设计模型和基于设计思维的市民科学验证模型。

基于活动理论的市民科学内容模型的三个元素是人、环境和技术。在 ZooseeFun 项目中，"人"即动物园的参观者，"环境"是动物园，而"技术"则是识别技术和大数据技术。

基于数字化社会创新的市民科学设计模型参考了数字化社会创新的特征，将市民科学内容模型的三大元素从设计的角度进一步细化，将"人"细化成"人的社交网络"，"环境"细化成"科学知识领域"，"技术"细化成"互联技术"，并总结出这三个元素下的设计特征点，比如线上/线下、个人的/集智的、过程的/结果的等八个设计特征点，并将这八个设计特征根据三大设计元素进行归类。具体到 ZooseeFun 项目，"个人的/集智的"设计特征给项目的启示是，除了官方的、专家的动物科普以外，民间的、普通人的认识与了解也不能忽略。"过程的/结果的"这一设计特征的设计启示是 ZooseeFun 的设计不仅仅要关注用户获取动物知识的趣味性、直接性和多样性，更要关注我们能获取到的关于用户的数据以给动物园提供大数据服务，获取到的用户见解可以作为众包的知识库。

基于设计思维的市民科学验证模型，主要参考了设计思维的四个验证指数，将设计模型的三大元素和八大特征与之相匹配，可以交叉验证进行 16 个量表问题的设计。市民科学验证模型可以进一步验证 ZooseeFun 项目的设计点是否真正有意义，是否真正以人为本，是否真正捕捉到了用户的关注点和痛点。

五　主要研究成果

本项目主要开发了名为"ZooseeFun"的微信服务号，并实现了四种功能：趣味识别功能——识别界面如图 1 所示，趣味听说功能——所说界面，如图 2 所示，印章收集功能——印章收集界面如图 3 所示，知识分享功能——评论留言界面如图 4 所示。

图 1　ZooseeFun 微信服务号的识别界面

图 2　ZooseeFun 微信服务号的听说界面

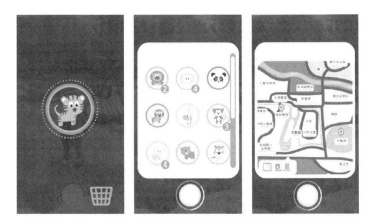

图3 ZooseeFun 微信服务号的印章收集界面

图4 ZooseeFun 微信服务号的评论留言界面

《双子星球的光之战纪》

——基于 AR 技术的数字化科普书

项目负责人：张晗

项目成员：薛晓茹　王涛　杨洋　顾巧燕

指导教师：蔡苏　董艳

摘　要：科学阅读促进学生科学学习主要体现在活跃思维、培养兴趣、帮助形成与发展科学本质观和科学概念上。增强现实作为一种新型手段和教育领域跨界融合，使学习者能够在虚实融合的教学情境中，以最贴近自然的方式自主探索。增强现实电子书，也被称为互动图书，是指在传统纸质图书的基础上，利用增强现实的图像识别，能够显示虚拟三维景象的电子图书。本项目以科学史上对光究竟是波还是粒子的争论和发展为线索，以幽默诙谐的语言，设计出增强现实技术图书，促使学生更好地理解科学概念和科学方法，将个人思考能力的发展与科学思维的发展联系起来从而理解科学的本质，并在科学话题与科学学科以及其他学科之间建立联系。

一　项目背景

（一）科学史的重大意义

著名科学家、科学哲学家恩斯特·马赫（Ernst Mach）说："对历史的探查不仅有利于促进对现存事物的理解，同时能带给我们新的可能。"澳大利亚科学教育专家马修斯（M. R. Matthews）总结了不同时期、不同场合人们对科学史的科学教育作用的认识，概括出对科学教育而言，科学史具有如下功能：科学史能够促使学生更好地理解科学概念和科学方法；科学史的探讨能够将个人思考能力的发展与科学思维的发展联系起来；科学史具有内在的价值；科学与文化史的重要片段——科学革命、量子物理等——应该为所有学生所熟知；科学史是理解科学本质所必需的；科学史可以消除科学教材和科学课堂上常见的科学主义和教条主义；通过检视个体科学家的生活和时代，科学史可以使科学学科变得人性化，减少其抽象性，让学生更易于参与其中；科学史可以在科学话题与科学学科以及其他学科之间建立联系；科学史显示了人类文明成就的综合和相互依存的本质。

由上述可见，科学史涉及科学理解的方方面面，它对科学教育的作用及所成就的目标也是全方位的。它不仅具有有助于人们对科学概念的理解、科学思维和态度的发展、全面认识人类文明的工具价值，而且作为人类文明成果本身，它具有自身的内在价值，值得学习。

而反观我国科学教育实践，对科学教育目标的狭隘理解，以及我国科学史研究的落后，导致我们对科学史的教育作用的认识，基本上还停留在激发学生科学学习的兴趣或立志从事科学研究的层面，即仅关注其表面的工具价值。比如，牛顿观察苹果落地发现万有引力，激励学生善于观察、勤于思考；伽利略的斜塔实验，告诉学生实验在科学研究中的重要作用和地位；等等。可见，我们的科学史教育往往止步于在课堂上谈及科学家或其研究工作的逸闻趣事，而鲜有对科学事件真伪的慎思明辨、对前因后果的寻踪觅迹、对关键要素的穷根究源。究其实质，这还是教育的工具理性及粗陋的实用主义思想在作祟——只看到了科学对社会发展的工具价值，期待培养出掌握科学知识的人来推动科学的进步和社会经济技术的发展，没有形成真正的知识体系和逻辑系统，没有将个人思考能力的发展与科学思维的发展联系起来从而理解科学的本质，并在科学话题与科学学科以及其他学科之间建立联系。只有从根本上彻底转变这种浅薄短视的科学教育观，才能全面认识和接受科学史的教育价值，从而在实践中给予其应有的重视。

（二）数字化科普读物的优势及局限

1. 数字化科普读物的优势

呈现生动。科普读物图文并茂的表达方式本身具有数字化开发的先天优势，抽象的科学知识通过数字化手段被直观、生动地展现出来，更能优化科普效果。例如，科学史中包含大量专业名词和复杂的实验推理，难以用文字精确地描述给读者，而数字技术可轻松实现文字知识的图像化。移动设备的普及，改变了人们的阅读习惯，扩大了科普的范围，丰富了科普传播的形式。

《中国科协关于加强科普信息化建设的意见》指出：用现代信息技术带动科普升级是必然趋势，是实现全民科学素质跨越提升的强力引擎。大力推进科学文明建设是我国的战略决策之一，这也使传统科学史科普读物数字化衍生产品的开发变得更加迫切。

2. 数字化科普读物局限

如今，移动应用商店中有大量的科普 APP 都能找到相应内容的纸质图书，然而这些 APP 不仅在内容上没有创新，界面设计也不够美观，阅读体验较差。传统出版物的资源衍生开发并不意味着把纸质出版物中的知识照搬到网站或 APP，而有的数字化衍生产品甚至连内容组织结构、版式设计等都不做任何修改，读者无法享受数字资源带来的互动体验，更无法通过图片、声音、视频、动画结合的多媒体形式去解读抽象的概念。

长期以来，我国科普读物大多仅限于单向地传输科学知识，涉及科学精神、科技价值、科学思想的著作很少，给读者"板着面孔"说教的感觉，令人生畏。国内很多畅销物理科普图书引自外国，这充分暴露了科普编辑团队的薄弱。一些开发团队成员甚至仅由程序员组成，缺乏设计师和物理学科及科学史相关背景人员。传统出版物的核心优势是丰富而优质的内容，这是数字化衍生产品的基础，如若本末倒置，过度注重表现、传播形式，而忽略内容、人云亦云，会造成同质化出版物竞争的加剧。因此，科普读物必须树立自身的品牌特色，塑造品牌形象。

（三）增强现实（AR）图书应用现状

在教育领域里最早运用增强现实技术的案例是毕灵赫斯特制作的 Magic Book。它将书本内容制作成 3D 场景和动画，并且利用一个特殊的眼镜就能让儿童看到虚实结合的场景。

一款名为"动物世界地图"的增强现实儿童科普出版物中，当读者拍摄地图时，屏幕上就会显现各种动物在世界各地的分布情况，并且点击屏幕中的动物即可了解它们的详细信息。与这种简单识别地图上不同色块的位置与范围的技术相比，在一些更精确运用摄像头的案例中，读者调整屏幕的角度或与图书的距离，就如同现场观察一件真实存在的立体模型一样。

国内对增强现实的关注也逐渐增多，但是主要还集中在算法实现和优化阶段，在教育领域中的应用很少。"扩增实境应用于中文注音符号学习之研究"是目前极少数比较系统的对教育领域中增强现实应用的研究之一，它将增强现实应用于儿童学习注音符号，旨在探讨儿童是否能够在教育游戏中利用媒体辅助进行有效的学习。基于此，设计了一套增强现实中文注音符号学习教材，系统依照每个注音符号的发音，建构相对应的虚拟动物图像，以动画告知儿童选取相应的标记以获得正确的反馈。简单的系统操作与虚拟图像的互动可以有效增强儿童的兴趣，加深儿童对中文注音的印象。

蔡苏、宋倩、唐瑶在 2010 年提出增强现实学习环境的架构，实现了一个增强现实概念演示书，选取中学物理中的单摆、牛顿第一定律、牛顿第二定律等实验进行虚实结合的展示，学习者只需通过最简单的设备即能直观感受到平面书籍中所描述的实验场景，增强了学习者的兴趣。作为国内最早的增强现实书，该书参展 2010 年第十七届北京国际图书博览会，获得好评。

二　研究目的

首先，将拥有丰富严谨科学内容的科普读物与富于形式创新的新媒体结合，利用增强现实技术提升科普读物的交互性、体验性。

其次，以光的波粒二象性发展史为主线，通过科学插画故事，结合科学教育"做中学"的理念，让读者了解光的波粒二象性的发展历程，提升科普读物的易读性。

再次，通过对科学史的学习，让读者在掌握重点的前提下构建知识体系，促使读者更好地理解科学概念和科学方法，将个人思考能力的发展与科学思维的发展联系起来从而理解科学的本质，并在科学话题与科学学科以及其他学科之间建立联系。

最后，探究增强现实技术在传统出版领域中的应用途径。

三　研究内容

（一）技术搭建

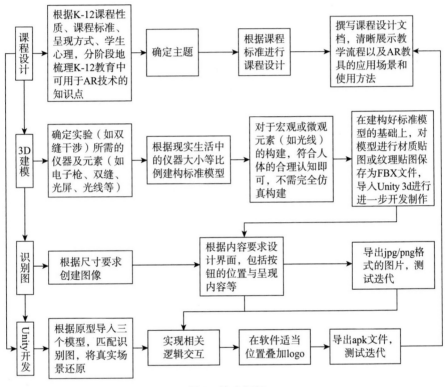

图1　技术框架

（二）内容来源

书籍所选定的主要内容是高中物理选修3-5中的重点章节波粒二象性。其中单缝衍射、双缝干涉、光电效应是本章的重点和难点，也是高中物理光学部分的热点。由于量子物理的抽象性和晦涩难懂，学生对这一部分理解相对困难。

（三）故事脉络

本书主要从古希腊时期的实体泛光说到德布罗意物质波假说为止，以在科学史上科学家对光究竟是波还是粒子的争论和发展为线索，以幽默诙谐的语言、生动活泼的插画、增强现实技术为大众科普光的波粒二象性。

（四）故事线索

在平行世界双子星上，有两大家族分别是粒子家族和波家族。两大家族为了争夺至高天的真理之门，战乱不断。据古书记载，上古时期的一支神秘灵兽族系"光"是打开真理之门的钥匙，打开方法分别藏在波家族和粒子家族之中。两大家族由此互相争夺，真理之门到底花落谁家？旷世奇才爱因斯坦经过钻研发现了打开真理之门的秘密。两大家族最终握手言和，签订灵兽归属，开启了真理之门。

（五）故事目录

1. 波粒家族的真理之门之争

光之灵力（古希腊的实体泛光说），四渡弱水河畔（折射与反射），三棱花羽镜之光之七使徒（三棱镜的透射），决战大紫灵境宫（牛顿环）。

2. 波家族的王者之诗

波家族的推演，牛顿环之帷幕（牛顿环），二重罗生门之干涉冲击（双缝干涉），泊松战役（泊松亮斑）。

3. 电磁族的谍中谍计划

麦克斯韦智者被离间（麦克斯韦的电磁三部曲），电磁家族的惊天秘密（电磁波与可见光），赫兹的光电阵法（赫兹捕捉电磁波）。

4. 真理之门的开启

局中局！粒子家族的反击（量子论），波家族和粒子家族的旷世之战（光电效应），双子星智者之爱因斯坦的回忆（光量子方程）。

四　研究方法与技术路线

（一）基于教学工具软件设计开发的研究

基于教学工具软件设计开发的研究主要是指通过软件迭代开发的方式解决在实验教学中传统教学工具硬件上的缺陷造成的问题，软件设计开发过程中采用迭代开发的方式，每次的迭代过程中都包括定义、需求分析、设计、实现与测试等步骤，重大版本发布时，研究者进行小范围被试试用和访谈，每次迭代过程中使用技术过程，都会进一步完善其功能，提高性能和识别的精确度。

本研究采用基于迭代渐进开发的软件开发方式，通过使用增强现实技术开发出适配书籍内容的"双缝干涉、光电效应"等增强现实教具作为实验研究内容的教学工具，解决传统实验教学工具存在的实验操作耗时、笨重等问题。

（二）基于设计的研究

本研究采用基于设计的研究范式来执行书的设计开发过程。一次迭代循环的研究过程主要经历四个阶段，以 AR 虚实融合的交互式图书环境设计中的问题为研究起点，平台开发者、教学案例设计者以及最终学习者共同参与分析实践问题；以设计为研究主线，依靠现有的理论框架、技术手段进行过程性教育干预开发方案的实施；通过设计的具体教学案例在实践中应用效果的反复检验、评价与反馈，逐步调整设计方案，以期更有效地解决 AR 虚实融合的交互式图书环境设计中存在的问题；反思、总结并完善设计理论、开发原则及应用策略等，为下一轮迭代循环研究做充分的准备。以上四个阶段反复迭代循环，从而有效带动教学交互设计理论、AR 虚实融合的交互式图书环境开发原则与实践应用策略"三位一体"的迭代提升。

五　研究成果及评价

（一）成果样图

该项目研究成果见图 2。主要完成了数字化科普图书 1 本，内容共分为 3 章。

（二）创新点

1. 知识呈现方式

主体内容通过科学家的对话、漫画故事、思维导图协助学生构建逻辑

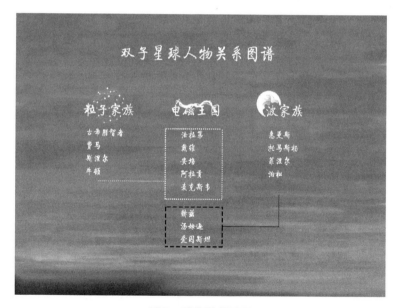

图 2 科普图书界面

结构和历史脉络，改编的诗、歌、曲把晦涩难懂的内容通过趣味的形式展示出来，帮助理解和记忆。

实验流程部分通过图解实验过程，AR 技术改善传统科学史晦涩难懂的呈现方式，更多地让学生亲自交互体验双缝干涉、光电效应等实验的过程。

2. 技术交互方式

在 AR 虚拟学习环境中，学习者与环境交互，而且能迅速得到反馈结果，并根据反馈结果决定下一步的操作，建立知识和反应之间的链。强调学习者自己更多的控制，这样既符合皮亚杰"把实验室搬到课堂中去"的设想与实践，又符合建构主义学习理论"学习是一种真实情境的体验"的观点。

一本增强现实类出版物，人们既可当作普通图书翻阅，也可借助增强现实技术与书中的情节或角色互动。进一步说，当读者沉浸于书中的某一精彩内容或情节时，书中的人物、场景、情境等会在瞬间被激活，如舞台剧般真实地在眼前演绎，并与读者进行互动和游戏。这意味着增强现实类出版物不仅为传统出版物增添了独特的魔幻色彩，而且为其带来转变的机会。

3. 正式教育与非正式教育结合

由于书籍所选定的主要内容是高中物理选修 3 - 5 中的重点章节——波粒二象性，内容晦涩难懂。但本书以幽默风趣的科普书的形式作为对教学的补充，将正式教育和非正式教育相结合，让学生在掌握重点的前提下构建知识体系，促使学生更好地理解科学概念和科学方法，将个人思考能力的发展与科学思维的发展联系起来从而理解科学的本质，并在科学话题与科学学科以及其他学科之间建立联系。

（三）效果评价

为了检验本项目增强现实立体书对儿童读者的可行性以及吸引力，我们选取了北京市某中学 20 名学生进行了两次试读与评测，从图书的趣味性、实用性和创新性三个维度进行访谈。

1. 第一次访谈结果

趣味性方面，大部分学生认为很有趣，能看到书中描述的东西，转动书时这些物体也跟着转动，且这些物体是立体的，前、后、左、右都能看到，这一点很好玩。但模型过于简陋，效果一般。

实用性方面，大部分学生认为本书能将比较枯燥复杂的抽象概念呈现出来，对于理解很有帮助。但一些学生反映，书籍内容虽然很有趣但转化起来比较困难。

创新性方面，所有的学生认为以前没见过这类书，以后还想看这种，比较有创新性。特别是学生能直观看到书中的东西，这样更容易记住书中的内容，学习起来效果更好，也有助于激发他们的兴趣和创造力。

2. 第二次访谈结果

根据第一次的访谈结果，我们在以下几方面进行了改进：优化模型，请专业的美工人员将模型进一步优化，加入阴影效果，使其更为立体逼真；丰富书籍内容，在原书基础上，增加了电磁学等知识。然后又选取了20人，进行了第二次试读与访谈。

趣味性方面，大部分学生认为很有趣，以肉眼观看时，其中的虚拟内容并不显现，只有通屏幕观察时才能看到其中的动画、视频等内容，这种具有隐藏性的互动内容像是突然解开了的圣诞老人的袋子，带来惊喜与愉悦。

实用性方面，大部分学生认为本书能将比较枯燥复杂的抽象概念呈现出来，对于理解很有帮助。但有一名学生反映，转动图书时，物体有时会闪动不见，不是很稳定。这主要是与操作、光线、电脑配置等因素有关。在光线不足的环境中，图书转动过快，会造成摄像头拍摄的图像还没传递给电脑，很快又转到另一组拍摄数据，电脑一直处在分析数据进行注册的过程中，无法显示三维图像。

创新性方面，学生认为虚拟对象与现实环境结合巧妙，过渡自然、流畅；沉浸感强，与虚拟对象能忘我互动，其体验效果是传统纸媒无法实现的。并且图书内容特别有趣，是现在市场上少见的将科学知识以有趣风格展现的科学史作品，非常新颖。

六 总结与思考

传统科普读物方便收藏与阅读。"文字 + 图片"的形式在展示静态信息时能让学生注意力更集中，但面对动态特征信息就有所桎梏。例如，需要演示发动机的结构以及工作原理，图片可以把发动机的结构展示得非常清楚，却难以演示发动机工作的过程与状态。

增强现实科普读物可以通过动画、交互的形式清楚地将动态信息加以演示。尤其是增强现实的实景交互功能可以极大地优化使用体验，增强知识获得的满足感，并进一步增加儿童阅读科普读物的兴趣。但应用于书本中的交互太多会产生认知负荷。

随着技术的发展，各种应用程序及网络资源为儿童提供了丰富的娱乐与学习方式，但其质量参差不齐，儿童很容易迷失在游戏与娱乐之中。增强现实（AR）技术是一种将真实世界信息和虚拟世界信息"无缝"集成的新技术，可以把原本在书籍中很难体验到的实体信息（视觉信息、声音、味道、触觉信息等），通过计算机模拟仿真后叠加到书中去，从而实现超越现实的感官体验。同时，它可移植性较好，可以不通过网络，仅通过安装的程序就可使用，使学生注意力更集中，防止其受到其他网络资源的干扰。

相比其他更成熟的技术在教育中的应用，AR 技术尚处于简单呈现、交互不深入的初级阶段，仅有少量案例的交互手段比较深入。一些 AR 实证主题的研究设计也相对简单，研究周期较短。定量研究的样本数较小，定性研究则主要依赖于学习者自我陈述的可用性、偏好和效率来评价学习效果。此外，所采用的方法主要是基于设计的研究、案例研究，以及少数准实验研究。不过从本项目可以看出，绝大部分学生对于增强现实的教学工具或环境持正面的态度，这也符合 Nunez、Quiros、Carda 和 Camahort 的研究结果。要提供更多 AR 具有教育价值的证据，就要进行控制和综合评价研究，包括大量样本的收集分析和有效的仪器。而且未来 AR 教育应用研究应当确定有效的课外活动和技术特点，并协同生成一组教学模式和 AR 环境的设计原则，这样就可为新型虚实融合学习环境中所涉及的问题提供指导。

基于 VR 技术的"中国天眼"

项目负责人：唐宇

项目成员：彭心　董文浩　高英达　李梦媛

指导老师：王海智

摘　要：本项目选取当前国家重点项目、国家科教领导小组审议确定的国家九大科技基础设施之一——FAST 射电望远镜为主题，通过趣味性全景 VR 游戏展示，借助设备陀螺仪、unity3D、WEBGL 及 WEBVR 技术，使用户在身临其境感受 FAST 射电望远镜观测站的同时，了解 FAST 射电望远镜的工作原理及重要用途。随着新媒体技术的不断发展，科普形式也不再满足于书本说教和传统的平面游戏形式，VR 等日新月异的新技术逐渐应用于科普游戏领域，它带来的新奇感和趣味性能够更好地带动用户参与，加强科普知识的宣传效果。项目组旨在利用虚拟现实技术，将科普内容直观化、交互化、趣味化，使大家在娱乐的同时，有效地接受知识，领会其中的深刻意义，理解并支持国家重大发展战略。

一　项目概述

（一）研究背景

随着中国综合实力的不断提升，自主创新已经成为当前的主旋律。国家重点项目、国家科教领导小组审议确定的国家九大科技基础设施之一——FAST 射电望远镜的出现，说明在射电望远镜领域，中国已经是当之无愧的领先者。据中国科学院国家天文台台长严俊介绍，FAST 射电望远镜是目前世界上灵敏度最高的望远镜，它大大提高了我们探测宇宙天体的能力。中国科学院国家天文台副台长郑晓年表示，100 米口径的德国波恩望远镜曾号称"地面最大的机器"，FAST 射电望远镜与它相比，灵敏度提高约 10 倍。300 米口径的美国阿雷西博望远镜 50 多年一直无人超越，FAST 射电望远镜跟它相比，综合性能提高约 10 倍，FAST 射电望远镜将在未来 10 ~ 20 年保持世界一流设备的地位。FAST 作为一个多学科基础研究平台，有能力将中性氢观测延伸至宇宙边缘，观测暗物质和暗能量，寻找第一代天体；能用一年时间发现约 7000 颗脉冲星，研究极端状态下的物质结构与物理规律；有希望发现奇异星和夸克星物质；发现中子星——黑洞双星，无须依赖模型精确测定黑洞质量；通过精确测定脉冲星到达时间来检测引力波；作为最大的台站加入国际甚长基线网，为天体超精细结构成像；还可能发现高红移的巨脉泽星系，实现银河系外第一个甲醇超脉泽的观测突破；用于搜寻、识别可能的星际通信信号，寻找地外文明；等等。

基于以上背景，项目选取 FAST 射电望远镜为主题，通过生动而直观的虚拟场景，让用户在身临其境感受 FAST 射电望远镜观测站的同时，了解 FAST 射电望远镜的工作原理及重要用途，我国光缆通信方面的突破，获取天文等相关知识，了解创新精神对于国家与民族的重要性。

（二）主要研究内容

本项目成功开发一款以 FAST 射电望远镜为主题的科普游戏。主要借助虚拟现实技术的虚拟再现模式，展现 FAST 射电望远镜观测站的真实环境，并设计互动情节，以此向用户科普 FAST 射电望远镜的重要用途及建设 FAST 射电望远镜的必要性与重要意义。该游戏通过 VR 技术的互动性与趣味性等特点，增强 FAST 射电望远镜知识的传播效果，达到寓教于乐的目的。

二　研究过程

本项目研究主要按照文献综述、理论研究、问卷调研、确定设计方法、FAST 科普产品设计、细节设计几个过程依次展开。

（一）文献调研、理论研究

大量查阅文献资料，整理国内外研究现状，寻找能够应用在 WEBVR 科

普产品设计中的设计理论及设计方法。在该阶段主要输出文献综述报告及
《虚拟现实技术在科普产品中的应用》一文。

（二）问卷调查

采取随机抽样的抽样方式进行问卷调查，主要探究大家对于 FAST 射电
望远镜的了解程度以及当前主要科普知识的获取渠道。在此阶段主要输出
问卷设计思路及方法，以及最终问卷结果。

（三）确定设计方法

通过前期的文献综述以及实验得出设计方法，确定以下原则。①用户
在体验过程中有非常明确的目标（对于当前游戏任务目标设计明确，避免
用户在不明确的任务中产生焦虑）。②对用户的交互行为有即时的反馈（在
游戏过程中，使用用户的任何互动都有回应，并且是在可接受时间范围内的
响应）。③能力与挑战匹配（在游戏过程中，需要设置一些困难，同时也需
要通过合理设计来提高用户的认知水平）。④数字化科普产品中叙事化设计
原则。通过虚拟现实技术构建第一人称视角，提高用户带入感。叙事设计
以"事"为设计研究的思考点，挖掘科普内容的本质，将科普内容内化。
对于原理性的知识，通过拟人化的表达将抽象的原理和形象结合。

（四）FAST 科普产品设计

应用上述原则，对 FAST 科普产品进行设计，具体设计流程如图 1 所示。

（五）细节设计

对科普产品进行深入的细节设计，包括背景、游戏模式、游戏难易程
度、题库设计等。

三　项目内容及主要成果

（一）内容概述

项目组对 FAST 射电望远镜相关的政策及重大计划进行了深入学习，对

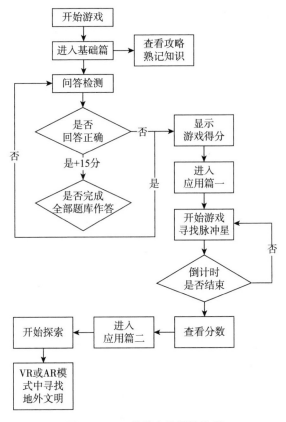

图 1 FAST 科普产品设计流程

FAST 射电望远镜所在地进行实地考察，并拍摄真实的 FAST 射电望远镜内外部自然及人工建设环境。通过虚拟现实技术、建模等方式模拟场景，并结合全景视频及图片，为用户营造逼真的观测站环境。

项目最终完成的 FAST 网页虚拟现实科普游戏，是一项具有叙事性和互动性的趣味游戏，用户以主人公的身份进入游戏，随着剧情的开展，根据线索提示，完成主线任务。这种形式有助于激发用户的学习兴趣，提高用户的接受度。

游戏分为三个小篇章，首先为"FAST 实习大作战基础篇"，为用户介绍 FAST 射电望远镜的重要基础知识；其次是"FAST 实习大作战应用篇一"，通过小任务来了解 FAST 的主要用途；最后是"FAST 实习大作战应用篇二"，通过 VR 或 AR 技术探索周围，接收外星文明信号。游戏用户全程作为实习生，在虚拟的 FAST 射电望远镜观测基地中完成各项任务。

用户可在这一过程中，通过游戏来检验自己对知识的掌握程度，完成游戏任务会获得相应的奖励，奖励会转化为积分，游戏结束后用户可以用积分兑换 FAST 观测站实景照片等奖品，新增的排行榜功能也会激发用户多次参与游戏。

（二）技术手段

为了实现虚拟现实技术的沉浸感，且兼顾科普作品的传播属性，作品采用了覆盖 html 5 的 WEBGL 以及 WEBVR 技术，用户只需要拥有入门级智能手机便能够体验 VR 游戏。

游戏界面内容采取了实景拍摄加上扁平化制作的方式，通过巧妙的虚实结合，在保证科普内容真实性和科学性的同时，提升了趣味性；有效运用虚拟现实技术，避免了泄露国家重要基地的有关信息（见图 2 和图 3）。

图 2 为纪念南仁东先生而制作的扁平化人物　　图 3 油画版 FAST 射电望远镜

（三）研究成果

本项目最终利用在线平台实现游戏的上线运行，该平台使用了白鹭引擎作为游戏引擎，能够进行可视化操作，降低成本。

1. 游戏第一篇"FAST 实习大作战基础篇"

项目团队应用模拟微信聊天的方式将题库融入其中，题库涉及 FAST 射电望远镜最为基本的内容，玩家在 35 秒内答对一道得 15 分，答错本次游戏结束，通过游戏结束画面能够看到最终得分以及排行榜。玩家在提升排行榜排名的过程中，反复答题巩固知识（见图4）。

2. 游戏第二篇"FAST 实习大作战应用篇一"

玩家需要在 FAST"天体图"中找到画面中的脉冲星，整个画面中的总星数会不断增加，玩家在 40 秒的寻找过程中每找到一个能够获得 2 秒的时间加分，当倒计时结束时游戏结束。在游戏过程中，玩家能体会到在茫茫星海中寻找脉冲星的困难，正如 FAST 科研人员通过接收无线电波在浩如烟海的星河中找到脉冲星的艰难（见图5）。

 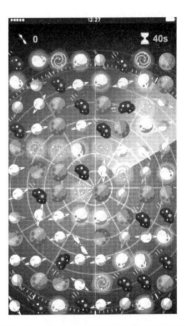

图 4 "FAST 实习大作战基础篇"游戏背景　图 5 FAST 实习大作战应用篇游戏背景

3. 游戏第三篇"FAST 实习大作战应用篇二"

我们使用了网页虚拟现实技术，用户能够通过 VR 或 AR 技术进行游戏，在浩瀚的宇宙中寻找地外文明。作为篇章三部曲的最后，玩家需要将游戏分享出去以获得探索次数，寻找到足够的地外文明，当获得足够的地外文明后能够进行积分兑换。

此外，进入排行榜的用户能够获得相应奖励。通过这样的方式激发玩家重复体验，深化记忆。

四　项目创新点

（一）利用虚拟现实技术创新科普形式

传统的科普知识多以书籍或者视频为传播媒介，受众只是被动接受，互动性差。而虚拟现实技术具备丰富的感觉能力与 3D 显示环境，通过头盔式虚拟现实眼镜，让用户的双眼分别看到不同显示器的图像，这种时差会产生立体感。因此，VR 是一种理想的视频展示工具。虚拟现实技术的沉浸感主要体现在让用户的视觉系统和运动感知系统可以联系起来，营造真实环境。基于虚拟现实技术的 FAST 射电望远镜科普游戏，有别于传统的"被科普"展示手段，而是采用更为自然的人机交互手段控制作品的形式，塑造更具沉浸感的环境和现实情况下不能实现的事件，达到真实沉浸的效果。用户不仅可以通过双目立体视觉去感知环境，而且可以通过头部运动去观察环境，这种新鲜的互动方式能让科普受众更好地体验 FAST 射电望远镜的相关场景并对其进行深入了解，在体验过程中，全身心投入，多感官、全方位沉浸在虚拟世界中，从而增强体验的互动性和趣味性。

（二）解决 VR 互动及产品开发、传播难点

为了解决 VR 产品开发尤其是互动方式的技术难点，我们邀请了强氧公司对项目进行了专业指导。最终，我们采用了能够将普及率最大化的 VR 构建平台——WEBVR；采用 A-Frame 开源框架，用于使用自定义的 HTML 元素创建 WEBVR 体验；这些元素使用 three.js 和 WEBVR 在场景中创建支持虚拟现实的元素，而无须开发人员仅仅为了构建简单的体验而去学习例如 WEBGL 这样较低级别的 API。

（三）实现 html 5 科普游戏与 VR 技术的融合

基于虚拟现实技术的 FAST 射电望远镜科普游戏，通过全新形式的陀螺仪体感互动体验，在体验的过程中借助外接设备来完成相应的任务，通过视觉、听觉等感官体验，充分展现作品的互动性与娱乐性，让用户在体验过程中潜移默化地接受科普知识。我们采用 WEBVR 技术中较为成熟的 A-

Frame 框架进行开发，将产品的快速传播与科普效果相结合，使本科普游戏能够同时具有 html 5 快速传播和 VR 科普效果好的双重优势。本游戏也在微信公众号上传播，拥有较为广泛的传播力及影响力。

参考文献

特荣夫：《科普展览中基于虚拟现实技术的研究与应用》，北京邮电大学硕士学位论文，2009。

宋乃亮：《虚拟现实技术在科普教育中的研究及实践》，北京邮电大学硕士学位论文，2009。

郗赛：《基于 Unity3D 的虚拟现实技术在科普活动中的应用》，《科普天地》2012 年第6 期。

李雅筝：《全民参与模式下的科普游戏平台构建方案研究》，载《安徽首届科普产业博士科技论坛——暨社区科技传播体系与平台建构学术交流会论文集》，2012。

张菁、张天驰、陈怀友：《虚拟现实技术及应用》，清华大学出版社，2011。

李建荣、孔素真：《虚拟现实技术在教育中的应用研究》，《实验室科学》2014 年第17 期。

陈巧兰：《试论虚拟现实技术在科普教育中的研究与实现》，《科技创新与应用》2015 年第 2 期。

科普活动

"小魔术大揭秘"

——探究与情境相结合的教学

项目负责人：刘杨琪

项目成员：孙莹　李佳贞　喻红　何帆

指导老师：宋中英

摘　要：科技馆是以科普展教为主要功能的科普场馆，展品是科技场馆教育的基础，展品的教育功能需要通过教育活动加以体现，且基于展品的教育是科技场馆教育的一大特色。本项目从科技馆具体展区展品及其存在的问题入手，运用魔术创造问题情境，从情境教学入手展开基于问题的学习，同时结合探究式学习理论，设计开发符合展品形式内容的教学活动。

一　项目概述

（一）研究背景

科普活动的设计目的除了增长参与者的科学知识，更重要的是可以激发参与者对于科学学习和探索的兴趣。本次教学活动本着"在有趣情景下激发学生兴趣"的目的，首先选择生活中无处不在的光学知识，它时时刻刻吸引着儿童的兴趣；其次采用"表演魔术＋魔术揭秘"的形式，在奇幻有趣的情境下让学生自主探究，充分激发学生对于科学知识的探究兴趣。整体活动依据相关光学知识和原理设计，同时借用光学知识及原理，将兴趣和好奇转化为探究的动力和能力，打开儿童探索科学世界的大门，进而培养他们的科学思维和科学精神。

对于科技馆而言，光学知识教学活动是目前缺少和急需的。活动的开展可以帮助完善展品功能，有些展品由于损坏或设计缺陷不能将原理知识很好地呈现给观众，通过教育活动的形式可以更好地将知识传递给观众。对于学校而言，开展探究式教学活动可以弥补课堂学习的不足。学生通过自主探究，获取直接经验，结合课堂习得的间接经验，对知识点有更为全面深入的理解和认识。

在更多以"间接经验"进行学习的现状下，科技馆和学校引导学生通过探究式学习获得"直接经验"的方式显得弥足珍贵。探究式学习指学生在学习概念和原理时，教师只是给他们一些事例和问题，让学生通过阅读、观察、实验、思考、讨论、听讲等途径独立探究，自行发现并掌握相应的原理和结论的一种方法。探究式学习改变了传统学习被动接受的压抑感，由学习兴趣出发增加学习者热情，并从探究过程的直接经验中挖掘深层次的理论知识。

而情境教学，往往是让学生先感受而后用语言表达，或边感受边促使内部语言的积极活动。感受时，掌管形象思维的大脑右半球兴奋；表达时，掌管抽象思维的大脑左半球兴奋。这样，大脑两半球交替兴奋、抑制或同时兴奋，协同工作，大大挖掘了大脑的潜在能量，学生可以在轻松愉快的气氛中学习。

这正是本项目在探究式教学的基础上结合情境式教学的目的所在，可以使科学学习活动更具有趣味性和创造性。情境式教学，是教师或实施者应当充分利用形象、创设典型场景、激起学生的学习情绪，把认知活动和情感活动结合起来的一种教学模式。同时对于学习者，情境式学习，则应以受众的需求和兴趣为出发点，支持学生亲自动手实践，进而获得符合个人期待的学习经验。

本项目主要运用实物演示和语言描述情境，营造充满奇幻氛围的魔术场景，充分调动学生的好奇心，再进行逐步"解密"，最后通过和学生一起动手制作，从"做"中体会魔术（即小实验）过程，帮助学生更深层次地理解魔幻之中包含的科学原理。

此外，魔术表演对于儿童甚至成年人都有一定的吸引力，因此对于激发学生学习兴趣有天然优势。然而，魔术有独特的表演动作和表演语言，语言有烘托气氛的作用，仅靠灵活的手部动作无法完成出色的魔术表演。魔术表演中的语言应遵守以下几点原则：首先，尽量少用指示性强的词语；

其次，学会使用语言的象似性原则，例如刘谦魔术中最经常运用的金句"接下来就是见证奇迹的时刻"交代了有关事件顺序的信息，有助于魔术表演流程的完善、魔术效果的突出。

（二）研究过程

1. 第一阶段

①学习光学相关知识：光的反射、折射、色散、平面镜成像以及视觉暂留等原理。②分析学习者特征：5～10岁儿童心理、生理特征。③调研中小学学习情况：《义务教育小学科学课程标准》（2017版）、《义务教育数学课程标准》（2011版）。④学习教育学、心理学、传播学理论：探究式学习、情境式学习理论等。

2. 第二阶段

初步形成教学方案；场地实际调查；参观人群观察分析；修改教学方案；设计任务单；准备活动材料。结合中期答辩评审意见，再次详细修改教学方案，准备活动材料。

3. 第三阶段

正式实施活动教案，收集存在的问题；根据具体问题，改进活动方案。在改进过程中不断完善方案，找出最佳活动方案。

4. 第四阶段

完成教案最终设计，多次实施进行评估；整理文案，完成课题报告。

（三）研究内容

1. 理论研究

研究前期，应用文献研究法对探究式教学、情境式教学理论进行深入研究，包括其历史发展、内涵、特征、基本模式和应用场景等，明确探究式教学与情境式教学应该如何结合、实现更有效的结合，对比科技馆实际案例，分析探究与情境相结合的教学活动具有的优势。

2. 现状调查

科技馆作为学生课余拓展知识、培养科学兴趣的重要场所，自然不会忽视光学展区的建设。中国科技馆探索与发现A厅中光学展区占据展厅的重要一隅，主要展示光的基本原理、激光的发明应用、光与颜色以及全息技术等，由浅及深、由近代到现代，全方位、多角度地介绍光学科学知识。但展区内也存在一些问题亟待改进。一方面，展厅内展项设置比较混乱，没有明确的线索或路径指示，导致观众只能走到哪儿看哪儿，不能有条理地参观、学习相关知识；另一方面，为了实现光学展项良好的展示效果，一般光学展区的灯光都比较暗，而说明牌也很少装独立照明设备，造成观众"只观其表不懂其理"的问题。目前解决这些问题的有效途径之一，就是依托展项开展内容相关的展教活动。教学活动有助于增强展品与观众之间的互动性，同时可以将科学知识系统生动地传达给观众。

为了解决展厅展项设置混乱、展品互动性不足、讲解活动缺乏吸引力等问题，本次教育活动采用探究与情境相结合的教学方式，营造神秘魔术情境，引导观众自主探究进行魔术揭秘，将科学知识融入魔术情境、科学方法贯穿探究过程，增强活动的吸引力。另外，为了达到亲子活动的效果，在寻找揭秘工具过程中设置手机扫码环节，提高父母在活动中的存在感和必要性。

3. 教学目标设计

本次教学活动对象是 5 ~ 10 岁的儿童，适宜参与活动的人数为 5 ~ 15人。根据儿童心理学发展认知规律，5 ~ 10 岁的儿童已经具备逻辑思维能力、一定的抽象思维和动手能力；从生理角度看，5 ~ 10 岁正是活泼好动的年纪，并且对于未知事物有强烈的好奇心和探索欲，参与这种"知识融入情境、探究习得方法"的教学活动，将有助于他们理解展项知识、培养其科学思维、启迪其创造力。

根据教学对象的认知水平，选取了 5 ~ 10 岁儿童较为能够理解和接受的5 个光学原理：光的反射、光的折射、光的色散、视觉暂留以及平面镜成像原理。其中光的反射、折射、色散为日常现象，儿童可以将知识与自身生活经验相联系，理解难度较低；而视觉暂留和平面镜成像原理，虽然知识点难度加深，但通过浅显理解儿童即能对"光"和"视觉"两个概念有更为清晰的认识。

4. 教学过程设计

本次教学活动旨在基于"光影之绚"展厅"视觉暂留""镜子迷宫""光的色散"三个展项，以揭秘"光的魔术"为主线，探究光线为什么会发生反射、平面镜是如何成像的、彩虹如何产生以及火"雨水倒流"的原理是什么。综合考虑观看吸引力和理解难度，按"视觉暂留—平面镜成像—光的折射"顺序展开。活动按照5E模型设计，分为五个阶段。

（1）参与阶段：魔术表演、引入活动，激发观众探究兴趣。

策略：创设魔术情境。

目的：引入活动，情境增加活动趣味、增强学生参与感，同时赋予角色使命感。

过程：辅导员扮演魔术师的角色，表演三个魔术（即光学小实验）"马儿马儿跑起来""空箱出彩""颠倒左右"。

（2）探究阶段：寻找道具、自主探究，使用道具进行揭秘。

策略：使用道具尝试解释涉及原理，进行自主探究操作。

目的：引导学生发现问题，寻找解决方法。

过程：魔术表演结束后，找到相应的展项扫描上方的二维码就会出现揭秘道具的图片，辅导员提供相应的揭秘道具，观众动手操作道具尝试自行解释。

（3）解释阶段：探究结束、讨论问题，总结讲解、完整揭秘。

策略：小组讨论，积极发言，总结大家探究的内容，进行统一讲解。

目的：学生梳理已得知识，老师评估学生知识获得情况。

过程：对所涉及的三个光学原理进行统一讲解，针对学生自主探究没有彻底明白的地方详细讲解，根据观众提出的问题进行详细解答。

（4）延伸阶段：拓展活动、参观相似，根据已学描述原理。

策略：参观原理相同展项，运用所学原理解释展项现象。

目的：巩固已学知识，拓展思考范围。

过程：与"视觉暂留""平面镜成像""光的折射"原理相关的展项有很多，综合考虑趣味性、互动性以及原理展示，分别选取了"奇幻之水""窥视无穷""牛顿三棱镜实验"三个展项。

（5）评估阶段：活动结束、总结评估，调查问卷、结合访谈。

策略：进行和调查问卷结合的访谈。

目的：评估学生的学习情况、对活动的满意度以及活动整体情况。

过程：在教学过程中，教学者可以通过提问，实时评估学生知识的掌握情况。学生对教学活动的满意度主要通过问卷调查的形式了解。

二　研究成果

（一）观点建议

本次教学活动共实施 18 场，每场的教学效果不尽相同，实施中存在的问题主要有以下几个方面。

第一，初步实施时，实施效果不太好，和选取的活动开展位置有关，颜色屋后的光学展区光线较暗，不适宜观众进行观察和动手操作。

第二，在展厅中开展活动，人员流动性太大。如果不能保障活动设计每一个环节都新颖有趣，很容易就会流失观众，或者减弱观众兴趣，达不到应有的教学效果。

第三，由于活动在展厅中开展，参与和感兴趣的人员有随机性，不能严格控制参与者的年龄和知识水平，这对教学活动实施者的前期准备的充分性以及实施现场的随机应变能力都是很大的考验。这也会带来另一种充实感，如果准备的知识点到位，可以让参与的不同观众都能取得不同的收获。

第四，适当的奖品可以增加儿童甚至成人的参与兴趣，但需注意奖品的挑选不可以喧宾夺主，依旧要把观众的大部分注意力控制在活动本身上。

（二）问卷分析

通过对 67 份有效问卷进行分析，得到以下评估结果。①参与完整活动的人数占总人数的 86%，观看完魔术表演的人数占总人数的 100%。②80%以上的参与者在过程中能够做到认真观察、仔细聆听，只有 20% 左右的参与者积极向老师提出问题。③参与者以学生团体的形式参与，这类观众比亲子家庭的活动参与度更高。④根据参与者的认知水平不同，我们设计了调查问卷，主要通过回顾操作、总结归纳考察受众的知识掌握程度，统计结果见表 1。

表 1　调查问卷统计数据

条目	统计数据
男女比例	1:1

续表

条目	统计数据
年龄范围	5 ~ 12 岁
答题成功率	83%
活动满意率	100%

注：答题成功率为"知识考查部分"题目全部答对或仅错 1 道的问卷数占比。

三 创新点

（一）形式创新

在总结借鉴国内外科技馆教学活动案例的基础上，创新教学活动形式，传统的展教活动大多基于一个展项开展，本活动过程中探究、解释、延伸阶段共涉及光学展区的 6 个展项，旨在从"成像"和"光谱"内外两个方面，为观众揭示"光与眼睛的秘密"。所选魔术和实验都是围绕这一主题，同时满足"魔术表演需具有观赏性、探究操作必须安全简单"的原则。

活动以魔术表演的形式引入，以展厅参观和探究操作两种形式结合展开，最后活动以延伸参观的形式结束。魔术是很受大众欢迎的一种表演形式，无论是教学对象（儿童）还是其家长，都会对魔术表演及其悬念产生兴趣。魔术表演形式在科技馆这样的开放空间中具有得天独厚的优势，可以很好地将观众注意力吸引到科学实验上来。

（二）方法创新

运用魔术创造问题情境，从情境教学入手展开基于问题的学习，同时结合探究式学习理论，设计开发符合展品形式、内容的教学活动。设计方案实现了"情境教学—问题学习—探究学习"三种理论方法的有机结合，实际实施展现的良好效果证明这种结合有益于科技馆展教活动的改进和发展。

科技馆中探究与情境相结合的教学活动并不少见，但结合魔术表演形式融入问题学习的应实属第一例。教学活动从头至尾很好地与展厅展项结合，让观众在参与活动的同时更加熟悉科技馆展项，进一步完善科技馆展项的展示教育功能。

四 应用价值

毫无疑问，科技馆具有教育属性，但其教育目的、教育内容和教育形式大大区别于正规学校教育。因此，传统的被动灌输式教学方式并不适用于科技馆情境。科技馆开展效果良好的教学活动，应该尽量依托科技馆自身情境氛围，开展立体直观、生动形象、通俗易懂和深入浅出的教学活动。显然，本教学活动的设计和实施原则是符合这一标准的。活动无论是在形式还是方法上都进行了大胆的创新，探索出科技馆展教活动设计的新方向。无论是设计理论还是现场实施效果，对于科技馆都具有一定的实际应用价值。

总体来看，本次教育活动的开展有助于学生对光学知识形成更系统深刻的认识，并能通过自主学习多感官体验科学探究过程。对科技馆而言，可以完善相关展品的展示功能，创新展厅内教学活动形式，进一步提升观众对科技馆的兴趣。

吃草的"怪物"

——同源器官科普剧

项目负责人：李佳贞

项目成员：刘杨琪　孙莹　喻红　王楷雯

指导老师：于晓敏

摘　要：科普剧作为科技馆教育的一种新形式，在创新科技馆公众教育模式、促进科技馆可持续发展方面做出重要贡献。儿童科普剧作为其中分支，能够启蒙低年龄儿童对科学知识的了解与认知，激发他们对科学知识的兴趣与热爱。本项目基于儿童科普短剧实践，从儿童科普剧剧本创作到演员表演，多方面探究科普剧开发的要点与技巧，大胆探索展厅内部实施科普剧的表现方式，在创新性与应用价值方面有诸多论述，为科技馆展厅内实施科普短剧提供可能。

一　项目概述

在建构主义理论的指导下，科技馆的教育活动不再仅限于观众"动手做"，而是基于已有的"潜概念"、"错念"或"认知框架"[①]对科学概念进行更多探索。然而，科技馆常设展览的科普展品，往往受经费、展示设计、创新能力等诸多因素的限制，不可能时时更新，也难以结合当前社会热点和公众关心话题及时推出新品。因此，科技馆"体验教育、过程教育、情境教育"教育理念的实现，就更多地需要依靠丰富的科普教育活动作为展览硬件设施的补充，而科普剧就是科技馆向社会公众提供的新颖科普产

---

① 龙金晶：《科技馆展教功能发展的社会背景及教育思想研究》，《科普研究》2013年第4期。

品之一。

中国科学技术馆二楼"生命之秘"展厅有一个"同源器官"的展项。该展项向观众展示了生物同源器官的种类，并区分出同源器官在功能上的相似性以及结构上的差异性。该展项属于常设展项，虽有互动环节，但是观众的参与性不强，在对观众进行知识传播方面作用不大。另外，该展项陈列时间较长，有褪色的情况，让整个展项在外观上不够吸引游客。基于"同源器官"展项创作的科普剧可以弥补原有展项的不足，扩大展项影响力。在科普剧表演的影响之下，将"同源器官"展项拉回观众视野。将动物形态知识与"同源器官"知识结合，换一种形式，更为生动形象地表达出来，能够更好地实现传递目的。本项目采用科普剧的演出方式，将科学知识与舞台表现融为一体，对科普剧的剧本创作、演员表演等进行实践探索。经过前期调研、剧本编写、试演与公演等多个环节，先后对脚本进行多次修改，经评委老师与指导老师的指导后，最终确定了剧本的选题及内容，通过反复的商议与探讨，最后确定了4只小动物的拟人化形象。再通过内容选材将科普知识、人物背景编写到剧本当中。确定剧本后，开始进行演员选定与排练、演出服装道具的购买以及演出场地的申请与走位。

二　研究成果

本项目以科普剧为表现方式，围绕同源器官知识展开人物之间的矛盾冲突，科普剧在中国科学技术馆一楼展厅——儿童乐园落地实施。通过实地观察发现，观看科普剧的儿童一般为小学低年级及更小的儿童，该类人群知识储备少，对事物理解程度浅，缺少深层认知。所以在剧情设计上要将科学知识直观地传递给观众，明确表达科学知识；人物设计需贴合观众喜好；表演时长要控制到位，将时间控制在观众可接受程度以内。所以根据受众分析，剧本在人物设置上选择了4个动物的卡通拟人形象作为故事的主人公，通过它们之间的矛盾冲突将科学知识传递给观众。

（一）人物设置

小猴子：粗心大意，一心想当英雄证明自己。

山羊爷爷：森林里最博学的动物。

黑熊：三百多斤的胖子，喜欢嘲笑他人。

小白兔：胆子特别小。

作用：每一个人物形象特点鲜明，增强了观众对人物的代入感，可以让剧情紧凑，缩短表演时间。

（二）剧情简介

1. 开头：猴子粗心办错事，被讥讽，发誓要当英雄。

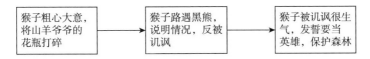

作用：简单交代了背景，让故事中的人物性格特点凸显，让观众在短时间内对人物有一定了解，方便后文矛盾的发展，同时为后文发展埋下伏笔。

2. 发展：森林惊现怪物，兔子被吓，人心不安。

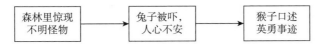

作用：所有人物出现，推动情节发展。兔子的口述，吸引观众，猴子的英勇事迹，引出故事矛盾。

3. 高潮 1：山羊爷爷不断质疑"证据"的真实性，看似真实的证据存在漏洞。

作用：山羊爷爷在质疑证据的时候，会讲清楚疑点和原因。讲解过程中向观众讲解动物组织特点，一方面传递了知识点，另一方面推动发展，激发矛盾。

4. 高潮 2：黑熊画出怪物形象，山羊爷爷戳穿小猴子的恶作剧。

作用：山羊爷爷在批评小猴子等人的时候也将同源器官知识点传递给观众，让观众了解到什么是同源器官，为何会存在同源器官，等等。在传递知

识点的同时教育在场的观众树立正确的价值观。

5. 结尾：小猴子坦白原因，其他小动物也有所反思。

作用：小猴子的道歉和小动物们的反思，都是对在场观众的教育。结尾处如此设计，也是对整个剧目在主旨上的升华。

整场科普剧演出时间为 13 分钟，演员均为北京航空航天大学某话剧社学生演员（见图 1）。整个科普剧先后经历了前期调研、剧本编写、演员挑选、彩排与试演、道具舞台设置、正式公演等多个环节，涉及工作人员 10 余人。通过科普剧的编排与演出，整个团队的成员对科普剧的认识均在不同程度上有了很大的提高。剧本创作先后更改了 4 个版本，演员挑选经历三轮才确定最后的演出人员，舞台搭景则在不断调整与改进中确定方案，后期处理不仅要处理画面还要配音、剪辑等。科普剧从创作到演出是一个不可分割的整体，除了认真细致地处理每一个环节外，团队里每一个成员的努力与付出才是让整个科普剧顺利公演的保障。

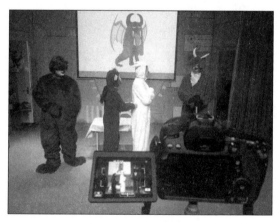

图 1　科普剧演出照

三　创新点

本项目以科普同源器官为主要内容，对同源器官的相关知识进行了介绍，还将其他知识融入科普剧表演之中。知识点选择恰当，表现形式新颖。

在前期调研过程中，我们发现，中国科学技术馆二楼的同源器官展项除了项目本身存在褪色、摆放位置等缺陷外，很多观众在参观后对什么是同源器官依旧不是很清楚，指示牌的说明不明确、缺少辅导员讲解等是形成这种现象的主要原因。将知识点演绎成科普剧是用另一种表现形式传递知识，既丰富了科技馆的展教资源，让观众耳目一新，又将同源器官知识点展现得淋漓尽致。更重要的是，科普剧的表现方式容易拉近其与低龄观众的距离，让他们接受并喜欢科普剧，切合了科技馆的教育目标。

另外，本次科普剧是中国科学技术馆在展厅内实施科普剧表演的一次大胆尝试。由于时间和场地的限制，科普剧很少在展厅内部演出。观众在展厅内看到的活动多数为科学实验或科学表演。又由于科普剧表演需要大量的人力、物力、财力，所以科普剧一般演出时间长、演出次数少，这在很大程度上限制了观众对科普剧的认知与了解。本次科普剧在剧情和时长方面进行了大胆尝试。多次改写将演出时长控制在展厅的一个表演时段内（15分钟），舞台设置也符合场地条件，在以上条件下将整个故事的开始、发展、高潮、结尾充分展现出来，不拖沓，不延长，保证展厅内其他活动的顺利开展。短短15分钟内，剧目不仅要展现矛盾与冲突，还要对观看的小观众进行情感态度和价值观上的教育，这对整体剧目的设计提出了很高的要求。经过多次的试演与总结，最终的科普剧受到家长和小朋友的热烈欢迎，许多观众会留下来再次观看演出。本次活动的展开，是中国科学技术馆展厅内科普剧表演的一次尝试，是展厅内表演形式的一次创新，也为中国科学技术馆在展区内设置科普剧表演提供了可能。

四　应用价值

科普剧创作方面。科普剧的创作取向立足于传递准确的科学概念和科学原理，不仅是有关科学的基本事实、概念、原理和规律，更多的是强调科技与生活、科技与人文的结合。科普剧本身的特点就使科学传播变得有趣丰富。观看表演的过程中，观众能参与整个故事的探究。一方面，通过剧情的互动表演了解人物冲突，以及隐藏其中的科学方法和科学精神，将科学知识乐趣化、生活化，同时能获得感官上的愉悦享受；另一方面，与其他艺术形式不同，科普剧的剧情一般简单易懂，没有激烈的矛盾冲突和复杂的剧情设置，在潜移默化中将科学世界融入生活，在脑海中创造画面记忆，方便日后的调取与使用。

实际应用方面。中国科学技术馆内展厅科普短剧的实施存在一定空白。科普剧作为新兴的科普传播方式，一直备受欢迎。若想将科普剧作为日常教育活动来实施，需要其演出时间较短，故事情节完整，人物冲突合适，切合受众喜好，对剧本、舞台、演员等要求较高。本次科普剧大胆选在展厅内实施，在时长和剧情方面都进行了反复的考量与筹划，为中国科学技术馆落地实施科普短剧提供可能。另外，此项科普短剧将同源器官知识点从静态的展品扩展到教育活动，丰富了传播形式，扩大了受众范围。这为科技馆基于展览展品开发教育活动、进行多种形式的展品资源转化，提供了可借鉴的案例，有利于科技馆所呈现的科学知识脱离展项限制，重新回到人们视野，充分体现其价值。

开发模式方面。中国科学技术馆未将科普短剧作为日常教育活动，剧本和演员的缺乏是一大原因。本次科普剧实施，与北京航空航天大学某话剧社合作，聘请校话剧社演员，话剧社演员对话剧的热爱和专业的表演水准对此次科普剧的成功实施至关重要。但是，由于校话剧社缺少资金，演员缺少演出机会。如果科技馆可以与校话剧社合作，既能拥有优秀的作品与演员，又可以为话剧社提供展示的空间，无论从成本还是发展的角度，都是一个双赢的选择。

价值观认知方面。科普剧在学生科学精神和信念的形成上有独特的优势。科学精神和信念的内涵包括两个层次：一是处理人与自然、人与物的关系时，需要具备的求实精神、理性精神、批判和创新精神；二是处理人与人的关系时所体现的平等、宽容和合作的精神。[①] 科普剧是以普及科学知识为服务根本，在内容上本着科学求真的创作理念，同时关注新奇有趣的最新科技成果，将其融入科普剧的表演中，既可激发观众学习科学知识的兴趣，又是观众发明创新的动力。一部优质的科普剧是团体合作完成的工程，要求各方面人员的努力与配合。在与他人合作编排科普剧的过程中，可以纠正受众不符合客观世界规律的科学认知，培养批判怀疑的精神，也可以着重强调与人交流合作的愉快，树立合作意识，以期对受众进行良好的人格教育。

---

① 李欢、丁吕：《科普剧对小学生科学素养形成的意义》，《科普研究》2013 年第 3 期。

"人体免疫系统探秘"

——结合中科馆"健康之路"展区展品

项目负责人：季小芳

项目成员：薛晓茹　陈晶　李莉　翁丽华

指导教师：郑葳

摘　要：科技馆作为社会重要的非正规教育基地，能够弥补学校教育的不足。推进科技馆教育和学校教育的有效沟通和衔接，能最大限度地实现正规教育和非正规教育的有效互补。针对中国科学技术馆静态展品缺少互动性的问题，本项目基于"健康之路"展区展品，将关联展品进行串联，系统整合有关知识点，结合学校课程内容，设计开发系统性的科学教育活动，并选择5~7年级的学生作为研究对象，通过项目式学习和游戏化教学使学生获得系统性的科学知识，提高其科学素养。

一　项目概述

（一）研究缘起

2006年，中共中央办公厅和国务院先后公布了《国家中长期科学和技术发展规划纲要（2006－2020年)》、《关于进一步加强和改进未成年人校外活动场所建设和管理》及《全民科学素质行动计划纲要（2006－2010－2020年)》。在这些重要文件中，科技馆作为"国家科普能力建设"和"科普基础设施工程"的重要内容，被给予高度重视。中央文明办、教育部、中国科协还联合下发了《关于开展"科技馆活动进校园"工作的通知》，进一步明确要将科技馆资源与学校教育特别是科学课程、综合实践活动结合起来，促进校外科技活动与学校科学教育有效衔接。

结合科技馆展品和学校课程知识，开展主题式科学教育活动，可以将学科知识整合，使之系统化，弥补分科教学造成的学科割裂化、知识碎片化等不足，促进学生课堂知识的实际应用，并培养学生对真实问题的探究能力和解决能力，从而培养学生的科学素养和实践能力。由此可见，馆校结合开发教育活动可以解决知识割裂的问题，促进学生的系统学习。

本研究通过调研发现，中国科学技术馆的部分展品陈设存在简单罗列等问题，导致展品之间的知识割裂。在参观过程中，由于缺乏教师引导，学生往往不知顺序、不成体系，同一区域内先后参观的展品之间也缺乏内部逻辑，因此学生无法真正理解展品背后的知识与课堂教学的联系。并且，学生往往走马观花、漫无目的，对展品仅仅是简单的动手操作，并没有进行深入探究。因此，本项目针对科技馆中互动性较差的生命科学类展品，设计开发系统性的教育活动，让学生更好地学习其中蕴含的科学知识，培养学生的科学理念。

项目研究目的如下：①基于科技馆现有展品，设计生物学教育活动，丰富科技馆的活动类型，促进受众更好地体验展品，优化科普效果；②利用科技馆的展品资源，配合相应的科学探究活动，对小学科学教育进行课外延伸，为初中的生物教学做铺垫，促进正式教育与非正式教育的结合；③通过对"健康之路"展区的体验学习，促进青少年对生物学的理解，提升其科学素养、培养"健康生活"的理念。

（二）研究过程

1. 准备阶段

（1）学习者特征分析

通过内容分析法、问卷调查和访谈法，了解学校不同学段学生对于人体免疫知识的理解程度和已有经验，整体把握学生不同学段的认知发展特点，对不同学段学习者特征进行全面分析，以便为后续教育活动的设计、学习单的开发以及评价表的设计等环节提供依据。

（2）中国科学技术馆展品分析

经过实地调研，中国科学技术馆与人体免疫知识相关的展区及展品为

"健康之路"展区，代表性展品有"它们有多大""敞开大门的躯体""人体保卫战""艾滋病的防御"等。上述展品均为缺乏互动性的静态展品，相互之间虽有联系，却是碎片化的，不能形成一个完整的系统。

本项目以"人体免疫系统探秘"为活动主题，以"健康之路"展区为主要研究对象，将中国科学技术馆相关展品的科学知识进行系统化设计。

（3）设计开发教育活动

依据义务教育课程标准实验教科书《生物》《义务教育小学科学课程标准》，结合中国科学技术馆"科技与生活"展厅中的"健康之路"展区，我们设计了与学校课程互补的"人体免疫系统探秘"主题教育活动，设计内容包括教育活动方案、学习单等。

2. 实施阶段

2017 年 10 月和 11 月，我们在中国科学技术馆展厅分别开展了两次教育活动，活动对象为 5～7 年级的学生。

3. 评价阶段

采用多元评价维度对项目实施及学生学习效果进行评价，充分结合形成性评价、过程性评价和结果性评价方式，一方面考察学生的学习效果，另一方面评价教育活动实施效果。通过多元评价方式提高信度与效度，对项目的实施效果进行把控，这对项目日后的改进与完善有着重要的指导意义。

（三）主要内容

1. 前期调研

国外很早就开始注意到非正式教育对培养学生能力的重要作用，早在20 世纪 80 年代，美、英等国家颁布了各自的《国家科学教育标准》。近年来，我国科技馆和学校都开始重视科学教育，科技馆不断开发教育活动，学校也出现了将科技馆展品相关知识纳入中考题的做法。在此背景下，馆校结合无疑是双方推动青少年科学教育的一个重要措施。

从近年来"中国科协研究生科普能力提升项目"立项情况来看，科学教育活动开发与设计的项目越来越多，但是将相关知识点所关联的展品进行串联，将不同板块却又互相联系的知识点整合，开展系统化教育活动的项目较少。

2. 活动设计

（1）设计模式

本次活动设计模式主要有通过建模实现概念的转变，以及通过游戏化教学实现科学概念的形成。

①建模对概念转变的意义

近十几年，模型和建模在国外的科学教育中越来越受到重视，并成为科学教育的一种范式，它一方面为科学教育者洞察客观世界的内在机制打开了一扇窗，同时为学习者学习科学知识、提高科学思维能力提供了一种方法或途径。基于模型和建模的科学学习以建构主义为理论依据，适应了时代的新要求，也与我国新课程改革强调培养学生科学素养的取向相一致，所以，研究模型与建模在科学教育概念转变中的作用具有非常重要的意义。

②游戏化教学

《教育大辞典》对游戏的定义：游戏是儿童活动，主要是根据孩子年龄特点，以有目的、有意识的方式，通过模仿和想象，反映周围现实生活构成的独特的社会活动。游戏化教学是根据学习目标和学习对象的特点，合理选择或是设计教育游戏，将游戏的合作性、探究性和竞争性结合在教学实践中。它通过游戏来设计一些情景，通过任务的完成以达到教学的目的。

从文献可以了解，国内早已有教育学者开始关注游戏化教学，并且在诸多学科已经有了相关研究。已有文献中也有对游戏化教学进行定义的，但是鲜见将游戏化教学策略运用到科技馆、自然博物馆等场馆教育活动中的案例。

游戏化教学中的角色扮演在国外已经被广泛地运用，并且受到研究者的密切关注，但国内对角色扮演的研究可以说刚刚起步。从查阅的资料来看，国内目前尚无论述场馆中以角色扮演设计开发教育活动的专著。因此对场馆情境下角色扮演类的游戏化教学的研究需要调查学生对角色扮演教学的基本态度，也需要调查场馆对角色扮演教学法的应用状况，发现问题并在此基础上进一步完善运用策略。

（2）活动对象

本次活动对象选择 5~7 年级的学生。

（3）活动设计

本项目以生物学科知识为活动内容，结合中小学的课程标准进行馆校结合的课程开发设计，主要是通过游戏化教学的方式，带着学生探索细菌和病毒的基本结构，初步形成对免疫系统的科学概念，为初中的生物学科学习做铺垫，并培养学生健康生活的理念。

活动分为展厅参观体验和拓展延伸活动两部分。展厅参观体验活动中，学生根据学习单，以小组为单位合作完成展品体验，拍照记录并写下体验感受；拓展延伸活动中，学生以小组合作的形式共同完成三个活动（见表1）。

表1　活动内容

课时一："做中学"——探究细菌和病毒的结构	
活动意图	让学生了解抗原的概念，了解细菌和病毒的结构
活动材料	示例模型、彩纸、彩笔、硬纸板、彩色泡沫小球、彩色丝带、牙签、彩色水笔、胶水、毛线、棉花、橡皮泥、软陶土等材料
活动过程	【明确任务】你知道让我们感冒发烧的细菌和病毒的"真面目"吗？你了解它们的基本结构吗？本次课程，就让我们动手来做一个细菌或病毒的结构模型吧！ 【完成任务】学生以小组为单位设计并制作模型 【成品展示】请小组演示并解说 【评价】根据评价表完成学习评价
活动时长	40分钟
课时二："玩中学"——探究人体免疫系统三道防线	
活动意图	让学生初步形成免疫系统的科学概念，大致了解三道防线
活动材料	卡片、模型、文本资料、道具
活动过程	【明确任务】"玩中学"——你知道细菌和病毒是如何侵入我们人体，导致我们生病的吗？你知道我们身体自我保护的三道防线吗？本次课程，就让我们通过科学游戏的方式，去学习人体免疫系统吧！ 【完成任务】学生以小组为单位进行游戏 【互动提问】教师通过互动性的提问，明确学生完成了学习目标 【评价】根据评价表完成学习评价
活动时长	40分钟
课时三："学以致用"——制作以"健康生活"为主题的宣传手册	
活动意图	让学生了解艾滋病的防御机制，树立健康生活的科学理念
活动材料	彩纸、彩笔等

活动过程	【明确任务】你听说过艾滋病吗？你知道它的防御机制吗？让我们运用学过的知识，亲手制作一份宣传手册吧！ 【完成任务】学生以小组为单位进行设计和制作 【成品展示】请小组展示作品，并解说 【评价】根据评价表完成学习评价
活动时长	40 分钟

（4）活动匹配资源

①展品体验学习单；②活动学习任务单；③制作模型的参考资料；④艾滋病的科普材料；⑤调查问卷。

二 研究成果

本项目共在中国科学技术馆完成两轮落地实施，分别在 2017 年 10 月和 11 月完成，每轮实施之后根据活动效果和参与者建议，对活动方案进行修改和调整，不断总结。

（一）教学活动反思

1. 小组合作

在教学过程中发现，小组合作存在一定问题，常常出现每个学生"各自为政"的现象，因此，参考其他优秀的教学活动案例，我们设计了小组合作评价（见表 2），不仅要对每组作品进行评价，还要对过程参与度给出评价。

表 2 自评和小组互评

项目		优秀 （20 分）	良好 （15 分）	有待提高 （12 分）	不合格 （8 分）	总分
小组 作品	完整性					
	艺术性					
团队 协作	协作性	非常融洽 （10 分）	沟通困难 （8 分）	意见不一致 （6 分）	不团结 （3 分）	总分

续表

项目	优秀 （20分）	良好 （15分）	有待提高 （12分）	不合格 （8分）	总分
	优秀 （10分）	良好 （10分）	有待提高 （6分）	不合格 （4分）	总分
创新					
合作					
审美					
总分					

2. 模型的制作

在第一轮实施中我们发现，学生在第一课时制作模型时常互相参考，思路比较单一，在一定程度上禁锢了学生的思维，因此，第二轮活动要求两小组之间不能制作相同的模型，让学生自己选择材料进行制作。

3. 教学内容的调整

在第一轮活动结束后学生表示，完全理解免疫系统的知识点存在难度，希望增加活动的趣味性，故根据学生的知识背景降低了教学难度。

（二）活动实施情况分析

1. 为学生提供充分的展示交流机会

实施过程中发现，学生很喜欢向大家展示自己小组的想法。成果展示可以锻炼学生的表达交流能力，有利于其批判性思维的形成，因此，每个课时均会请小组不同成员演示成品或者分享学习感想。

2. 对学生的学习情况做出及时的反馈和指导

在实际教学中发现，学生的理解情况与教师的教学预期存在出入，有时候学生并没有真正理解教师讲授的内容，这时候教师应该多加注意，及时发现学生的错误并加以引导、修正。此外，也可以让小组间多交流，互相督促，在合作中共同学习。

（三）活动效果分析

活动效果评估主要分为前后测试题和调查问卷两部分。前后测试题是针对展品和活动设计的选择题，以了解学生是否掌握科学知识；而调查问卷则是调查学生的兴趣和态度情况。两轮活动共计10位学生参与，共收集10份有效数据。

前后测试题部分，通过对比每位学生活动前后的测试情况，发现全部学生在活动实施前并不了解有关知识，而在活动实施后基本掌握了知识点。

调查问卷部分，我们对学生对动手制作的喜欢程度、游戏化教学的接受度、对人体免疫系统的了解程度、对生物学的兴趣、教育活动对课堂学习的提升程度、对整体活动的满意程度等几方面进行了调查。结果表明，学生对此类型活动较为喜爱，由此掌握了一定的科学知识并提升了对生物学科的兴趣，表明教育活动对课堂教学能起到一定的补充促进作用。

（四）总结与思考

通过对活动实施结果的分析，我们对本次活动有如下思考。

非正式环境的科学教育活动中，应该更加强调对学习兴趣的激发而不是知识的学习，因此，如何以更加有趣的形式呈现，是课程的核心。在实施过程中发现，真正地"动手做"有利于激发学生的学习兴趣，无论男生还是女生，都对动手制作细菌和病毒模型非常感兴趣。

在科学教育活动教学中，采用游戏化教学的形式有利于提高学生的学习兴趣。在本活动中，学生在学习免疫系统三道防线的过程中，通过角色扮演等方式，不仅玩得开心，学得也很开心，研究结果表明，学生非常欢迎通过这种与众不同的教学方式进行学习。但值得注意的是，必须在实施的时候保障学生的安全，对场地、设施、道具等进行精心设置，强调安全第一。

活动方式的趣味性与内容设计的相关性对学习效果有很大的影响。本活动将展品体验和动手实验进行融合，在对展品所表达的免疫系统进行初步学习的基础上，通过动手做、玩游戏的方式，深入探究展品中蕴含的科学知识，再回过头帮助学生解决展品体验过程中的困惑。

活动中教师对学习效果也有很大的影响。活动实施过程中，教师应该只对有关知识进行简单讲解，而把其余时间留给学生进行自主探究，在此过程中教师只做观察和必要的处理；此外随着活动的开展，教师需要不断摸索，以实现最大限度地辅助参与者又不影响其独立性。

三　创新点

（一）以整合思维进行展品串联

科技馆展品蕴含的知识往往存在割裂性，不利于学生解决学习过程中的实际问题。因此，对展品的科学知识进行梳理整合十分有意义。本课题围绕核心知识点"人体免疫"开展教育活动，从而将不同板块的知识、涉及不同内容的展品整合到一起。

（二）馆校结合的一次有益尝试

虽然馆校结合愈发受到重视，但基本上还仅停留在"参观"层面，合作不够紧密。本项目根据课标和学校的课程设置，结合学校的需求，形成馆校之间的深度结合，促进学生的深度学习。

（三）强调探究式学习

本课题开展的多个活动都强调让学生进行探究式学习，如动手制作细菌和病毒的结构模型等。

（四）融合 STSE 教育理念

STSE 教育强调让学生理解科学与技术、社会和环境之间的关系，关注科学的发展和技术的变迁对社会、环境的影响。本项目以病毒给人体带来危害为引子，通过对免疫系统、艾滋病的防御机制等知识点的学习，使学生增强健康生活的理念。

四　应用价值

本项目将"健康之路"展区的几个展品联系起来，设计教育活动，让学生了解病毒、细菌等是可以致病的抗原，而人类天生的免疫系统可以三道防线对抗原进行防御，使人类能够健康生活；并通过展品"艾滋病防御"，宣传健康生活的理念。这样的科学教育活动可以促进学生对相关知识点进行系统性学习，学会对知识点进行整合归纳，并促进学生构建自己的知识体系，为今后的生物学学习提供借鉴。

而在中国科学技术馆层面，本项目能够很好地解决科技馆静态展品缺乏互动性的问题，是一次对于展品串联、知识点整合的新尝试，对科技馆开发教育活动具有示范推广意义。

为什么秋冬北京容易出现霾

——馆校结合的地学科普类探究性辅助活动

项目负责人：刘广慧

项目成员：张秋杰　蔡瑞衡　季小芳

指导教师：吴娟

摘　要： 本项目着眼科普资源较为匮乏的地学领域，以生活中的议题开发设计科普活动。在馆校结合的背景下，基于《科学》和初中《地理》课程标准，遴选中国科学技术馆的 5 件地学相关展品，以北京地区人们生活中的热点话题"霾"为活动情境开发设计了"下垫面对大气运动的影响研究"的地学活动，旨在提升展品的科普体验效果的同时，在馆校结合的优势下促进小学、初中的地理教育衔接，丰富地学类科普教育资源，增强青少年的地理兴趣。

一　项目概述

（一）研究缘起

1. 教育发展对践行地学科普的需求

（1）地理教育馆校结合的发展趋势要求

地理教育一直是国民综合素质教育的重要组成部分。[①] 随着素质教育和新课程改革进程的发展，地理教育也逐渐由单一的学校教育向广泛的正式与非正式教育相结合的方向转变。地理教育有别于其他学科教育的突出特

---

① 秦学：《一项不容忽视的社会工程——地理科普》，《地理教育》2004 年第 3 期。

点是综合性和区域性，其具有较为宏观的时空特征，地理演变过程难以在课堂环境中直接模拟展示。因此，在学校教育资源不充分的条件下，具有相应资源的科普场馆应当积极开展地学科普，与学校地理教育做好衔接，共同促进公众地理学科素养的发展。地学科普是对学校地理教育的有效补充。

（2）教育整体衔接性设计的要求

2017 版《小学科学课程标准》进一步强调了环境教育目标的实现。而环境教育与地学是一脉相承的，二者均强调人地关系和谐发展的重要性。小学科学的"地球与宇宙领域"模块是与初高中阶段的地理学科相贯通的。在素质教育整体一致性课程体系设计的理念下，各学段间知识与技能的有效衔接变得尤为重要。但通过对浙江、湖南、甘肃三位初中地理教师的深度采访发现，目前初中新生的地理基础薄弱，甚至有些学生的地理基础就是"白板"；此外教师也受困于地理教育缺乏形象直观的实验设施的难题，对于馆校结合的教学模式充满了期待。由此可见，地学科普无论是对科学教育还是地理教育本身，在促进各学段间的有效衔接上均具有重要意义。

2. 地学科普薄弱现状的供需矛盾挑战

（1）地学科普现状不容乐观

早在 2006 年，"科技活动进校园"项目便已启动。[①] 尽管科普事业在逐渐发展，但对地学科普的现状调查表明，人们存在地理学公众认同危机，[②] 即人们并不充分了解地理学及地理学家做出了怎样的贡献。Peter Dicken[③] 和 Noel Castree[④] 均发现人们在潜意识里能感觉到地理学的重要性，但对于进一步的地学知识获取和地学专业的发展并不了解。这表明地理在人们生活中继续教育的缺失。而且由于地学科普的社会关注度不高，[⑤] 网络科普传播也难以发展壮大。由此可见，科普工作者需要积极关注地学科普，促进公众地理学科素养的有效发展。

---

① 《科技活动进校园》，http：//bsmws. xiaoxiaotong. org/about/intro. aspx。

② 孙俊、潘玉君、和瑞芳等：《科学普及中行为缺失的案例剖析——以地理学为例》，《科普研究》2011 年第 2 期。

③ Dicken, P., "Geographers and 'Globalization': (yet) Another Missed Boat?", *Transactions of the Institute of British Geographers*, 2004, 29 (1): 5 – 26.

④ Castree, N., "Geography's New Public Intellectuals?" *An-tipode*, 2006, 38 (2): 396 – 412.

⑤ 章茵、史静、刘澜等：《国内地学科普网络传播现状研究》，《地质论评》2015 年第 5 期。

（2）馆校结合的地学活动资源缺乏

尽管地理教学对馆校结合有实质需求，且目前馆校结合已经成为科普场馆的重要发展趋势之一，反观地学科普的馆校结合发展趋势却并不容乐观。通过对近5年来科普场馆的馆校结合主题内容的梳理分析发现，主题主要集中在物理、化学、生物学科领域，辅以机械、能源、航天等科技领域，只涉及了少量的环境领域；其中直接涉及地学科普活动的就更少了。因此，在馆校结合背景下的地学科普具有很大的市场。

（二）研究过程

1. 研究目的

（1）基于科技馆的现有展品，设计相关的地学类教育科普活动，丰富科技馆的活动学科类型，并利用相应活动辅助受众更好地体验展品，提高科普效果。

（2）在馆校结合背景下，利用科技馆的展品资源，配合相应的地学活动，对小学科学教育做补充并为初中的地学教育做铺垫，促进正式教育与非正式教育的结合。

（3）借助"霾"这一现实中的热点问题，通过设计系列地学类活动及展品体验，促进青少年对地学的理解，增强青少年对地学的兴趣，培养其可持续发展的人地观。

2. 研究过程

本项目经过详细的前期调研来设计相应的地学活动，并采用实验法、调查法、统计分析法来进行活动效果的评测。研究主要由四大部分组成，研究过程如图1所示。

（三）项目内容

1. 活动内容简介

本活动调研选取了中国科学技术馆的5件地学相关的展品，挖掘其科普内涵，联系北京人们生活热点问题之一——霾，开发系列地学小活动，以更好地辅助展品体验，并丰富地学类科普活动资源。活动抓住北京秋冬多霾的两个原因"污染来源多"和"扩散条件差"中的第二个，并着重依据"自然扩散条件差"来设计地学主题活动。活动依据基于问题的学习（Prob-

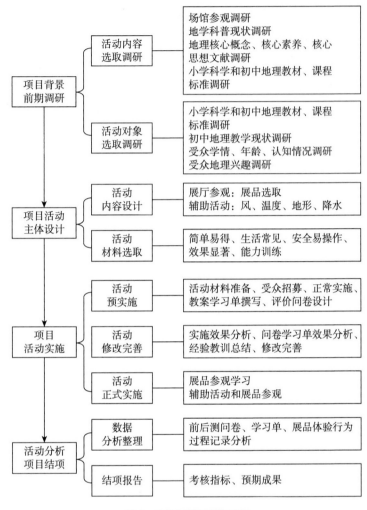

图 1 项目研究过程框架

lem-based learning，PBL）来进行设计。主要围绕"为什么秋冬北京容易出现霾天气"这一问题，来分析探查北京的风、温度、降水和地形的特点及问题成因，并分析四者间的相互影响，以此来学习"不同下垫面对大气运动的影响"，最后回答解决造成北京秋冬易霾的情境问题。

2. 活动形式

活动内容分为两大部分：场馆参观学习和辅助活动学习。活动受众分为两类，第一类只参观展品不参与辅助活动，相当于前测组；第二类，先完整体验项目活动再进行场馆参观学习，收集后测组数据。对比受众的场馆参观行为和科普学习效果，以检测辅助活动的科普效果。

3. 活动对象

本次活动对象选择 5 ~ 6 年级的学生。其一，本项目目的之一是增强学生对地学的兴趣，为学生之后的地理学习做有效铺垫。而处于过渡阶段的 5 ~ 6 年级学生是较为合适的活动对象。其二，就活动实施的可行性而言，5 ~ 6 年级的学生对于地学已有模糊的初步印象，有一定的知识储备，能够与展品、活动展开互动。

4. 项目活动实施

项目活动实施过程如图 2 所示。

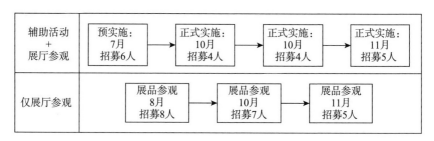

图 2　项目实施过程

二　研究成果

（一）活动方案

项目活动主要是以"北京霾的扩散条件差"的原因探查分析为线索来进行"下垫面对大气运动的影响研究"的学习。在本活动中"大气运动"主要指风力风向、温差和降水天气现象，即北京的海陆位置和地形特点对北京的风、温度和降水特征的影响，进而回答北京的风、降水和地形要素对霾天气的影响的活动情境问题。

（二）活动效果

活动的实施效果通过调查问卷的前后测和学习单完成情况来评估，并通过有无辅助活动参与的展厅参观行为对比来进行辅助评估。从问卷的前后测结果（见图 4 和表 1）、学习单的正误完成情况来看，活动的科普效果

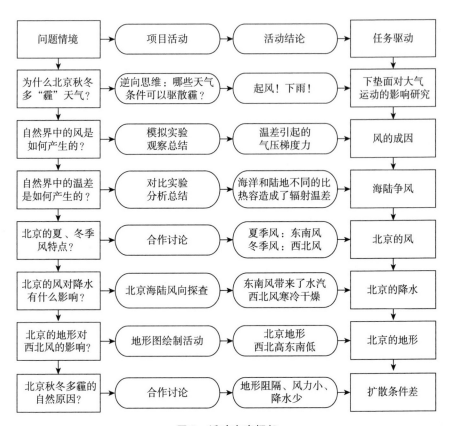

图 3　活动方案框架

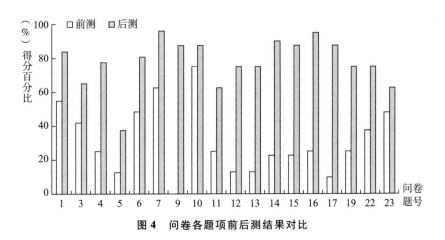

图 4　问卷各题项前后测结果对比

已初步达成。从有无辅助活动参与的展厅参观行为对比看，辅助活动对展厅体验效果提升也有初步作用。

表1　活动前后测配对样本 t 检验结果

成对样本检验								
项目	成对差分					t	df	Sig.（双侧）
	均值	标准差	均值的标准误	差分的95%置信区间				
				下限	上限			
Pair 1　地理兴趣1－地理兴趣2	-0.625	0.518	0.183	-1.058	-0.192	-3.416	18	0.011
Pair 2　霾1－霾2	-0.500	0.267	0.094	-0.723	-0.277	-5.292	18	0.001
Pair 3　风1－风2	-0.250	0.267	0.095	-0.473	-0.027	-2.646	18	0.033
Pair 4　比热容1－比热容2	-0.938	0.496	0.175	-1.352	-0.523	-5.351	18	0.001
Pair 5　冬季风1－冬季风2	-0.625	0.443	0.157	-0.996	-0.255	-3.989	18	0.005
Pair 6　降水1－降水2	-0.500	0.535	0.189	-0.947	-0.053	-2.646	18	0.033
Pair 7　地形1－地形2	-0.563	0.320	0.113	-0.830	-0.295	-4.965	18	0.002
Pair 8　科普场馆1－科普场馆2	-0.625	0.744	0.263	-1.247	-0.003	-2.376	18	0.049

注：各模块1表示前测，各模块2表示后测。

（三）活动结论

1. 受众地理兴趣

从目标群体地理兴趣的前后测调查结果来看，目标受众的地理兴趣不容乐观（见图5）。活动前，抽样结果显示，仅有25%的受众喜欢地理，大部分观众表示兴趣一般。而经过地学类科普活动体验后，受众对地理的兴趣有了较大的提升。这表明通过科普活动的体验来提升大众的地学兴趣，促进正式教育与非正式教育的融合还是非常有希望、有实践价值的。

2. 受众真实地学学情调研

活动前，目标受众的地学学情只能通过对教材和课标的分析来间接推测，其反映的也仅限于学生对课本知识的了解，并不能代表其在真实生活中的地学掌握情况。通过此次"霾"活动的调研可以管窥目前一些小学高学段学生的实际学情。

其一，学生缺乏乡土情结，对于供自己生活成长的脚下的土地并不了解。这也显示了当前的学校教育和科普场馆在乡土教育上的科普教育力度还不够。而适当的乡土教育可以让学生们更加热爱自己的家乡，并在热爱

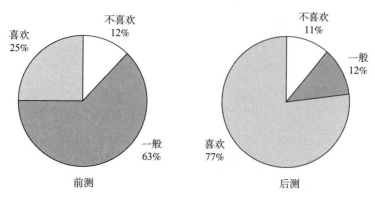

图5 地理兴趣前后测结果对比

中潜移默化地加强对生活的感知力，培养积极观察生活的习惯，学习生活中的科学。

其二，科学认识的表面化、理论化。当前学生对科学的认识尚处于教材知识层面，不能灵活地将所学知识迁移到真实的生活情景中来。而以生活议题为主题的活动设计正是将理论知识应用于实践的一个好的方法选择。馆校合作方面，学校和场馆应有意识地结合教材、课标内容，利用生活中的热点议题来加强学生知识的内化迁移，实现有意义的学习，也培养了学生的问题解决能力。

3. 馆校结合地学活动的内容选择

活动内容的选择依据有三点。首先，活动的主题最好来源于实际生活，能够与受众产生实际联系，这样既能吸引受众，又能有效引发理论知识与实践的结合。其次，活动的内容能与场馆内展品相关。"相关"是指活动内容并不一定必须与展品直接相关，也可以是展品内涵的延伸或类似内容。如此设计的活动便有了展品资源优势，而现有展品也可以展现更好的体验效果。最后，也是最基础的，活动的设计需要基于受众的学情来设计，即需要分析受众的知识、技能和态度情况，以作为活动设计的基础依据。而受众的学情调研除了对教材和课标进行分析外，对受众的实际生活情况也需要有一定了解。这就要求研究者必须善于细心观察生活，留心受众在生活中的学习、实践情况，以设计出符合研究对象实际需求的科普活动。

4. 科普活动学习单的设计

科普活动因其非正式教育的情境，学生通常被活动本身吸引，而难以静下心来认真填写学习单。因此，为较好地提供活动的支架并提高完成度以便于活动评价，学习单的设计需要尽量图示化，以简洁明了的文字说明和图画来表达活动要求。在考察评价环节的设置上尽量减少开放题型的设计，而以半开放式题型代替。开放题型往往需要受众更为清晰的思路和较好的逻辑归纳能力，这无疑在活动体验之余增加了受众的外部认知负荷，加重了活动的负担，有悖于科普活动的轻松、实践体验原则。而半开放式的设计既为学生思考提供了方向，也避免了外部认知负荷，是比较恰当的题型选择。

三　创新点

（一）内容创新

本项目活动内容所属学科属于目前科普资源较少的地学领域。地学领域因其抽象宏观的地理过程而难以开发相应的科普活动，也造成了地学科普薄弱的现状。本项目挖掘生活中的地学问题，联系热点激发受众兴趣；借助生活中的常见材料开发设计简单易操作的观察类比实验，丰富科普活动资源；充分利用类比的方法来帮助受众理解抽象的地理概念和地理过程；将复杂的地学综合问题化繁为简、逐级分解成小问题来逐个分析，培养受众的综合分析和逻辑推理思维能力；并力求通过动手实践活动让受众获得直接经验，通过活动所得的证据来科学推理现象背后的科学原理，在知识科普的同时激发学生对科学探究、生活中的地理科学问题的兴趣。

（二）研究对象

本项目的研究对象聚焦于 5～6 年级的小学生，除了普通的青少年科学普及外，还期待通过项目活动，利用馆校结合的背景优势促进小学科学和初中地理教育的衔接性教学。本项目的活动内容对于小学生来说有一定难度，甚至有些内容超纲。但鉴于地学的学科特征——复杂综合性，人为拆分简化成单个要素来学习就如当前的小学科学中的"地球科学"一样，反而与真实的地学问题大相径庭。因此，借助馆校结合的直观教具资源和灵活的科普活动形式，可以进行适当的综合性地学课题的研究学习，为小学生之后的地理学习奠定基础。更为重要的是，通过这些精心设计的地学活动可以提升学生的地理学习自我效能感，激发学生对地理的兴趣，埋下科学思维的种子。

四　应用价值

根据项目的活动主题、活动背景和活动区域特点，本项目在未来的实际科普工作中有如下应用前景。

1. 环境保护日的主题活动

本项目是关于"霾"的主题活动，活动间接警示了空气污染的危害，倡导保护环境、提升空气质量的环保理念。在世界气象日（3 月 23 日）和世界地球日（4 月 22 日）可以开展相应的大气环境主题保护的活动，利用身边的时事来警醒、倡导人们保护大气环境，保护我们的地球。

2. 馆校结合的活动资源

本项目活动是以科学课标、科学教材、初中地理课标和中国科学技术馆的展品调研为依据来设计的，充分考虑了 5～6 年级学生的真实学情特点，并降低、调整了各地学小活动的实验操作难度，优化了相应学习单，通过了活动效果评估，能够作为馆校结合的活动资源。

3. 乡土乡情的家乡主题教育活动

本项目是以受众身边的真实生活问题为项目情境来设计的。整个活动主题是围绕北京这一受众生长生活的区域。项目活动的教学目标中也包含了大量的北京本地的自然环境要素特征分析和学习，是一个了解家乡自然环境的典型案例活动，在乡土教育中可以作为备选资源加以应用。

4. 科普活动开发研究的参考

本项目属于科普活动开发案例研究，对于当前较少的馆校结合类地学科普活动的开发进行了尝试，并得到了一些此类活动设计的内容选择、学习单设计、学情分析方面的初步结论，能够为相关的科普活动设计研究提供参考价值。

"静音电子乐器"探究式电子课程

项目负责人：高宇

项目成员：张勇利　蔡文君

指导教师：张进宝

摘　要： 中小学综合实践活动是《九年制义务教育课程计划（试验稿)》所规定的必修课程，其总目标是发展学生的创新实践能力和良好的个性品质，但其具体的实践方式还在探索阶段，一线教师需要一种更有效的课程整体组织和开展形式。本项目针对小学高年级的设计制作主题模块，设计了以声音为主题的"静音乐器"制作课程并实施，重点融入了探究元素和设计思维策略，以培养学生面对动手制作类问题时的探究意识和设计意识，并以个案研究的方法分析了学生乐器作品及其形成原因，最后反思了课程设计中的哪些因素能够有效提高综合实践课的课程效果。

一　项目概述

（一）项目缘起

由于忽视学科整合设计和实践模式创新，中小学综合实践课教育日益呈现泡沫化与空心化倾向。同时，学生参观科普场馆时对信息技术类科普展品尤其是电子声乐展品难以形成有效认知。声乐类展品在科普场馆中占有重要地位，其中管乐类乐器有很高的普及率，实践证明在科普场馆等非正式学习环境下开展声乐教育是可以与课堂正规教育形成良性互补的。① 设计型学习以"探究、设计"为中介，学习者基于实际问题或真实情景，通过"设计"过程创造学习制品以达成明确的学习目标，对于综合实践课程具有独特的创新性和适切性。本研究通过整合设计思维的心理操作过程模型，建构了综合实践课程的设计型学习流程，凸显了学习与设计的迭代循环，突出了综合实践课程的"探究性"和"设计性"，并结合国内外案例分析，设计并实施了"静音电子乐器"系列活动，以推动综合实践课程与日常学科教学深度融合，为学校综合实践课程实施提供了一种操作模型。

（二）研究过程

在文献调研的基础上，本项目研发了融入设计思维的创客教育学习活动，开发相应的教学计划和支持资源。一个完整的教育活动周期为 4 周，每周一次课程；教学对象选取北京市配有标准科学教室的小学；教学步骤参照斯坦福大学设计思维方法论的 5 个步骤进行：情景引入、需求采访、确定功能、头脑风暴、制作原型并测试。在教育过程中，尝试激发学生学习兴趣，从设计意识、探究意识、学习投入、学习策略等方面来评价学生进行设计思维方法学习的情况，并优化迭代学习活动设计。项目共进行了 3 轮实施，用时 6 个月，总结出了有一定价值的教案。

（三）主要内容

本研究分三个部分：第一，融入设计思维的小学综合实践课程中设计制作模块的活动框架研究；第二，个案案例开发，以融入设计思维的"静音电子乐器"系列活动课程实践为例，迭代设计并验证框架，提出实施流程并明确关键环节；第三，以研究者视角，对"静音电子乐器"系列活动课程进行效果验证，并在验证中提炼总结学生的探究意识和设计意识水平改变情况，并验证结果的有效性。

---

① 朱幼文：《科技馆教育的基本属性与特征》，载中国科学技术协会、云南省人民政府主办《第十六届中国科协年会——分 16 以科学发展的新视野，努力创新科技教育内容论坛论文集》，2014，第 6 页。

二 研究成果

项目取得的主要成果为具备可实施性的教案，教育活动初步计划分为三大模块，分别为：简单静音电路作品制作；结合技术丰富静音乐器效果，实现简单交互；综合各方面知识，进行创意作品制作。采取"简单任务模仿""知识点讲解""可扩展任务模仿""教师点评与激发""自主扩展任务完成""成功分享"的活动流程。

一次完成的教育活动共有 4 次课程，内容由简到难，层层深入，学生自主完成任务，实现创新突破。时间分别在连续的两个周末，最终实施教案的前两次课重点突出了对学生探究意识和设计的培养的教学设计（见表 1）；后两次课则重点查验了学生通过学习后的动手实践及其效果（见表 2）。

表 1　最终实施教案（前两节）

探究、联想与想象训练教学安排——第一课 声音基础知识

教师活动	学生活动	基于设计思维的教学意图
教师：声音无处不在，音乐更是丰富多彩，那同学们有没有想验证一下什么样的声音更能吸引人呢？ 探究要素 1：提出问题	4 人一组（前后两桌）；被指定的 1 人回答问题；并由另外一个同学进行评价	通过优美的音乐，营造轻松的学习气氛，有助于学生情景认知和获取信息； 确定课程方向、分组、确定评价标准
教师播放 MIT 公开课《音乐的各种声音》	学生观看视频	采用信息技术教学，运用多媒体呈现内容，增加学生短时记忆内容
教师用 IPAD 中的示波器 APP 功能，让几个学生来体验自己声音的波形	争先尝试对着示波器发声；尝试教师所带教具如笛子和埙，观察波形	学生从自身实践出发，探索 1 个小问题，激活长时记忆系统中的表象信息
提出挑战：如何能使示波器呈现出平稳的波形，如何发出声音呢？	学生对着示波器发出各种声音探究要素 2：猜想与假设探究要素 3：收集实验数据	学生开展探究活动，引导学生尝试高低音、乐音，得出吹口哨的结论；引入声音的发声机制和各个知识点
随机抽取 3 首歌曲进行情景联想，训练学生的联想和想象力，同时表达对声音的认知和情感，为后面制作静音乐器做铺垫	学生在纸上写下自己想到的情景，每小组派 1 人上来分享探究要素 4：制定计划，设计实验方案	训练学生的联想力和想象力，同时表达音乐对自己的影响，帮助他们发现自己喜欢的声乐类型

探究、联想与想象训练教学安排——第二课 乐器小制作

教师活动	学生活动	基于设计思维的教学意图
教师：好东西是大家的追求，前面我们体会了美妙声音的知识原理，现在我们要自己做一个能发出声音的乐器，自己制作声乐。如何制作声乐呢？ 教师演示各种材料，材料无毒也方便获取，并展示范例作品：吹响3D打印的埙	学生听讲15分钟； 同时，学生想要知道采用何种方式可视化地表达他们的想法	范例讲授和演示法相结合，让学生更容易掌握操作技能，了解操作效果，同时清楚地指导学生完美呈现他们的想法
引入设计思维方法论 请同学们以学习单中的设计量表为依据，运用马克笔画图、写字，记录并呈现要做的乐器的功能和外观 探究要素5：分析与论证	学生小组有步骤地进行设计乐器的思考；参照设计量表对作品进行分析、修改和调整	学生在标准的引导下，以小组为单位进行头脑风暴，交流各自的方案、分析可行性、确定可行的方式，并以小组为单位可视化地表达候选设计方案
作品方案评价 教师：小组之间根据评价量表为其他小组作品方案打分，并说明对方作品的优点与不足。要求能够学习他组的方案并融入自己组设计方案中	学生要做一句话的简短点评，说出1个优点和1个不足 探究要素6：评估、交流与合作	采用比较分析的方法，要求学生按照量规为作品打分，能有效训练学生的决策能力、反思能力
开始第一轮的作品制作	示波器随时可以用来测试学生作品的发声功能	增强动手实践能力，开展半开放式的探究和第一轮原型制作

表2 最终教案（后两节）

探究意识与设计意识培养与实践——第二课
综合各方面知识，进行创意制作

教学内容	基于设计思维的教学意图
①限定小组成员会的一种乐器，让学生发挥想象进行情境创设，提出作品创作方案 ②对初步方案进行讨论并完善，在此过程中，教师提供一定的方向指导和技术支持 ③小组进行作品创作，将方案付诸实施 ④进行创意作品的修改、完善、分享和交流	①在课堂上专门留出时间让学生们展示作品，小组派出代表演奏小组专属的"静音乐器" ②课程的设计体验了美国国家科学教育标准的重要内容。例如，课堂探究的5个基本特征、实施有意义的探究性课程教师需要哪些能力等 ③电磁噪声的原理和影响将是现场评价中的重要部分，这考验了学生的发散思维和能力 ④针对以上培训内容，综合所有知识和技术，完成创意情境作品创作，在将想法变成现实的过程中，培养创客精神

续表

探究意识与设计意识培养与实践——第二课 综合各方面知识，进行创意制作	
教学内容	基于设计思维的教学意图
①学生主动活动的部分结束了，但还有最终评价等着他们 ②评价的目的永远是促进学生学习，相应的评价量表的制作结合了情绪唤醒理论模型，没有负面的评价，只有多方面的正向鼓励 ③教师反思与自我评价也要根据学生的评价情况做出相应的总结	①学生总结。学生的评价对这个项目至关重要。它将反映出教授并模拟声音知识或是绘制模型和利用工具来真正动手搭建这个声音的电路之间的差别 ②补足实际中出现的各种短板

三 研究结论与反思

1. 教案设计中的探究和设计元素分析

在探索问题阶段，学生分析设计信息后建立概念体系，引导设计思维生成满足概念体系的设计制品。教案中，教师利用声音和图片共同呈现信息，多种感官的刺激有助于学生对声音表象知识的认知和积累。

随着学生课堂记忆中声音表象知识的学习积累，设计思维被激活而进入声乐框架设计阶段。

教案中采用声乐情景法，让学生根据歌曲描述自己对歌曲情景的想象，通过建立声音和学生生活记忆之间的联系，训练学生的联想和想象能力，同时让学生明晰自己对声音的真实情感，为设计方案的表达奠定情感基础。

帮助学生认识课堂知识的现实应用，使学生更主动、更容易获取新知识和技能。

2. 个案研究方法和过程

研究对象的确定：笔者通过课堂观察和交流确定1名表现积极的同学作为研究对象，在课堂中利用《教师观察记录表》对其学习情况进行跟踪观察并记录，实验结束后根据《访谈记录表》对其进行访谈。

个案资料：陈同学，男，10周岁，来自呼家楼中心小学，典型的好学生，有scrach学习经验。

研究假设："静音乐器"探究设计式活动课程设计，能有效提升学生探究意识与设计意识。

课堂作品：8 键电子埙。

课堂观察记录表：总体得分良好。

课堂作品分析：陈同学最终课堂作品为"8 键电子埙"，从内容上看，作品明确突出主题"声乐"，作品各部分内容以声乐为核心分"发声""演奏""变换声调"三个部分展开，作品形式、内容恰当对应各部分的主题，但作品设计逻辑性不强，特色功能不够突出；从形式上看，该作品整体功能取向与中国科学技术馆中的展品有一定的对应性，但可以看出他受到之前所学的 scrach 的影响，有模仿痕迹，作品整体上具有原创性，但创新性不足。

3. 个案研究方法结果分析

陈同学能较认真对待科技活动课的学习，并愿意配合教师在课堂中安排的各项学习活动。根据课堂观察记录和访谈结果可以得出，陈同学能够接受教学实验中安排的教学活动和使用的教学方法，而且乐于在教学活动中与老师和同学交流；陈同学在掌握课堂基本知识的同时，学会了设计思维方法、提升了探究意识，即从需求出发，利用现有材料创造性地解决问题和思考问题。陈同学表示愿意在以后的生活实践中运用这样的思维方式。从陈同学最终的课堂作品中可以看出，随着教学实验的开展，陈同学的设计思维逐渐灵活顺畅，课堂作品中出现的元素始终围绕任务的需求而且逐渐丰富多样。陈同学运用信息技术工具表达自己的设计方案也更加流畅顺利。

综上所述，改进设计后的"静音电子乐器"教学设计方案应用于课堂教学后，在一定程度上促进了学生探究意识和设计意识的发展，可见，根据设计思维模型提炼的学生设计思维能力培养的四个关键环节及其相应培养方法是可行而且有效的。但由于教学实验的时间较短，教学实验的效果能否持续，教学效果是否能迁移到其他学科领域并促进学生个人在其他方面的发展等问题暂不能确定，但这些问题将引领未来关于学生设计思维能力培养的研究。

四 研究结论及课程创新之处

本研究尝试采用基于设计与探究的方法来指导小学综合实践课，创新设计了融入设计思维的课程框架，以静音电子乐器小制作为主要教学内容，结合小学综合实践课程中设计制作（信息技术）模块的标准设计教学活动具体实施。同时通过问卷调查、学习记录、访谈等方式探讨基于设计与探究的静音电子乐器制作教学活动的教学效果，以及对小学生综合实践能力、设计意识、探究意识、发散思维、决策能力及协作学习能力这些关键要素的影响。结果显示，本研究提出的融入设计与探究的静音电子乐器教学活动对小学生的科学探究意识、设计意识、发散思维等能力以及问题解决能力有积极的影响，并且对科学知识水平高的学生有明显的提高效果。

根据设计思维心理操作过程模型提炼出培养学生设计思维能力的关键环节，并于信息技术课程的实际课堂上展开效果验证，得到如下结论。

首先，结合前成果，分析总结出课堂探究的 5 个要素融入课程设计的方式，以及设计思维的心理操作过程可由探索阶段、表象知识概念积累阶段和决策阶段构成，培养学生的设计思维能力关键在于积累表象训练、思维发散训练、联想和想象训练以及决策能力训练四个关键环节。

其次，通过效果验证发现，根据课堂探究的 5 个要素与学生设计思维能力培养的四个关键环节设计的声乐类课堂教学方案，在一定程度上促进了学生的探究意识与设计意识的发展，而且提升了学生的模型制作能力。

可见，本研究提出的融入设计与探究的教学框架是有一定效用的，设计思维方法可以有效地促进小学综合实践设计制作课程的教学实践。同时，设计思维方法对教师进行教学设计也提出更高的要求。更进一步的实践是将本理论研究成果深入并推广到其他学科领域，使研究更具有现实指导意义，为教育领域增添微薄的助力。

基于展品的 STEM 教育

项目负责人：李莉

项目成员：蔡瑞衡　翁丽华　季小芳　王珊

指导老师：江丰光

摘　要：在 STEM 教育蓬勃发展、科技馆教育多样化、小学课堂教育对工程教育有所缺失的背景之下，本项目结合当前小学生对交通工具的认识现状，设计了基于展品的 STEM 教育活动并进行了实验验证。活动以交通工具为主题，将科技馆展品和课标内容进行整合，有效利用了科技馆的资源。活动方案融入了 6E 和工程教育模式，对 STEM 教育和工程教育应用于小学阶段做了本土化探索。活动结果表明学生在科学、技术、工程三方面的学科知识得分率有显著提高。与此同时，学生对活动非常满意，对教师的教学质量给予了肯定。项目最终设计的活动方案以及学习单可作为参考案例，具有较强的应用价值。

一　项目概述

（一）研究缘起

1. STEM 教育在中国蓬勃发展

自 STEM 教育理念被提出以来，各国学者都开始进行 STEM 教育的理论研究与实践探索。STEM 教育强调多种学科之间的交叉融合，以更好地培养学生的创新精神、批判思维、合作沟通、动手实践等 21 世纪的核心技能。自 2001 年起在科技教育领域就已经开始陆续有对 STEM 教育的引入和介绍。2012 年以后对 STEM 教育的研究开始繁荣，到 2016 年达到高潮。2017 年

"第一届 STEM 教育发展大会"正式发布了《中国 STEM 教育白皮书》，这标志着中国 STEM 教育开始走向更加全面、专业、成熟的发展道路。[①]

2. 科技馆教育活动的多样化以及与 STEM 理念的结合

科技馆教育分为馆校结合、馆内教育活动等。馆校结合是将学校正式教育的内容与科技馆等综合科普资源相结合，例如澳门科学馆、芝加哥科学工业博物馆一直致力于"馆校合作"推广，与中小学共同合作，为学生提供丰富的资源。扈先勤认为，馆校结合应与学校的课程设置相结合，也应与推动学科整合相结合。[②]

馆内教育活动的形式也越来越多样化。中国科学技术馆的挑战与未来展厅开展了"STEM 平行宇宙之小火箭嗖！嗖！嗖！"和"STEM 平行宇宙之漫步火星——制作火星车"等活动，辽宁电化教育馆联合辽宁师范大学，共同研发小学低年级机器人 STEM 课程，提出了 STEM 理念下小学低年级机器人"情景创设—操作与反思—总结与抽象—验证与应用"的教学模式。

3. 小学教育对工程教育的缺失

研究发现国内外学者对科学和数学教育的研究最多，技术教育的研究也在近些年得到了较多的关注，而对工程教育，尤其是 K–12 阶段的工程教育则关注比较少。[③] 我国的小学教育基本没有开设工程类课程，国内外很多研究者通过绘图分析和问卷调查等多种形式调查发现，学生对工程师职业缺乏深入了解，并且存在很多误解和刻板印象。这主要是因为中小学阶段工程技术教育力度不足。

综上，本项目在 STEM 教育蓬勃发展、科技馆教育多样化且小学阶段对工程教育缺失的背景之下，结合当前小学生对交通工具的认识简单化的现状下提出了基于展品的 STEM 教育活动的设计与开发的研究方向。

（二）研究过程

在本项目主要目的在于探讨基于展品的 STEM 教育活动设计的有效性。

---

① 《〈中国 STEM 教育白皮书〉正式发布》，《中小学信息技术教育》2017 年第 7 期。

② 扈先勤、刘静、李占超：《浅议科技馆教育与学校教育的有机结合》，《科协论坛》（下半月）2010 年第 11 期。

③ 刘华、张祥志：《我国 K–12 工程教育现状及对策分析——基于创造力维度的思考》，《教育发展研究》2014 年第 4 期。

图 1 为项目研究流程。

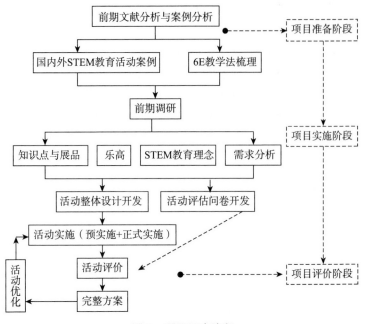

图 1　项目研究流程

（三）主要内容

本项目围绕交通工具的主题设计了馆校结合的教学设计方案并评估其实施效果。

课程设计借鉴了 STEM 教育的八大要素：做中学、科学探究与工具使用、跨学科整合、基于问题的学习、基于项目的学习、真实情境下的活动中学习、要求合作学习解决问题、学习者自主探究建构知识。[①] 在 STEM 教育理念的基础上借鉴了 Barry 提出的 6E 教学模式：投入、探索、解释、工程、丰富和评估。[②]

---

① 江丰光：《连接正式与非正式学习的 STEM 教育——第四届 STEM 国际教育大会述评》，《电化教育研究》2017 年第 2 期。

② Barry，N.，The ITEEA 6E Learning by DESIGNTM Model，The Technology and Engineering Teacher，March 2014，14 - 19. Retrieved September 27，2014，from http：∥www. oneida-boces. org∕c ms∕lib05∕NY01914080∕Centricitv∕Domain∕36∕6E% 20Learning% 20by% 20Design% 20Model. pdf.

活动的内容参考了人教版科学课本以及 2017 版小学科学课程标准。本活动分为科技馆活动和课内与工程设计活动两部分，其中科技馆活动涉及的展品为中国科学技术馆科技与生活 D 厅的交通变化墙、惊奇传动比、铿锵锣鼓、竞争与合作以及挑战与未来 A 厅风车森林等关于新型能源的展品。

项目评估采用准实验前后测的设计，招收学生参与一天的活动，活动以小组合作和个人学习的方式进行，3～4 人为一个小组。在活动开始之前进行活动前测，即 STEM 相关学科知识的测试（将项目涉及的知识点归类到各学科）。随后进行科技馆和课内与工程设计活动，活动结束之后对参与学生进行活动后测，包含 STEM 相关学科知识的测试和项目评估问卷。

二 研究成果

（一）活动方案

整个项目实施过程是依据 6E 教学模式（见图 2），同时遵循工程设计过程。在完成工程设计过程中学生先明确问题和需求，通过学习和搜集到的资料设计可行方案，确定最优方案，各小组交流，教师指导学生绘制草图并制作模型，然后测试原型、改进。

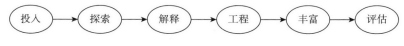

图 2　项目活动中 6E 教学模式的应用

1. 教学目标

（1）知识与技能。①识记从古至今交通工具的发展阶段，理解交通工具产生的原因和内涵，分辨不同交通工具发明的时间、地点和人物。②理解并解释甲骨文、金文、小篆中车的字形的含义，认识车的产生与社会背景的关系。知道能量的内涵并能够说出在交通工具运行时的能量转化。③学会计算齿轮的齿轮比和传动比，理解不同齿轮组合对速度的影响。④能够将工程设计应用于解决问题之中。

（2）过程与方法。①培养学生通过观察体验得出结论的科学探究方法。②小组合作利用乐高搭建可以运输"货物"的车。③学习利用工程设计的思维解决问题。

（3）情感、态度、价值观。①增强学生学习科学知识与技术的兴趣。②认识交通工具发展与社会发展之间的关系。③使学生产生将知识应用于实际问题中的意识和能力。

2. 活动具体方案

第一阶段：科技馆活动阶段

（1）Engagement——情境导入。说明参观注意事项、随机分成3个团队，通过谜语和问题的方式引入活动的主题，将参观者引入学习状态，激发学习兴趣。

（2）Exploration——展品探究。三位老师分别带学生参观体验，在体验展品铿锵锣鼓时随机分成两组，共同合作完成：通过学习单和动手操作观察现象，总结规律。

（3）Explanation——原理解释。在学生参观探究的基础上，给出一些原理、概念的解释。

（4）总结。参观体验完成之后，教师总结原理并收集学习单，提醒下午课内与工程设计活动的时间和地点。

第二阶段：课内与工程设计活动

（1）Engagement——情境导入。教师指导学生形成团队并进行团队建设，提出交通工具的狭义定义问题。

（2）Exploration——拼图游戏。将不同交通工具的图片、发明时间、发明者以及国家对应起来完成拼图游戏，巩固上午科技馆探究活动的展品所包含知识。

（3）Explanation——核对正确答案。展示正确的拼图，引导学生思考交通工具发展与社会发展的关系。

（4）Engagement——引入车的字形、能量以及简单机械。请同学们辨认车的甲骨文、金文、小篆、楷体字形并解释。

（5）Exploration——看视频探索交通工具发展阶段以及能量转换，计算齿轮传动比。

（6）Explanation——教师解释其中的原理。

（7）Engineering——完成工程任务。引入地震运输车的情境，引导学生运用工程设计过程解决问题。

（8）Enrichment——建立与生活的联系。共同讨论交通工具对生活的意义及与社会的关系。

（9）Evaluation——评估项目。学生填写后测问卷以及项目评估问卷，教师通过学生评分评出最优小组，总结项目。

（二）实施效果

项目正式实施时共招募到了具有简单乐高搭建经验的 21 名五、六年级学生。其中参与科技馆活动的学生有 19 名，参与乐高活动的学生有 19 名（见表 1）。

表 1　正式实施活动的参与人数分布

只参加科技馆活动	只参加乐高活动	全程参与
2（男）	2（1 男 1 女）	17（14 男 3 女）

本活动通过 STEM 学科知识前后测问卷和项目评估问卷来评估学生的学习效果。

1. 学科知识

虽然招募学生的男女人数比例较大，但是通过 SPSS 分析可得参与前测的学生在 STEM 学科知识得分率方面无显著的性别差异。另外，发现学生在各方面的得分都比较低（见表 2）。

表 2　STEM 学科知识前测的各学科得分率及性别差异

项目	S 得分率	T 得分率	E 得分率	M 得分率
平均值	53.79%	61.81%	10.00%	55.56%
渐近显著性（双尾）	.763	.254	.718	.879

后测中只有 16 位学生的数据结果。通过 SPSS 分析可得参与后测的学生在 STEM 学科知识的得分率方面同样无显著的性别差异，学生在四个维度上的得分率较前测都有提高，科学知识得分率达到 67.33%，技术知识得分率达到 92.19%，工程知识得分率比较低，只有 39.38%，数学知识得分率达到了 64.73%（见表 3）。

表3　STEM 学科知识后测的各学科得分率及性别差异

项目	S 得分率	T 得分率	E 得分率	M 得分率
平均值	67.33%	92.19%	39.38%	64.73%
渐近显著性（双尾）	.078	.115	.111	.098

将前测和后测数据对比可以得到16组配对样本数据，通过非参数 Wilcoxon 带符号检验可得到表4，学生通过活动在科学、技术、工程三方面得到了显著的提高，而在数学知识方面仅有提高效果（见表4和图3）。

表4　STEM 学科知识前后测各学科得分率的配对样本 Wilcoxon 检验结果

项目	后 S 得分率 – 前 S 得分率	后 T 得分率 – 前 T 得分率	后 E 得分率 – 前 E 得分率	后 M 得分率 – 前 M 得分率
Z	− 2.508b	− 3.559b	− 2.801b	− 1.507b
渐近显著性（双尾）	.012 **	.000 **	.005 **	.132

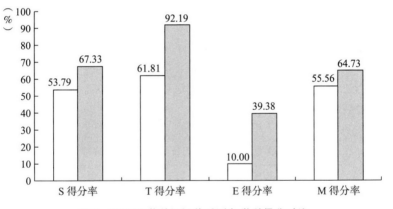

图3　STEM 学科知识前后测各学科得分对比

2. 评估结果

将项目评估的数据计算每一维度的平均值，由表5可知，学生在技能获取、专业发展、教学质量、课程满意度的平均值均在4分以上，表示很满意。课程目标的平均值只有3.69分，表明部分学生对课程的目标理解方面有一些问题（见表5）。

表5 学生在项目评估中各维度平均值得分

项目		技能获取	专业发展	教学质量	课程目标	课程满意度
N	有效	16	16	16	16	16
平均值		4.3125	4.2232	4.4531	3.6875	4.7083

（三）结论和建议

通过上述结果发现，本项目活动对学生在科学、技术、工程三方面的学科知识得分率有显著提高，不足之处是学生在数学上学科知识得分率提高不明显，这可能由于活动时间短，尚未达到长期的学习效果。本项目采用了科技馆参观填写学习单与科技馆外活动相结合的方式，活动之间有较大的关联性。科技馆活动的学习成果可以通过课内活动进行检测和巩固，促进学生更好地理解和记忆。在本项目中针对交通工具的起源等知识采用了科技馆交通变化墙和配对游戏的方式，针对传动比采用了展品体验观察和乐高动手操作的方式，所以针对某一知识点可采用多种有趣的方式进行设计以实现更好的理解。另外，在本项目的实施过程中发现，有了学习单的辅助，学生会在一个展品旁边停留较长时间。比如交通工具变化墙是一个交互式的展示屏幕，大部分学生点击几下就离开，有了学习单的辅助，学生会为了完成任务而仔细阅读。

从项目评估问卷结果来看，学生认为活动对自己能力的发展有作用，有助于自己的专业发展，同时对于教师的教学质量给予了肯定。本项目尝试把工程设计作为学习的一部分内容，但发现学生对课程目标不是非常明确，说明本项目在明确问题和目标方面的活动设计仍有欠缺，未来可加强这方面的设计。五、六年级的小学生在语意理解方面存在提升的空间，所以在进行工程教育，或布置任务或交流时要注意表达的易理解性。同时，活动设计者也可以通过分解任务等方式促进学生对需求目标以及任务目标的理解。

三 创新点

（一）项目内容与课标、课本的紧密结合

活动设计的内容和目标参照了人教版小学科学课本和2017版小学科学

课程标准，并且将一些内容的知识点做了串联。项目活动设计在 STEM 理念的基础上贯穿 6E 教学模式和工程教育模式，着重探索了小学工程教育的方式，对 STEM 教育进行了本土化的探索。

（二）围绕交通工具主题串联了科技馆的展品

活动以交通工具为主题选取了科技馆的部分展品，并形成了参观路线，也设计了相应学习单。

（三）科技馆活动和课内活动的紧密结合

科技馆的参观活动和课内以及工程设计活动不是分割的，而是有关联的，课内活动的设计对科技馆活动起到巩固作用。

四　应用价值

科技馆作为科学普及和传播的重要场所，为学生提供了丰富的学习资源。本项目围绕社会发展中重要的交通工具，将科技馆展品和课标内容做了整合，帮助学生了解更多的交通工具发展变化背后的知识，并设计了工程设计任务，尝试了小学工程教育的方式。项目最终形成的活动设计方案经实验验证可以达到项目的研究目标，并且未来可以开展重复的研究与改进。也可以供教学参考。

针对小学生的科技馆亲子活动

项目负责人：韩美玲

项目成员：徐刘杰　汪凡淙　李莉　蔡瑞衡

指导教师：余胜泉

摘　要：本活动方案是针对 2017 年 2 月发布的《义务教育小学科学课程标准》中对小学低年级学生关于力与运动主题知识点的要求，基于中国科学技术馆探索与发现 A 厅运动之律展区内的展品，进行设计与开发的。活动采用亲子活动的形式，不仅希望学生在活动过程中能够激发兴趣、习得知识，更重要的是为学生和家长之间的深度交流创造了条件。活动主要包括展厅参观体验和拓展教育活动两大部分。展厅参观体验活动中，学生和家长组成体验小组，合作完成展品体验，并分别在学习单上记录体验过程；拓展教育活动由学生和家长共同完成。

一　项目概述

（一）研究缘起

随着三网融合时代的到来，非正式学习受到越来越多的关注。[①] 而科技馆作为非正式学习的重要场所，也受到越来越多人的欢迎。很多家长带着孩子走进了科技馆，学校也越来越重视科技馆所具有的社会教育功能，这体现在近几年的中考开始以科技馆中的展品进行命题，这无疑进一步激发了更多的人走进科技馆。馆校结合起来、社会教育和学校教育结合起来、非正式学习和正式学习结合起来，形成一个良性循环。基于此，科技馆作

---

① 张思慧、马炅：《非正式学习研究现状及趋势分析》，《中国教育信息化》2016 年第 20 期。

为一个社会教育机构，会面对非常多元的受众。从参观形式上来说，可以将科技馆的受众分为两大类：散客观众和团体观众，其中散客以家庭观众为主。既然家庭观众是科技馆提供教育服务的重要对象之一，那么就十分有必要为其设计和开发专属的亲子教育活动项目，从而提高家庭观众的活动参与度及满意度。① 目前，虽然我国各地的很多科技馆已经在陆续开展独具特色的亲子活动，但是面对家庭观众这个庞大的受众群体，仍然是远远不够的。而且就目前开展的亲子活动来看，多数存在活动主体不完整和交互性差等问题。所以迫切需要科技馆工作人员和科普工作者设计更多尽量科学合理的亲子活动方案，在不断的实践中总结、探索与完善。②

（二）研究过程

本项目的研究过程大致分为以下几个阶段。

2017 年 6 月 1 日至 7 月 2 日，《义务教育小学科学课程标准》明确规定，小学科学课程起始年级调整为一年级。意味着，从 2017 年起，我国小学科学课程标准的实施年级由原来的 3 ~ 6 年级修订为 1 ~ 6 年级，也就是说，一、二年级也设置了科学课。所以，针对这一新的受众群体，为了让他们能够更好地学习相关的科学知识，并且满足科学课标中对其知识掌握程度的要求，在项目开始，首先对小学低年级的科学课程内容进行了分析；其次，分析了他们这个年龄段的生理和心理特点，将其作为设计和实施活动设计方案的重要参考。

2017 年 7 月 3 ~ 31 日，前往中国科学技术馆进行相关主题展品的调研，并结合相关文献，了解目前亲子活动的实施情况和亲子受众的需求。以上实地和文献调研结果为之后进行活动方案的设计提供参考和借鉴。

2017 年 8 月 1 日至 10 月 31 日，根据前期分析与调研结果，进行活动方案的初步设计，并在向专业人员咨询意见之后，进行活动方案的初步修改与完善。之后着手活动方案的第一轮实施，并在实施后总结活动过程中存

---

① 侯瑜琼：《快乐学习，自由成长——科技馆亲子活动项目的开发》，载亚太科技中心协会主编《第十六届亚太科技中心协会年会论文集》，2016，第 2 页。
② 王菊：《博物馆开展亲子活动的体会与思考——以甘肃省博物馆为例》，《博物馆研究》2015 年第 3 期。

在的问题和需要改进的地方，进行活动方案的进一步修改与完善。

2017 年 11 月 1 ~ 30 日，活动方案的第二轮实施，并对活动过程进行效果分析与总结思考，之后完成结题报告的撰写。

（三）研究内容

1. 小学科学课标力学主题相关内容

2017 年 2 月发布的《义务教育小学科学课程标准》对小学生力和运动主题做了相关要求。由表 1 可以看出，小学低年级学生科学课程中力学主题相关内容学习目标的设置都比较浅显且贴近生活。所以在设置活动内容的过程中，知识点方面有了稍许的拓展和延伸，目的是不仅可以为之后继续学习力学有关的内容打下坚实的基础，而且希望学生可以把课程与现实生活结合起来，学会解决生活中的问题，培养学生的创造力。

表 1　小学生力和运动主题课标要求

	项目	1 ~ 2 年级	3 ~ 4 年级	5 ~ 6 年级
力学	力	知道推力和拉力是常见的力；知道力可以使物体的形状发生改变	知道日常生活中常见的摩擦力、弹力、浮力等都是直接施加在物体上的力	知道地球不需要接触物体就已对物体施加引力
	力和运动，惯性及牛顿第一定律	使用前后左右、东南西北、远近等描述物体所处位置和方向	举例说明"给物体施加力，可以改变物体运动的快慢，也可以使物体启动或停止"	
	功和机械能		识别日常生活中的能量，知道运动的物体具有能量	知道声、光、热、电、磁都是自然界中存在的能量形式；调查和说明生活中哪些器材、设备或现象中存在动能（机械能）、声能、光能、热能、电能、磁能及其之间的转换

2. 受众分析

（1）生理特点

小学低年级的学生相对好动。老师需要确定上课时候对学生吵闹及活动的容忍程度。有些老师会要求上课时保持绝对的安静，但这将导致学生因为要努力克制自己保持安静以避免引起老师生气，而无法全然投入学习。大部分的老师会许可一定程度的走动及谈话。这个年龄阶段的孩子仍然需要休息时间，由于生理及心智的耗费，他们容易疲乏。在一段比较费力的活动后，需要安排比较安静的活动。

（2）心智特点

小学低年级学生的脑功能发育处于"飞跃"发展阶段，他们的大脑神经活动的兴奋水平提高，表现为既爱说又爱动。他们的注意力不持久，一般只有 20～30 分钟。他们的形象思维仍占主导，逻辑思维很不发达，很难理解抽象的概念。他们很热衷于回答问题，不管是否了解正确答案或意义。低年级的老师遇到的真正问题是，如何使学生在被叫到名字时才说话。这个年龄的他们对与错的观念也正在发展。

3. 亲子受众需求

亲子观众作为科技馆观众当中很重要的一部分，在需求上也和其他观众有共性之处。比如，在科技馆中体验科学是其需求之一。寻求休闲娱乐也是科技馆观众的一个很重要的需求。随着科学技术的发展，人们发现了解、学习科学知识，从事科学探讨与文学、音乐一样，也是一种娱乐活动，能够获得乐趣。除此之外，亲子观众作为科技馆观众当中独特的一分子，也有其独特的需求。科技馆中动手操作的互动展品、自主选择式的参观过程为促进亲子之间的沟通和交流提供了很好的平台。因此，科技馆区别于学校学习，具有社会互动功能。

有研究者将亲子互动类型划分为合作商讨型、指导控制型和单独思考型等三种类型。其中，在情境兴趣方面，合作商讨型和单独思考型的儿童比指导控制型的儿童对科技馆的学习有更强的兴趣。在自我效能感方面，有类似的结果。但是，在儿童对科技馆展品知识的接受、理解和应用方面，合作商讨型和指导控制型儿童的效果比单独思考型要好。我们可以发现，合作商讨型是最有助于增强儿童的科技馆学习效果的。

4. 展厅调研

本活动是基于力和运动主题展开的，所以展厅的调研主要是针对中国科学技术馆探索与发现厅运动之律展区展开，并且主要对以下几个相关的展品进行了调研：傅科摆和布朗运动、惯性定律、小球旅行记、流体阻力、科里奥利力喷泉、作用力与反作用力等。通过对以上展品的调研和分析，针对本活动中的受众对象，在让亲子受众对运动之律展区内的展品有宏观感受的基础上，重点对与惯性有关的知识进行更为感性的认识，为初中阶段惯性定律的学习打下坚实的基础。

二 研究成果

（一）活动方案

活动方案主要包括展厅参观体验和拓展教育活动两大部分。展厅参观体验活动中，学生和家长组成体验小组，合作完成展品体验，然后分别在学习单上记录体验过程；拓展教育活动由学生和家长共同完成。

展厅参观体验部分的设置目的是希望学生和家长从参观科技馆开始，一同开启运动探索之旅，通过聆听科学巨匠的对话，从宏观层面感受运动探索的历程。包括两个环节，分别是"看谁找得准"和"看谁记得准"。前一个环节中，学生在家长的辅助下整体感知展厅内与力与运动主题相关的展品，从而对其有一个宏观的认识。后一个环节中，家长辅助学生对感兴趣的展品进行深度体验，并了解其科学原理。通过不同学生的简要汇报，帮助家长了解不同孩子不同的学习兴趣，从而意识到孩子之间的差异性。

拓展教育活动部分则是希望学生和家长在教室里通过一起做游戏、用乐高搭建赛车、探究活动等方式，帮助学生作为小小科学巨匠从微观层面探索与力和运动相关的知识并加深理解。包括课前准备、情境导入、探究环节、设计和制作重力赛车环节、探究环节和活动收尾等六个环节。学生通过对已有不同实验物品和自己制作的小车车身重量和轮子大小不同所得实验结果的探究与思考，了解影响物体滑动距离的因素及其之间的关系，进一步理解与之相关的重力、惯性、重力势能与动能之间的转换、摩擦力等几个知识点，让学生意识到科学知识就在我们身边，只需要我们做一个生活的有心人，对其有所发现、有所思考。

（二）学习单

根据活动方案的各个部分和环节，设置了相应的学习单，辅助学生和家长共同学习，同时帮助教师收集过程性数据，方便后续分析。展厅参观体验部分分别设有学生和家长的学习单，学生主要负责记录参观展厅的体验过程，家长主要负责记录在这个过程中给予学生的引导，方便教师判断在参观展厅的过程中，学生和家长之间的互动关系如何。拓展教育活动各个环节学习单的填写主要由学生来完成，目的是帮助学生跟着教师的教学流程，边操作边思考，学习单的填写结果就是学生上课过程中操作和思考的结果。活动完成之后，给学生和家长分别设置了记录收获问卷，记录各自在活动中的表现、收获，以及对活动提出的改进意见。教师在对活动效果进行评估时，主要是依据学生和家长填写的记录收获问卷来进行分析和总结。

（三）活动实施

活动时间为一天，上午主要进行展厅的参观体验活动，学生和家长都设有学习单，帮助他们有目的地参观并且完成一定的活动任务，促进学生和家长之间的深度沟通。下午的活动是在上午参观相关主题展品的基础上，选择其中一个展品所涉及的科学原理，通过学生和家长一起动手、思考等，促进其对展品所涉及的科学原理有更加深刻的理解和认识。其间会通过学生和家长一起做游戏、老师适当给予奖励等方式，激发学生的内部学习动力和学习兴趣，也提高家长对活动的满意度。

三　创新点

本项目的创新点主要体现在活动对象的选择上。项目选择学生和家长作为学习共同体一起参与教育活动，而且针对的是小学低年级的学生。众所周知，亲子观众是科技馆中一个庞大的受众群体，所以为其设计和开发专属的亲子教育活动项目是十分有必要的，而且新发布的《义务教育小学科学课程标准》当中，科学课的起始年级由三年级调整为一年级。那么针对这一新的受众群体，科技馆的科学教育该如何对接课标，又区别于课堂，这对科学教育工作者提出了新的挑战，本项目基于此做了一点探索。

四　应用价值

目前，虽然我国各地的很多科技馆都在陆续开展具备各自特色的亲子活动，但是面对亲子观众这个大的受众群体，这仍然是远远不够的。而且，科技馆如何更好地利用自己先天的展览资源优势与新课标里面对小学低年级学生所提出的新要求相结合，这是迫切需要科技馆工作人员和相关科普工作者解决的问题。本项目从这个方向出发进行了一定的探索，以期为相关人员提供一定的参考和借鉴，当然还需要在不断的实践中总结、探索与完善。

"小小爱迪生"

——主题式 STEM 教育

项目负责人：吴倩倩

项目成员：许会敏　魏伟　翁丽华　陈晶

指导教师：张志祯

摘　要： 本活动主要以《义务教育课程标准实验教科书 2002 年版》、中国科学技术馆关于电的常设展品、中小学综合实践活动课程指导纲要中与电学相关的内容为线索，设计了以探究为主要目的的科学教育活动。本活动基于项目的学习模式与 STEM 教育内容结合，并加入米思齐和 Arduino 等软硬件的支持，让每个学生都可以设计属于自己的电路和作品；并弥补了传统课堂学习中动手做、探究能力培养方面的不足，减轻了学生的认知负荷。在"小小爱迪生"活动中，学生主要通过自己制作物理学科常用的欧姆表、生活中常见的交通红绿灯等来探究电学的原理。

一　项目概述

（一）研究缘起

1. 非正式学习的重要作用日益凸显

近年来，非正式学习受到了越来越多的关注，非正式学习与正式学习的结合也逐渐成为主流。赵胜军在文章中表示："非正式学习可以补充正式学习中'学'的不足"，"真正的学习必须对正式学习和非正式学习的情境加以整合，发展真正适合学习的情境，形成正式学习与非正式学习的互补、互动"。① 由此可见，我们需要将非正式教育与学校教育紧密结合，形成优势互补，共同满足国家对人才培养的需求。而科技馆作为非正式教育的重要机构，也开展了许多馆校结合方面的实践探索。近两年来，中考开始以科技馆中的展品命题，学校因此更为重视科技馆的教育功能，逐步与各个地方的科技馆建立联系，安排学生周末到科技馆进行参观学习，鼓励社会机构开发开放性科学实践活动供学生参与。

2. 科技馆展品的互动性较强，但是少数展品的探究性较弱

首先，受众在参观之前并没有经过指导，参观往往是无目的的，仅仅是简单地动手操作和走马观花，没有对展品进行深入探究。其次，科技馆的一些展品陈设存在问题，导致了展品之间知识割裂的现象。展品不能随意拆卸、更换，不能进行科学探究，难以让受众了解背后的科学原理。

3. 我国的 STEM 教育方式比较单一

STEM 的特别之处在于将科学、技术、工程和数学四门看似没有关系的学科有机地结合起来。在本活动中，自制欧姆表和红绿灯的实验，促进学生课堂知识的实际应用，并使抽象而枯燥的电学学习实际化、简单化、形象化，促进学生对电学原理的剖析，培养学生对真实问题的探究能力和解决能力，从而培养学生的科学素养和实践能力。

国内对于 STEM 教育的探索仍处于较为浅显的阶段，STEM 相关的研究非常少，而且已有的研究多数停留在对 STEM 教育的介绍、分析、解读、建议的层面，也有一些以物理、信息技术为主的整合 STEM 课程开发。总体来说实践较少，而且范围较为局限，很少触及 STEM 教育的本质问题——四门学科综合起来究竟产生了哪些不同；如何综合这四门学科，使其相互促进；如何更好地开发适合中国本土的 STEM 教育课程。

4. 编程教育与学科整合成为必然趋势

《中小学综合实践活动课程指导纲要》（2017）在"设计制作活动（信息技术）推荐主题及其说明"中提到，7 年级的学生应该了解程序设计的基本过程和方法；理解程序的三种基本结构，知道人与计算机解决问题方法的异同，尝试编写、调试程序。应激发编程的兴趣，培养逻辑思维能力，进一步理解计算思维的内涵，提高数字化学习与创新素养，增强信息意识

---

① 赵胜军：《非正式学习在学校教育中的作用》，《中国成人教育》2014 年第 7 期。

和信息社会责任。在"用计算机做科学实验"主题提到，通过常见的开源硬件和电子模块，搭建各种物联网作品，体验物联网的应用；理解物联网的原理，熟悉常见的传感器编程方法，掌握物联网信息传输的常见方法，培养参与科学研究的兴趣，提升综合素质。

（二）研究过程

1. 技术路线

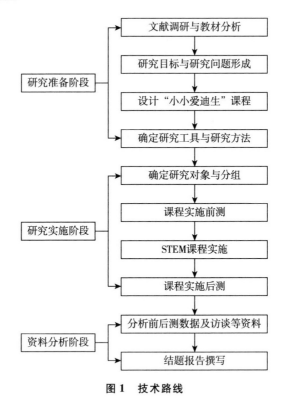

图1　技术路线

2. 教材和展品分析

（1）课程标准和相应教材分析

通过对全日制义务教育物理课程教材、最新小学科学课程标准和中小学综合实践活动课程指导纲要的分析，了解物理相关课程标准对于培养学生物理相关知识和能力方面的要求；深入分析教材中涉及的主题为"电"的内容，了解其内容之间的相关性，并进行充分整合。教材中与电相关的课程如表 1 所示。

表 1　相关课程标准分析

课标	《小学科学课程标准》（2017）	《初中科学课程标准》（2011）	《初中物理课标》	《中小学综合实践活动课程指导纲要》（2017）
科学知识	6.4.2 知道有些材料是导体，容易导电； 6.4.2 有些材料是绝缘体，极不易导电			8. 用计算机做科学实验 通过计算机程序获取传感器实时采集的信息，并把这些信息记录在数据库中；对这些数据进行二次分析，验证之前的假设，甚至发现新的规律，初步感受大数据时代的研究方法，提高探究真实问题、发现新规律的能力
	6.4.1 说出电源、导线、用电器和开关是构成电路的必要元件，说明形成电路的条件	会连接简单的串联、并联电路	了解串、并联电路电流和电压的特点	
	6.4.1 解释切断闭合回路是控制电路的一种方法			9. 体验物联网 通过常见的开源硬件和电子模块，利用免费的物联网云服务，搭建各种物联网作品，如校内气象站、小鸡孵化箱等项目，体验物联网的应用。理解物联网的原理，熟悉常见的传感器编程方法，掌握物联网信息传输的常见方法，培养参与科学研究的兴趣，提升综合素质
		了解决定电阻大小的因素	知道电压、电流和电阻，理解欧姆定律	
	6.6.1 知道声、光、热、电、磁都是自然界中存在的能量形式	了解能源的分类及各类能源的特点，能区分主要不可再生能源与可再生能源	从能量转化的角度认识电源和用电器的作用	

　　1～2 年级学生接触过不同的材料，了解材料具有一定的性能。3～4 年级学生已经学习过电能与磁能，掌握了连接闭合电路的方法，并知道切断闭合来控制电路。学生知道简单的串、并联电路和安全用电的知识，知道电能是我们日常生活中重要的能源之一。8 年级学生已经对电路非常了解，深入学习了电压、电阻、欧姆定律等电学知识，并且会通过这些知识的具体知识点要求来确定知识目标和任务单部分。

　　但综合来看，物理实验的探究性不足。学生只是被动地使用材料进行

359

机械操作，难以产生兴趣，也难以把生活中的物品与其背后的科学知识紧密联系。所以本研究结合中小学综合实践活动课程指导纲要中的用计算机做实验，让学生结合学科知识并利用计算机、传感器等实验制作与电相关的物品。

（2）科技馆常设展品分析调研

系统考察科技馆现有的物理方面的常设展品，分析展品之间的关联和展品的不足，思考改进方法，让科学活动更好地帮助观众了解展品背后的科学知识。中国科学技术馆关于电的常设展品分析如图 2 所示。

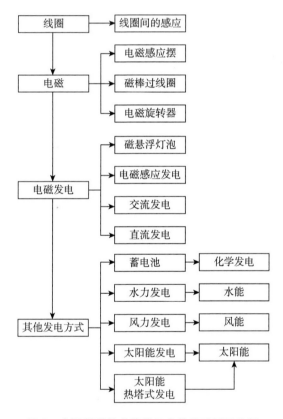

图 2　中国科学技术馆关于电的常设展品分析

通过观察科技馆的展品发现，科技馆部分展品易导致展品之间知识割裂的现象，观众难以很好地将展品之间的知识进行融合。有的展品不能随意拆卸组装，不能进行探究性实验，不能让受众了解展品背后的科学原理。

例如展品磁棒过线圈，观众只能看到固定磁棒穿过线圈时电流表的变化，但是并不能自行更换另一根磁棒去探究实验，所以不能体会这个实验的具体影响因素。也有很多优秀的大型展品，平常生活中不易制作，在科技馆中可以体验和学习，例如太阳能发电等。这类作品可以在活动时组织学生参观。

3. 教学模式分析

"基于项目的学习"的理念可追溯至杜威的"做中学"（Learning by doing）理念，即以活动、专题、问题解决方式等作为学习主轴的一种教学法。整个学习概念强调学习内容不再以教师为提供者，而应该是师生共同建构知识的历程；不仅强调"做中学"，还要从研究中学习（Learning by research），以培养学生项目管理与解决问题的能力，促进学习者对知识学问的深层理解。PBL（Problem-Based Learning）是情境学习的一种，它要求学生通过应用知识和做中学，参与到真实世界的活动中，这些活动与成年专家的活动极为相似。PBL 允许学生探究问题、提出假设、做出说明、讨论思想、彼此质疑、实验新思想。基于项目的学习特征可梳理出以下五点：驱动问题、情境探究、协作、技术工具支持、创造制品。

（三）主要内容

表 2　趣味 Arduino 电子欧姆表制作

活动意图	初步认识欧姆表的工作原理，了解欧姆表的内部构造，了解 Arduino 主控板、舵机等硬件的使用
活动材料	Arduino UNO R3 主控板、舵机、圆规、直尺、量角器、欧姆表、剪刀、电阻、T4 纸盒、杜邦线、LED 灯
活动过程	驱动问题：引导学生思考欧姆表为什么可以测量电阻，其中的内部电路及工作原理是什么？ 协作：小组内合作、组间分享协作、师生协作、学生与技术人员协作 情境探究：在情景问题中开展结构化探究、合作探究，不断优化设计、制作项目制品 技术工具：实验制作、资料卡、电脑网络查询 作品：按指定要求，制作测量电阻的工具——欧姆表；实验探究报告（包含：探究过程、知识概念成果图）
活动时长	4 个小时

表3 电的应用

活动意图	通过常见的开源硬件和电子模块，结合生活中的物品，搭建各种物联网作品
活动材料	Arduino UNO R3 主控板、光线传感器、声音传感器、1k 电阻、LED 灯
活动过程	驱动问题：引导学生思考生活中的物品如何通过传感器实现，其中的内部电路及工作原理是什么？ 协作：小组内合作、组间分享协作、师生协作、学生与技术人员协作 情境探究：在情景问题中开展结构化探究、合作探究，不断优化设计、制作项目制品 技术工具：实验制作、资料卡、电脑网络查询 作品：按指定要求，制作测量 LED 作品；实验探究报告（包含探究过程、知识概念成果图）
活动时长	3 个小时

二 研究成果

（一）活动方案的第一轮实施与修改

1. 实验对象

第一轮实施因为没有足够数量的初中生，所以以北京六年级学生为实验对象，学生样本分布情况如表4所示。课程地点在北京师范大学的科学魔坊，每名学生配备一台装有 Mixly 软件的电脑。

表4 第一轮实施学生样本分布

单位：人

年级	人数	男	女
六年级	9	5	4

2. 活动实施过程

活动时间为 4 个小时，主要内容是电的使用——红绿灯、楼道灯、小车的制作（见图3）。

3. 活动实施后的数据分析

基于"小小爱迪生"活动中电的测量这一课程，设计了任务单（见图4），回收有效任务单6份。

回收的"红绿灯检测"任务单结果显示，75%的同学认为红绿灯亮灯

图 3 活动现场照片

测一测

学校：　　　年级：　　　姓名：

1.红绿的有___个灯，依次是___灯、___灯、___灯。

2.声控灯的原理是当声音大于_____，灯亮。

3.声光控灯的原理是当声音大于_____，光线亮度暗于_____，灯亮。

4.遥控使车左拐，则左轮速度___于右轮速度。

5.万向轮的特点是_____。

6.选一选

纽扣电池：_____；螺丝刀：_____；扳手：_____；螺丝：_____。

A　　　　B

C　　　　D

图 4 红绿灯检测题

顺序依次是红、绿、黄，并且大部分同学没注意到黄灯的延时时间比红、绿灯短很多这一特点。其他问题显示，大部分同学没有思考过楼道灯、声控灯的应用模式特点，不知道万向轮的特点。通过亲自制作小车，同学们加深了对生活物品的理解。"常见物品的检测"任务单结果显示，在实验前测中学生对生活常见工具的了解还不深刻，特别是很多同学不认识纽扣电池和扳手，通过实验，学生对生活中的常见工具更加了解并学会了使用，对电的使用、电机的特点等了解更加深刻。

（二）活动方案的第二轮实施与修改

1. 实验对象

第二轮实施以北京初中二年级学生为实验对象，学生样本分布情况如表 5 所示。课程地点在北京师范大学的科学魔坊，每名学生配备有一台装有 Mixly 软件的电脑。

表 5　第二轮正式实施学生样本分布

单位：人

年级	人数	男	女
初二	8	4	4

2. 活动实施过程

（1）欧姆表的工作原理及模拟

（2）欧姆表的制作

3. 活动实施后的数据分析

（1）欧姆表的制作

基于"小小爱迪生"活动中电阻的测量这一课程，设计了任务单，回收有效任务单 8 份。前测中只有 2 名同学正确说出欧姆表的基本工作原理，而且大部分同学表示在学校欧姆表等只是作为学习的工具，老师并没有讲解其工作原理，通过实验大部分学生能答出欧姆表的基本工作原理，并且表示在学习本次课程之后，对电流表的理解更加深入。

三　研究结论及课程创新之处

（一）研究结论

在 STEM 教学活动中，采用项目式学习的教学模式有利于促进学科的整合。在本活动中，学生不仅进行了技术的编程、工作原理的计算、电路的连接；同时，更提高了对工具的认识和使用水平，在展示过程中锻炼了学生的交流能力，在改进设计的过程中训练了其批判性思维。

在非正式环境的教育活动中，应该更加强调学生对知识的主动探索，而不是像传统课堂中一样向学生灌输知识，因此，如何以更加有趣的形式呈现课程内容，是教育的核心。在实施过程中发现，真正动手做作品有利于激发学生的学习兴趣，让学生开展合作学习，不仅提高了实验的效率，也能让学生互相学习。通过实验观察和作品分析，小组合作得比较密切的作品往往会做得更好和更快。STEM 能不能提升学生的综合能力，不仅仅取决于整合性的课程或教学活动，教师的教学策略也同样重要。

本活动将参观和实验制作融合，参观科技馆与电相关的展品，如电磁感应器和磁悬浮灯泡等，加深对电的产生、应用的理解，并深入解析展品中蕴含的科学知识与原理，帮助学生解决展品体验过程中的困惑。

（二）创新点

（1）本项目将科学探究精神融入科学教育活动，培养学生的探究精神，并且与课程标准、科技馆中电学相关展品紧密结合。

（2）与传统的科学实验相比，本活动具有拓展性，学生将软硬件和工具结合使用，通过生活中的常见物品，如红绿灯、路灯、小车等，设计出自己的电路作品。

（3）本项目结合物理电磁学知识——电磁感应、欧姆表、电流表等，学生在动手制作的过程中，能深刻地体会这些物品背后的科学原理，并能在"科学家的实验"过程中体会科学家是怎样实现探究和认知的。

新疆民俗数字博物馆的原型设计与
科普应用

项目负责人：刘倩
项目成员：夏文菁　胡玥　陶兰　汪一薇
指导教师：张剑平　杨玉辉

摘　要： 文化，是一个民族存在的根基，是一个民族发展的动力。随着信息技术的高速发展，人们试图将文化与信息技术相结合，提供跨越空间与时间限制的数字博物馆文化学习模式。本项目借助数字博物馆在科学普及、文化传承等方面的优势，提供新疆民俗数字博物馆学习资源，设计"模拟世界文化遗产申请——以新疆少数民族非物质文化遗产为例""《"游"学"游"玩》旅游产品设计与发布"网络探究学习活动单。既帮助公众自主进行网络探究学习，亦可指导教师应用网络探究学习活动单组织非正式学习活动，最终达到对新疆民俗文化科普的目的。

现今，科普活动国际化、科普服务多样化和科普文化多元化已成为科普研究的趋势。关注与学习国际国内科普活动，创设与提供丰富多样的科普服务，建设与融合多元文化的科普资源库，是当代科普工作者应该努力的方向之一。

华夏五千年的文明史，孕育了博大精深的各民族文化。本项目从科普文化多元化入手，关注民族文化与科普活动的融合。

一　项目概述

1992 年，联合国教科文组织成立"世界记忆工程"，保护与拯救世界非物质文化遗产，我国于 1995 年成立"世界记忆工程"委员会。虽然我国启动民族文化保护工作已有数十年，但由于公众对民族文化的保护与传承意识比较淡薄，部分非物质文化遗产依旧面临渐渐消失或后继无人，甚至被他国提前申遗的危机。

例如我们的传统体育文化项目——拔河，就在 2015 年 12 月 2 日，正式列入韩国、越南、柬埔寨、菲律宾 4 国联合申遗的非物质文化遗产名录。可见保护我国的非物质文化遗产还有很多工作要做，提升公众的民族文化遗产保护意识就是其中非常重要的一项。

本项目设计的新疆民俗数字博物馆不仅包含新疆民俗文化资料，还呈现了新疆的自然风光、美食、服饰、建筑等诸多资料，并提供精心设计的网络探究（WebQuest）学习活动，如"模拟世界文化遗产申请——以新疆少数民族非物质文化遗产为例""《"游"学"游"玩》旅游产品设计与发布"。可用于线上自主探究学习，亦可在学校或场馆进行线下科普活动实施。

与此同时，本项目以新疆民俗文化为主要载体，试图科普少数民族（新疆）文化，展现少数民族（新疆）自然风光与人文景观，促进民族文化的传播与传承，加深跨民族文化的交流与融合，提高民族间的理解与团结，保障民族文化繁荣发展，为祖国的团结稳定贡献科普工作者的一份力量。

二　研究成果

本项目研究成果主要包括网络探究学习活动设计，"新疆民俗数字博物馆"原型设计与科普应用，一系列网络探究学习活动资源包的开发，收集与整理学生成果，具体研究成果如下所示。

（一）网络探究学习活动设计

完成网络探究学习活动的设计："模拟世界文化遗产申请——以新疆少数民族非物质文化遗产为例""《"游"学"游"玩》旅游产品设计与发布"。其中"《"游"学"游"玩》旅游产品设计与发布"为虚实融合系列活动，由"新疆科考·我来了——地理篇""新疆科考·我来了——科考队员成长篇""《"游"学"游"玩》旅游产品设计与发布"3 项组成。

（二）"新疆民俗数字博物馆"原型设计与科普应用

新疆民俗数字博物馆原型设计分为序厅、新疆地理、新疆人文、衣食住行、旅游资源、生物资源等模块。

图1 新疆民俗数字博物馆原型设计模块

利用新疆民俗数字博物馆进行6次3个专项网络探究活动："新疆科考·我来了——地理篇""新疆科考·我来了——科考队员成长""《"游"学"游"玩》旅游产品设计与发布"。

（三）一系列网络探究学习活动资源包的开发

开发网络探究活动，旨在培养青少年通过组建项目小组进行头脑风暴与思维交流，学会通过网络探究获取信息，最终呈现科学与文化相融合的学习成果。

（1）制定完整的实施流程和实施环节，包括如何组建学习活动小组、进行头脑风暴，如何利用网络探究获取信息，制作科学与文化相融合的学习成果。

（2）优化课程内容的分配设置，课程的形式安排、时间安排等。

（3）梳理网络探究学习活动实施重点、难点。不同于正式学习的教学，探究式学习活动注重学生自主与自律能力的培养，鼓励学生充分利用数字博物馆和网络资源进行网络探究学习，丰富自己的知识体系，开阔视野，提高创新能力。

（4）详细列出学习活动所需材料、设备、条件等，让网络探究学习活动辅助学校通过数字博物馆或网络进行非正式学习活动的设计与实践。

（四）收集与整理学生成果

学习活动结束后，学生需要提交网络探究学习成果，作为课程完成的标志。

将学生实践成果结集成册，并针对不同的设计做出评价和指导，将这些成果作为学习活动反馈和实施的案例，以便后期的推广与应用。

学生能对自己的学习成果做出评价和修改，能通过网络探究学习活动，提升信息素养、民族认同感、动手操作能力等。

三　创新点

（一）研究对象

1. 关注学生心理和认知发展

本项目的活动对象以 3～5 年级的小学生为主，根据该年龄段学生的特点，制定网络探究学习单，并拆分为 3 项 6 次课，每次 1 小时。将复杂的电脑操作与网络探究学习简化成用 iPad 浏览数字博物馆、获取与整合信息，并设计成果方案。学生作品选择制作模型、海报与 PPT 相结合的形式呈现，在锻炼学生动手能力的同时，提升学生信息素养。

2. 关注学生个体差异

不同学生之间个体差异较大，需提前了解每一位学生的特点、兴趣特长，辅助学生分组，以保证各组学生水平较为均等，注重课程整体效果。

更重要的是，了解学生个体差异，可以方便组内同学优势互补，真正发挥团队合作效果，也可以提升学生参与项目式学习的兴趣与满足感，亦能使最终呈现的学习活动成果更具有观赏性，提升对文化科普的价值与意义。

（二）研究方法

本项目研究主要运用设计研究法、文献研究法、问卷调查法、访谈调查法。

1. 设计研究法

基于设计的研究法，或称为"设计实验""设计研究"，是近 20 年来发展起来的新兴研究方法，是在真实情境中，以研究者与实践者的协作为基础，将科学的方法与技术的方法有机结合，通过反复循环的分析、设计、开发和实施，开发技术产品，在改进教育实践的同时，修正和发展新的教育理论的一种研究方法。[①]

2. 文献研究法

文献研究法也称情报研究、资料研究或文献调查，是指对文献资料的检索、搜集、鉴别、整理、分析，并形成对事实科学认识的方法。文献研究法所要解决的主要是如何在浩如烟海的文献资料中选取适用于课题的资料，并对这些资料做出恰当的分析，归纳出有关问题。[②]

3. 问卷调查法

在网络探究学习活动后，学生进行自我评价、同伴互评、老师评价。辅助教师了解活动实施中的优点与不足，帮助学生发现自己的不足与改进方法。

4. 访谈研究法

本研究中，在学习活动实施之后，对参与活动的学习者进行访谈，把学习者参与活动的感受以及对活动的建议记录下来，以便真实全面地了解学习者的学习感受以及学习活动实施中的不足，为以后学习活动的改进打下基础。

（三）研究成果

数字博物馆是文化遗产保护和教育传承的重要渠道，将具体的文化遗产经多媒体计算机技术进行数字化，再经建模设计、内容设计和教学设计，形成数字化的博物馆资源，利用数字博物馆的媒体丰富性和界面友好性，可以实现形象生动的参观和浏览体验。

本项目开发的新疆民俗数字博物馆原型，具有丰富的图像、文字和网络链接资源，参照 Google 数字博物馆设计理念，界面友好生动，且提供网络探究学习活动单，满足不同受众对数字博物馆的浏览与学习需求。

对于各级各类学生，新疆民俗数字博物馆可以方便他们对新疆的文化遗产和自然科学有广泛的涉猎；对于学校教师，本馆可结合教学活动，开展文化遗产教育传承和跨文化交流方面的知识学习。

---

① 焦建利：《基于设计的研究：教育技术学研究的新取向》，《现代教育技术》2008 年第 5 期。
② 杜晓丽：《富有生命力的文献研究法》，《上海教育研究》2013 年第 10 期。

利用数字博物馆进行科普传播，可以让更多的受众打破时间和空间的界限，随时随地进行网络学习；让更多的受众了解和学习文化遗产，对民族文化的宣传与传承具有广泛的促进作用。

四　数字博物馆的科普应用价值

正式学习环境中，教师教学任务繁重，以讲授为主，讨论与实验作为辅助教学的方法，学生主动参与程度低；而非正式学习环境中，教师没有教学压力，只要创设合理的学习情境，便可引导学生利用数字博物馆和网络资源进行探究性学习。

学生根据教师创设的学习情境，随时随地利用网络进行资源搜集与整合、思考与创新；小组讨论与头脑风暴，要求学生对非正式环境下所获取的信息进行加工，内化成自身信息，以提升对信息的理解；借鉴"世界咖啡"模式，加强各活动小组内资源共享与交流，提升学生自豪感和对新知识的求知欲。

本项目借助新疆民俗数字博物馆，以学生为中心，创设非正式环境下的科普活动，符合2016年新媒体联盟《地平线报告》预测的未来科普发展趋势，具有一定的创新性。

五　活动建议

由于是在正式环境下进行非正式学习，教师只负责引导和时间把控，学习主动权在学生手上。对于积极实践与讨论的小组，时间总是不够用，方案总需要讨论再修改；但对于不够积极或贪玩的学生小组，时间都浪费在与活动无关的内容上，使活动不能顺利进行。

因此，在非正式学习活动中，要辅助学生寻找合适的引导者，并建议将学生学习能力与知识理解能力（年级）进行划分，保证各组学生素质较为均衡，以保证非正式学习活动顺利进行。

六　总结

中国民族众多，每个民族都有其独特的文化与习俗，由于地域差别，不同地区的相互了解与认知存在一定困难。对于青少年而言，各民族文化过于抽象，需要借助易于理解的"脚手架"来实现对各民族文化的认知。

因此，本项目以新疆为例，从青少年非常感兴趣的模型制作开始，引入新疆地形，分析新疆气候特点，展示新疆壮美的自然风光；接下来以"科考"为口号，鼓励学生分项目进行深层次的资源搜集与科学研究；最后引导学生组建富有"游学"意义的"旅游公司"，将之前搜集与整合的资源进行分享与讨论，内化成其自身的知识，再通过产品设计，达到对新疆文化与自然科学的科普目的。

本项目系列活动，符合学生心理与认知，挑选学生感兴趣的活动项目，鼓励学生利用数字博物馆与网络资源，自主进行网络探究学习。这一过程不仅提升了学生的信息素养，更提升了学生对新疆民族文化的认知，为各民族交流与理解种下了希望的种子。

"地球发烧了?"

——科技场馆探究式教学

项目负责人：田婷婷

项目成员：赵婷婷　郑雯婷　杨小琴　江珊

指导教师：孙婧

摘　要： 本活动教案是基于科技馆实验室开展的科技教育活动，致力于运用"5E"教学模式进行探究式教学。以全球变暖为主题，青少年活动参与者在辅导老师的引导下进行趣味式探究学习。活动主要使用问题导入法，通过引导青少年进行模型制作与实验验证，培养孩子们的动手能力和逻辑思维。教案主要设计了一个温室效应模型并将其与地球的温室效应进行类比，在实验过程中进行温度测量和数据的记录，通过观察数据思考其中的因果关系，理解温室效应及其机理，认识引起温室效应的几种主要温室气体，了解全球变暖带来的危害，由此鼓励青少年践行低碳生活。

一　项目概述

（一）研究背景

1. "5E"教学模式

本研究采用的"5E"教学模式包括 5 个学习阶段：吸引（Engagement）、探究（Exploration）、解释（Explanation）、拓展（Elaboration）、评估（Evaluation）。

吸引指教师首先提供有意义的学习活动，以引起学生的学习兴趣。在探究环节，学生要针对特定的内容进行探究活动，要观察现象、建立事物之间的联系、概括规律、识别变量，这是引入新概念或术语的重要前提。解释是指探究完成后，学生用自己的语言解释探究结果，形成初步解释。然后，教师给出科学的解释、术语或概念，这是使新概念、过程或方法明确化和可理解化的过程。拓展是新概念不断精致化的过程。评估指在这一环节中，教师观察学生如何应用新的概念和方法来解决问题，并提出开放性问题来评价学生对新概念或方法的理解和应用情况。[①]

2. 科学概念——温室效应

太阳光的辐射是以短波的形式进行的，地面吸收来自太阳的短波辐射，转变为热能后，以长波红外光向外辐射。大气中许多成分对不同波长的辐射有其特征吸收光谱，其中能够吸收较长波长的主要有二氧化碳和水蒸气。而大气中的水分子只能截留一小部分红外光。大气中的二氧化碳虽然含量比水低得多，但它可强烈地吸收红外辐射。[②] 于是二氧化碳像温室的玻璃一样，并不影响太阳对地球表面的辐射，却阻碍由地面反射回太空的红外辐射，即把热量截留于大气之中。这就像给地球罩上了一层保温膜，使地球表面气温增高，形成温室效应。

（二）研究过程

1. 收集文献资料，解读探究式学习理论

深入分析科技馆科普教育活动的策划方法、活动方案和理念；收集国内外有关 5E 教学模式、温室效应科普等相关优秀案例，进行深入分析，寻求借鉴。

2. 收集全球变暖、气候变化相关材料

通过阅读大量相关文献，深刻认知温室效应的成因、结果、危害及相关解决措施，从中提炼出可供青少年学习理解的知识并形成体系，作为设计活动的基础。

3. 前期调研

①在实习期间学习科技馆教育活动的组织与实施；②利用实习机会，

---

① 王建、李秀菊：《5E 教学模式的内涵及其对我国理科教育的启示》，《生物报》2012 年第 3 期。

② 谢俊翔、许艳：《运用 5E 学习环等教学法设计科技馆教学活动的实践探索——"星空探秘"活动策划》，《自然科学博物馆研究》2016 年第 4 期。

在展厅内与相应年龄阶段的孩子进行沟通交流，了解他们已有知识背景和能力水平，进一步完善方案并确定课程所针对的具体年龄段。

4. 实验材料及用品准备

①对实验进行反复实践、测试、改进，确定适宜的实验材料；②设计导学案；③购买并准备实验用具。

5. 实施教育活动

6. 对活动效果进行评估并改进

（三）教育对象与目标

1. 教育对象

本教育活动的具体教学对象是 9～13 岁的小学生，适宜的受众人数为10 人。

2. 学情分析

温室效应是一项与生活密切相关的科学知识点，涉及化学、物理、地理、生物等学科知识，是一个典型的跨学科概念。随着近年来科学知识的普及和人们环保意识的增强，人们对于全球变暖以及低碳生活有了一定的认识，但对于温室效应的具体原因和影响，大多数处于知其然而不知其所以然的状态。9～13 岁的儿童分类和理解概念的能力有明显的提高，甚至可以根据概念、假设等进行假设演绎推理，得出结论；并且这个阶段的儿童已经具备一定的生活经验和表达能力，适宜开展合作式探究性学习活动。

3. 教育目标

针对小学 4～6 年级学生开发一套活动辅导教案，通过探究式教学达到引起学生对气候变化的关注、理解温室效应成因的目的。

二 活动特征及主要成果

（一）教学基本流程

搭建情景——地球生病了，活动目的是探索地球发热的原因，以"地球发烧了"为主线进行探究活动，活动分为吸引、探究、解释、拓展、评估 5 个环节。

1. 吸引（Engagement）：地球发烧了——聆听地球的呻吟

教师活动。带领参与活动的青少年至碳暖全球展区，引导他们动手操作和细心观察，通过"地球之殇""生存危机""二氧化碳浓度转盘"等展品了解全球的气候变化和温度变化。接着回到活动室，开展一场"诊断地球"现场互动沙龙，激发探究兴趣，鼓励受众思考交流。他们可能会产生"全球变暖的原因是什么""温度升高和 CO_2 有什么关系"等疑问。

2. 探究（Exploration）：地球为何发热？——温室效应

进行温室效应模拟实验。基于温室效应原理，要在实验室里演示温室效应，就要模仿一个类似太阳光照射地球的环境来演示温室效应。为了提高实验效率采用黑色塑料布或胶袋来充当地面，它几乎可以把各种波长的光转化为红外辐射，光转化为热的效率比较高。活动前向学生介绍温度计的结构及使用方法，然后要求学生按照实验步骤进行实验，并记录温度计数值。

准备材料：1 个 1000mL 透明玻璃杯、2 块硬纸板、2 支完全相同的温度计、透明胶、黑色塑料布或胶袋、红外灯（考虑到温室效应主要吸收是长波红外光）、自制生态瓶（生态瓶中有河水、水草、小鱼、泥沙等生态系统成分，瓶口敞开）（见图 1）。

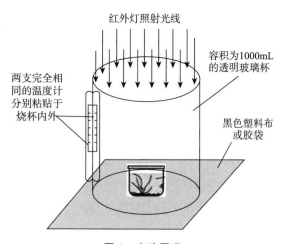

图 1　实验原理

操作步骤：①将黑色胶袋平放在桌子上，玻璃杯倒扣其上，制成一个微型温室；②将 2 支温度计用透明胶分别粘在硬纸板上；将其中的一支粘于玻璃杯内，另外一支粘于玻璃杯外面，并相对放置，最初可让水银全部甩入水银泡内；③用红外灯照射，观察并记录 2 支温度计的数值，测定时间为 16 分钟，每隔 2 分钟记录一次（见表 1）。

实验结果显示微型温室内温度较高。

表 1　实验数据记录

时间（min）	2	4	6	8	10	12
微型温室内温度（℃）						
对照组温度（℃）						

提问：①观察你的数据，有什么规律？②如果把那个小的生态瓶想象成地球，根据这个现象，大家可不可以提出地球温度升高的原因的可能性假设？③那么，在大家的假设中，什么是把地球罩起来的玻璃呢？

根据学生的知识水平他们应可以得出："'微型温室'内环境密封、热量散不出去，所以温度较高"的结论，为下一步探究打下基础。

3. 解释（Explanation）：温室效应的元凶——CO_2

教师活动 1：地球表面包裹着一层厚厚的大气层，也就是我们每天呼吸的空气，空气中有一些气体就像实验中的玻璃罩一样阻挡地球上的热量散发出去，我们称这种具有保温效应的气体为温室气体，包括水蒸气、二氧化碳、甲烷、一氧化二氮等，其中二氧化碳是主要的温室气体。

提问：①地球外面有什么？②关于二氧化碳你了解多少？

对于地球外面是什么，学生会回答空气、太空、大气层等，先认可学生的回答，令其思考什么可能会使地球保温，使学生将温室气体与探究中的"玻璃"联系起来，理解温室气体的作用。

教师活动 2——认识 CO_2

（1）向学生展示制取 CO_2 的实验操作：选择较为安全且有效的苏打粉和醋酸制取 CO_2，将制得的 CO_2 气体通入澄清石灰水中，可以观察到澄清石灰水变为乳白色；将点燃的小木条伸到集气瓶口，会看到火柴熄灭。

（2）让同学们对集气瓶中的 CO_2 闻一闻、看一看，并通过老师展示的现象增加对 CO_2 的认识，并记下来，老师不做评价。

科普 CO_2 性质的同时用神奇的化学现象激发学生兴趣，提升学生在科学探究过程中的观察力。

4. 拓展（Elaboration）——"CO_2 保温效应"原理小游戏

游戏时，所有代表地球的学生向太空投掷塑料球（塑料球表示热量），代表 CO_2（二氧化碳）的学生努力阻止塑料球被扔到太空，2 分钟后计算有多少球被挡回；然后将 CO_2 的数量加倍并重复游戏。

游戏目的在于使学生理解温室气体的作用机理，以及温室气体的多少对温度的影响，使学生对温室效应有一个正确的认识：自然的温室效应使地球适宜生物生存，但人类活动导致温室气体增多，加剧了温室效应，并产生不利影响。

5. 评估（Evaluation）

分发蜡笔和卡纸，让学生以小组为单位，用学到的知识绘制一份宣传手册，科普温室效应的原理，呼吁大家一起减少温室气体排放，达到由知识吸收到知识输出的目的，锻炼学生的逻辑思维和表达能力。

（二）实施情况与效果评估

1. 实施情况及成果

完成理论学习，并进行前期调研，完成了活动材料等课前准备并进行实施。本活动分别于 2017 年 7 月和 2017 年 8 月在山西省科技馆举办两次。第一次活动人数为 7 人，共分 3 组，年龄在 10 ~ 12 岁；第二次活动人数为 8 人，分为 4 组，年龄在 9 ~ 13 岁。经过完善修改得到最终的活动方案。

2. 活动效果

活动开始之前，在与参与者沟通过程中了解到只有极少数的学生知道全球变暖与温室效应有关，所有的参与者不能解释温室效应具体是什么。活动后又对部分学生进行了课堂随访。活动的效果主要从认知维度和情感维度两个方面进行评估，各方面表现性目标已基本实现，本活动实现了设定的教育目标（见表 2、表 3）。

表 2　认知维度

具体目标	表现性目标
了解全球的温度变化和气候变化	能描述近年来的温度变化趋势，说出一些灾害性气候

续表

具体目标	表现性目标
理解温室效应的原理，认识 CO_2 等温室气体对地球的保温作用	能说清温室效应原理，讲述 CO_2 是如何使地球温度升高的
了解全球变暖的危害及人类的哪些行为会导致全球变暖	能说出全球变暖的可能性结果，能明白什么行为会导致温室效应

表 3　情感维度

具体目标	表现性目标
通过模型制作与实验验证，培养孩子们的动手能力和科学思维、科学精神，产生探究兴趣	活动中积极思考，踊跃发言，规范操作，并表现积极兴奋的情绪
明白环境保护的迫切性，产生对人类未来发展的危机感，具有关心环境变化、人类未来的大局意识、人文情操	能说出全球变暖对人类生活的影响，表达对地球未来的担忧
思考在全球变暖的大背景下应该形成什么样的生活方式，在活动过后可以以实际行动减少温室气体的排放	与身边同学讲述自己的生活经验如哪些事情会加剧温室效应，讲出以后应该怎样做

三　总结与思考

（一）创新点

　　温室效应是一个典型的跨学科概念，涉及化学、物理、地理多学科知识；而且关于地球的科学原理非常宏观，难以理解。本研究将知识简化为适龄儿童可以接受和理解的概念，并且通过简化的模型演示温室对温度的影响，从而类比到温室效应，以小见大。关于教学过程，整个教学环节中学生的知识所得都来源于自己的观察和理解，教师只做辅助，努力践行探究式学习和建构主义理论；运用控制变量法，实验和游戏结合、科学性实验与自主探究结合，对学生的学习情况进行形成式评价、过程中评价。该活动延展性好、传播性强，且与生活密切相关，活动的科学传播效应在学生离开科技馆后才真正开始。活动很好地结合了山西省科技馆的整个低碳展厅，活动过后，学生再去参观低碳展厅将会更好地理解展厅的展品及其展示的科学知识。

（二）反思

1. 温室效应的科学性挖掘不足

仅仅依靠科技辅导员半堂课的讲解和参与者自己动手不一定能使较低年龄群体理解其中的科学道理，该活动的娱乐性有可能进一步削弱活动的教育功能。在试点中我们也看到，凡是游戏环节和动手制作环节，学生们都特别兴奋，迫不及待地想自己试试。从评估的结果来看，学生们在科学知识的获得上还有进一步上升的空间。另外，本次活动只体现了温室效应简易的模拟原理，实际上温室效应还与许多复杂物理、地理知识有关，比如大气层的结构、不同气体分子化学键的伸缩震动等，其中的科学因素无法一一解释清楚。

2. 活动中参与者按照辅导员指示来做的较多，自己探究的略少

活动中要用发热灯泡对温室进行加热，存在安全问题，需要格外注意，所以辅导员参与较多；在实际教学中，由于缺乏经验，教学过程并未完全按设计方案实行，很多设计巧妙的环节并未取得应有的效果，值得反思。整个活动过程中，为使活动顺利进行，科技辅导员做的、说的过多，在既要保证活动进展顺利、过程可控，又要保证学生们充分动脑动手之间的平衡方面需要进一步钻研。

基于馆校结合的小学科学探究式学习

项目负责人：郝杏丽

项目成员：胡旭斑　夏苗苗　潘悦　杨一捷

指导教师：张新明　王士春

摘　要：小学科学课是以培养学生科学素养为宗旨的课程。在实际课堂教学中，学习主体性、主体参与性、参与科学性和实践性都较为欠缺；社会上虽然有许多科技场馆，但远没有和学校科学课程结合起来，参观活动大多停留在"放羊式"阶段。科技馆与学校虽然在教育对象、内容、地点、时间、方式和资源等方面有所差异，但两者兼有科普使命，这使科技馆与学校在科技教育方面的合作成为可能。本项目提出馆校结合的小学科学探究式学习活动设计，让小学科学课走进科技场馆，使科技馆资源与学校教育结合起来，建立资源共享机制，旨在提高小学生的科学素养、科学技能、创新和实践能力。

一　项目概述

（一）研究背景及目的

随着教育改革的不断深入，提升教育品质和建立学习型社会的呼声越来越高，对教育资源的整合备受关注。学校与科技馆作为科学普及的重要场所，是小学生科学素养与创新实践能力培养的基地。学校传统的教学模式多为教室授课、教师解说、课本教学，没有体现学生的学习主体性，不能激发学生的学习兴趣，限制了学生的思考能力、创造能力和合作能力。而传统的科技场馆教育虽然能够提高学生的学习兴趣，激发学生的创造能力，却往往展教分离、重展轻教，不具备学校教育的稳定性和系统性，教学体系不具备连贯性。因此，本研究试图将馆校两者进行优势互补，将学校教学中枯燥、抽象的课本知识以生动、直观、互动的形式展示出来，有效弥补学校教育的不足，从而增强学生的科学素养、科学技能、创新与实践能力，促进科学教育的有效开展。

本课题在实地调研和梳理"馆校结合""探究式学习活动设计"等相关理论的基础上，对国内外优秀馆校结合案例和优秀学习单设计进行分析，以小学科学课程学习与实践为例，构建馆校结合探究式学习活动设计模型，并以"我是大力士"为主题设计教学方案并进行实验，以期探究馆校结合教学的有效性。

本项目选题切合当前科普教育实际需要，对教师或者科技辅导员策划科普教育活动具有示范作用，并能有效地整合科学教育资源，提高学生的科学素养和实践创新能力。

（二）研究内容

本项目主题是设计馆校结合的科学教育活动，所以在设计活动之前首先将科技馆和学校教育的特征研究清楚，在此基础上找到馆校结合的切入点。然后梳理科学课本中的科学知识并形成清单，实地调研科技馆，形成科技馆的实验资源清单，并研究国内外科技馆的优秀案例论文，构建馆校结合的小学科学探究式学习活动设计模型，最终进行案例研究，以"我是大力士"为主题设计教学方案进行实验，并探究馆校结合教学的有效性。

本研究的主要研究内容为下几点：①理论研究，学校教育与科技馆教育特征研究；②文献研究，学习国内外科技馆优秀案例，构建馆校结合的小学科学探究式学习活动设计模型；③实证研究，在理论研究的基础上设计开发促进馆校结合的科技馆教学活动并探究馆校结合教学的有效性。

（三）研究方法与技术路线

主要采用文献研究法、内容分析法、比较研究法、模型构建法、访谈法、实地调研法等研究方法，主要应用在以下几个方面：①基于馆校结合的小学科学探究式学习活动设计的相关理论研究及可行性分析；②国内外优秀案例的分析；③馆校结合的小学科学探究式学习活动设计模型的构建；④"我是大力士"主题案例活动的设计和实施（见图1）。

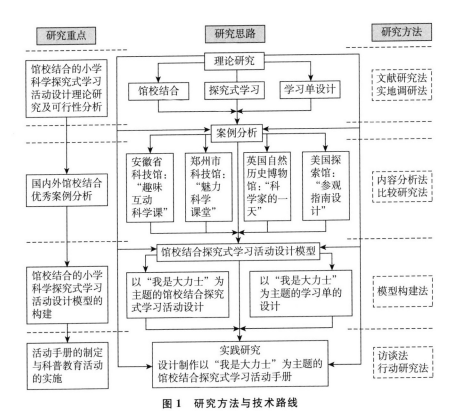

图1 研究方法与技术路线

二 研究成果

（一）馆校结合的探究式学习活动设计模型的构建

整理分析国内外学习活动设计案例，并借鉴美国心理学家加涅提出的教学设计基本步骤，在此基础上构建馆校结合的小学科学探究式学习活动设计模型（见图2）。

（二）"我是大力士"馆校结合教学设计流程

在馆校结合的小学科学探究式学习活动设计模型的基础上，根据该教学设计流程图，选择"我是大力士"为实验案例，设计具体的活动方案并进行实施，对馆校结合的有效性进行评价（见图3）。

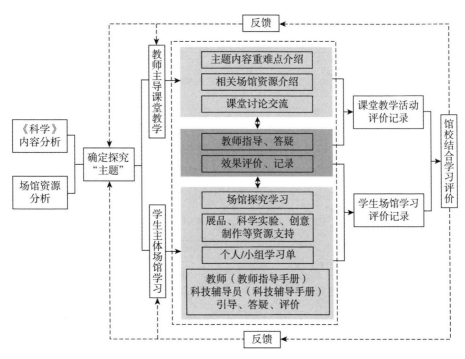

图2　学习活动设计模型

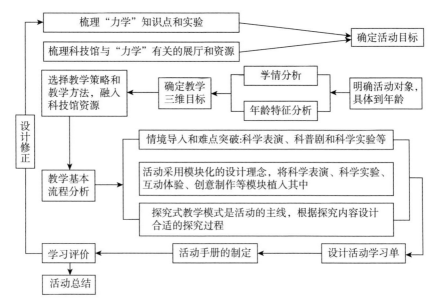

图3　"我是大力士"活动方案设计流程

（三）活动实施方案

1. 对象

实验依托义务教育课程标准实验教科书《科学》（教育科学出版社）六年级上册第一单元"工具和机械"而设计，该活动旨在帮助学生研究滑轮等不同类型的简单机械，认识生活中运用的一些简单机械的构成和原理，培养学生的科学探究能力。活动设计为 2 个课时，选取六年级 3 班的 40 位学生，随机平均分为实验组和对照组。

2. 过程

对照组：按照常规的学校教学模式授课，以教师的"教"为中心，在必要时进行实验操作、互动提问，课堂教学流程为情境创设—目标呈现—系统讲授—实验操作—互动提问—课堂小结，课后让学生完成作业，教师提供评价反馈。实验组：采用馆校结合教学模式授课，以学生的探究式学习为中心。

3. 变量控制

实验研究要尽量控制干扰变量，本研究选择同班的学生随机分为两组，排除了对照组与实验组的差异；两组由同一位教师授课，排除了教师授课能力和业务水平等因素干扰；最后通过测试卷、问卷和学生访谈等方式收集的数据信息真实可靠，排除主观性因素。

4. 研究结果的测量

（1）教学效果的测量

通过测试卷的方式对教学效果进行测量。测试卷是由科学教研组教师编制的满分为 100 分的试卷。题型分为填空、判断、实验设计、实践应用 4 种，题型灵活多样，难易适度。从教学的三维目标出发分为：第一基础知识题，考查学生对基础知识的掌握情况；第二实验设计题，考查学生的实验设计能力；第三知识应用题，考查学生对知识的灵活运用能力；第四实践探究题，考查学生综合运用知识的能力，同时考查学生是否留心观察生活现象和善于思考。活动结束后，对实验组和对照组同时当堂发放纸质试卷并按时回收。

（2）学生态度的测量

为测量实验组学生对馆校结合教学模式的态度，我们通过访谈的方式随机对实验组的 10 名同学进行访谈调查。

5. 统计方法

利用 SPSS20 对实验组（20 人，有效回收测试卷 20 份）和对照组（20人，有效回收测试卷 20 份）的数据进行差异显著性检验。在做均数显著性差异检验之前做方差齐性检验：如果两个样本方差的差异未超过统计学所规定的范围，样本方差齐性，直接采用均数显著性差异检验；如果两个样本方差不齐，选用两均值比较的校正公式进行检验。如果馆校结合的效果显著性优于学校课堂教学，就可以确定馆校结合在小学科学教学中是有效的。

三 馆校结合的探究式学习有效性分析

（一）馆校结合模式的教学效果

首先从试卷总分的均分来看（见表 1），实验组均值明显优于对照组（Mean = 82.2 > 72.15），进一步对均值进行独立样本 t 检验，t 检验结果 Sig = 0.041 < 0.05，由此推断，馆校结合总体的学习成效显著优于传统课堂教学，可见馆校结合这种教学模式有利于提高学习效率。然后对该认知结果分别从四个维度进行差异性分析。

1. 基础知识

实验组均值基本与对照组无差别（Mean = 31.8 > 31.2），进一步对均值进行独立样本 t 检验，t 检验结果 Sig = 0.701 > 0.05，不具有显著性差异，由此推断，在基础知识方面两组差别不大。

2. 实验设计

该题型主要考查学生的实验设计能力，不管传统教学还是馆校结合模式均让学生在实验室动手进行了实验，所以两组均值差别不大，实验组略高于对照组（Mean = 27.00 > 25.00），对均值进行独立样本 t 检验，t 检验结果 Sig = 0.120 > 0.05，不具有显著性差异。

3. 知识应用

该题型属于探究型综合题，并且有的题目引入生活中具体的实例情境，既考察了学生对知识掌握的情况，又反映了学生综合分析处理实际问题的能力，此题难度较大。从数据结果上来看，实验组均值明显优于对照组

（Mean = 11.40 > 8.75），进一步对均值进行独立样本 t 检验，t 检验结果 Sig = 0.041 < 0.05，在知识运用能力方面馆校结合学习成效显著优于传统课堂教学。推理原因，由于学生并不是都了解滑轮组省力多少与动滑轮上线的股数有关，而实验组在科技馆的展品体验活动中总结过该知识点，因此，实验组的平均成绩明显高于对照组。

4. 实践探究

该设计主要考查学生对知识原理在生活情境中的应用，此题从数据结果上来看，实验组均值明显优于对照组（Mean = 12.55 > 9.60），进一步对均值进行独立样本 t 检验，t 检验结果 Sig = 0.022 < 0.05，说明学生对馆校结合教学中涉及的内容有很好的理解和掌握。

表 1　馆校结合与传统教学有效性的差异性分析

分析维度	sig	均值比较	
		传统	馆校
整体学习收获	.041	72.15	82.20
基础知识	.701	31.20	31.80
实验设计	.120	25.00	27.00
知识应用	.041	8.75	11.40
实践探究	.022	9.60	12.55

总之，从表 1 可知馆校结合与传统教学在基础知识和实验设计方面，学习成效差别不大，一种可能的解释是：两种方式学生都要利用教材、教师讲解或者实验器材，而这些不管哪种教学方式都可以满足。对于两种教学模式的效果在知识运用和实践探究题中出现显著性差异，可能的原因为：在馆校结合的教学模式中，科技馆展厅提供了很多相关展品，学生可以自主体验，如展品——撬地球、称自己体重的大杆秤、比腕力、自己拉自己、滑轮系列等，还有供学生进一步探究的实验室器材等。因此，学生体验动手探究的机会比较多，整个学习过程是一个科学研究的过程，在体验中发现问题，猜想并通过展品或者实验来验证猜想。

（二）学生对馆校结合教学的态度

对实验组的 10 位同学进行访谈，分析学生对馆校结合教学的态度。对于第一个问题：你喜欢这次馆校结合形式的学习活动吗？其中 8 位同学表示很喜欢，有 2 位同学表示不太喜欢。喜欢的原因大致为：科技馆有很多展品，可以在玩中学知识；整个过程自己动手时间比较多，感觉学习氛围轻松；整个过程自己在体验活动中发现问题，然后猜想并验证，感觉很有成就感。而有 2 位同学则表示不喜欢，原因为：当别的同学开始利用展品和器材进行实验时，自己毫无头绪，不知道该干什么，汇报分享的时候自己很怕被老师提问。解决办法：教师要及时引导汇报总结，发现学习困难学生或者需要帮助的小组，并在接下来的学习活动中给予更多的指导。

对于第二个问题：如果整门课程更多地采用这种馆校结合的形式，你相信会学得更好吗？其中 7 位同学表示会学得更好，原因总结如下：通过科技馆的展品器材，在玩中学，让自己能更好地理解知识原理，而且自己很好奇，特别想知道原理，所以学习完之后不容易遗忘。另外 3 位同学表示：同一个知识点，馆校结合模式的学习可能需要更多的时间，多做点题目可能考试分数会更高。

对于第三个问题：在整个活动中你认为学习单对你帮助大吗？其中 6 位同学表示帮助很大，原因如下：在学习活动中学习单可以帮我们理清思路，明确自己的任务，提高学习效率。其余 4 位同学均表示不太喜欢学习单，大致原因如下：填写学习单太浪费时间，有时候大部分时间浪费在填学习单上了，耽误自己的体验活动，但这几位同学又表示在填写实验数据时还是需要学习单的。这个结果可能出于以下原因：学习单设计太多、太复杂，学生填起来很费时。解决办法：必要的地方才设计学习单，而非每个活动必须让学生填写学习单，学习单设计要简单、易记录、易理解。整体上来说，学生还是对馆校结合的活动持积极态度。

四　应用价值

（一）理论价值

通过走进小学校园对科学老师和学生进行访谈，对馆校结合的可行性进行分析，构建学习活动设计模型，丰富了小学科学教育的理论与方法。

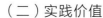

（二）实践价值

本研究拟设计与开发的小学科学教育活动手册，为馆校结合的科学教育模式提供实践和资源整合案例。

本研究在一定程度上回答了馆校结合教学模式对学习效果的影响，但馆校结合教学对学生的影响并不一定局限于学业成绩，后续的研究还可以进一步考查学生在其他学习效果上的变化，如对学科领域的兴趣、问题解决能力以及沟通能力等。另外，小学科学课程不同内容的目标要求也各不相同，对馆校结合适用性的探讨还需要结合具体教学内容和科技馆资源加以具体研究。

参考文献

李宏：《科技馆教育与学校教育互动的思考》，《才智》2012 年第 16 期。

贺玉婷：《浅谈如何开展科技馆科学课教学》，《小学教学研究》（理论版）2010 年第 3 期。

陈林：《充分运用科技馆科技教育激发学生学习兴趣》，《科技风》2012 年第 3 期。

杜晓新：《心理与教育研究中实验设计与 SPSS 数据处理》，北京大学出版社，2013。

"桥的奥秘"

——馆校结合的探究式科教活动

项目负责人：郭家乐

项目成员：祝真燕　邢慧敏　刘逸雯　侯银秀

指导老师：王勤业　蒋怒雪

摘　要： 本项目是以探究纸桥承重力为主题的馆校结合的探究式科学教育活动。前期通过调查研究来确定活动场所、活动对象，并从优秀案例中吸取经验。有针对性地设计了一份以探究式实验为主的教案和活动方案，并根据实施场地的情况对教案和方案进行了二次设计，在实施了两次活动之后，进行了实施效果评估、反思和总结。再结合专家给出的指导意见对教案进行了进一步的修改完善，完成了两份后续可供场馆开展教育活动参考借鉴的教案。

一　项目概述

（一）研究缘起

学校正规科学教育是培养青少年科学素质的主阵地，科技馆作为重要的校外教育基地，是学校科学教育的有益延伸。馆校结合是科技馆非正规教育发展的趋势，有效整合科技馆与学校教育资源，对于加强科技教育、提升青少年科技素养有重要意义。[①] 那些依托展览资源的教育活动，往往为科技馆所独有，是其他机构难以开展的。显然这是科技馆的优势所在，应

---

① 陆健：《浅谈"馆校联合"下科普教育活动的设计策划》，《中国校外教育》2015 年第 5 期。

成为科技馆的代表性教育活动。

科技馆本身及其展品通过为观众提供体验科技、探索科技的情境，引导观众自主探究展品所蕴含的科学原理、科学方法并体会其中的科学精神。随着当今教育改革的不断深入，科技馆的展教模式也从单一的展览，逐步向体验式、探究式等多种教育形式发展。[1] 其中，探究式科学教育活动通过将观察和思考与动手实践相结合，促进青少年对科学知识全面和深入的理解，确保他们发展自我潜能、培养科学兴趣，因此成为科技馆界开展科学教育活动的主要趋势之一，受到越来越多的关注和重视。

（二）研究过程

1. 前期准备

首先整理和阅读相关文献，了解研究现状和进展，寻找可研究和待研究内容。对已有的国内外科技馆等科普场馆优秀探究式科普教育活动进行案例分析，从活动的背景、前期准备、教学设计、活动组织、效果评估等方面分析其先进性和提升空间。

在活动预调查阶段，通过微信公众号对报名成功的参与者进行简单的问卷调查，了解学习者基本情况和知识基础，调整教学策略。

形成活动初步构想以后，赴武汉科技馆进行实地考察，调查展品情况、场地条件、软硬件设施、游客参观习惯等，力求提高方案的实用性和可行性。

2. 教案设计

根据前期调查，确定本项目的教学对象、学情分析、教学内容、教学目标、教学重难点、教学策略、教学资源、教学过程、教学评价等内容，并根据教案形成一份具体可行的活动方案，为成功顺利实施活动提供依据。

3. 活动预实施

活动方案成型后，开展活动预实施，按照活动方案来开展实践。活动过程中，详细记录评估所需数据。评估预实施效果，作为活动改进的参考，继续完善活动方案。

---

[1] 徐士斌：《探究式科学教育应成为馆校结合的主要内容》，载《全球科学教育改革背景下的馆校结合——第二十一届馆校结合科学教育研讨会论文集》，2015，第 63~69 页。

4. 活动预评估

后期将对参与者及家长进行问卷调查和访谈，了解他们的学习效果、体验感受以及对活动改进的意见，并在微信公众号上发布活动报道，展示活动成果，提供、拓展学习资料。研究和学习优秀科普活动的评估方法，做出预评估总结。根据总结情况得出优势与不足，继续修改方案，为后续研究提供参考。

二　研究成果

（一）教学设计

项目初期将活动定位为馆校结合模式下的科学探究课程，为紧扣学校教学大纲与目标，设计活动内容较多、时间长、难度较大，实施不太顺利。

在经历了三次专家答辩和两次活动实施与效果评估后，吸取了意见建议和经验教训，对活动目标进行了思考，重新设计了更适合科技馆开展桥梁科学探究活动的方案。

教学过程围绕魁北克大桥的案例来推进，抓住科学探究的核心，突出发现问题、做出假设、实验验证和总结结论的探究过程，渗透实事求是、严谨负责、精益求精的工程师精神，体会追求真理的科学精神。新教案的主要教学活动如表1所示。

表 1　新教案的主要教学过程

教学模块	教学活动	目的
故事导入	讲述魁北克大桥（Quebec Bridge）二度坍塌重建的故事 背景介绍 加拿大魁北克市有一条宽阔的圣劳伦斯河，政府决定在河上修建一座大桥，于是，工程于1900年10月开工 第一次坍塌：1907年8月29日，下午五点半，收工哨声已响过，工人们正在桥架上向岸边走去，突然一声巨响，犹如放炮一般，桥南端开始晃动，一根压杆首先在重压下弯曲变形，传递到对面的压杆也被压断，并牵动了整个南端的结构，导致南端的整个桥跨，以及部分完工的中间桥跨，共重1.9万吨的钢材垮了下来，桥体倒塌发出的巨响10千米外的魁北克市依然可以清晰地听到。当时共有86名工人在桥上作业，	以真实案例情境引入主题，吸引学生兴趣，引起学生思考，感受工程师设计不当带来的严重灾难性后果，认识到设计的重要性；体会工

教学模块	教学活动	目的
故事导入	由于河水很深,工人们或是被弯曲的钢筋压死,或是落水淹死,共有75人罹难。这就是魁北克大桥的第一次坍塌 事故原因:主要是设计缺陷和监管不当,设计师为了降低成本而选择强度不够大的材料,在出现事故征兆后也没有及时停止施工 开始重建:1913年,魁北克大桥开始重建,这次的施工方法是另外拼装好悬臂中跨,长195米,重量超过5000吨,通过驳船将中跨运输到桥下,提升至水面46米处后再与两侧桥跨连接起来,新桥主要受压构件的截面积比原设计增加了1倍以上 第二次坍塌:然而不幸的是悲剧再次发生。1916年9月,当大桥升至水面9米时,有个角的支点突然断裂,其他支点无法承担全部重量,产生了扭曲和变形,整个中跨落入河里,导致13名工人丧生 事故原因:连接细节处的强度不够 最终建成:在经历了两次惨痛的教训,造成了重大人员伤亡和财产损失之后,历经30年的建造工程,魁北克大桥终于在1917年竣工通车,这座桥至今仍然是世界上最长的悬臂跨度大桥 由于命运多厄,在1987年,加拿大及美国土木工程师协会宣布魁北克大桥为历史纪念地,1996年授予历史遗迹称号	程师应具有的科学、严谨、负责任的态度和精神
新知学习	通过魁北克大桥的图片,介绍大桥的情况,通过分析大桥的结构与作用,学习桥梁基本知识 **图1 魁北克大桥全貌** 魁北克大桥宽29米、高104米、全长549米,两端177米的悬臂支撑着195米长的中跨构成大桥的主跨(桥面) 共有两个大桥墩,桥墩高度在最高水位之上约8米处。墩顶以下5.8米的墩身用坚硬花岗岩,墩身设计成有一定坡度的锥形柱体,墩顶截面为9.1米×40.5米的长方形 每个桥墩分别支撑着两根竖直的桥塔,桥塔又与支撑整个桥面的悬臂相连,共同受力支撑起了这座世界第一长的悬臂跨度大桥	通过拆分分析魁北克大桥的组成结构,学习悬臂桥的结构与作用,为分析事故原因和加固桥梁打基础

教学模块	教学活动	目的
分析猜想	结合魁北克大桥第一次坍塌的图片和文字，引导学生推测大桥坍塌的事故原因，是哪一部分的结构出现了断裂，为什么这个结构会无法承受重压，这部分断裂后对其他结构产生什么影响，以此类推，分析大桥坍塌的过程及原因，再做出假设，如果哪一部分设计成什么样就可以承受更大的力，哪一部分需要加固，如何加固。学生写出自己的研究问题和猜想假设，设计纸桥实验来检验自己的假设是否正确	让学生能够在案例中积极思考，大胆猜测，自己发现问题，并想办法设计探究实验来解决问题。体验科学探究的过程，理解探究的意义，感受工程师和科学家严谨认真、实事求是的科学精神
探究实验	学生实施纸桥实验，记录实验数据，分析数据，检验假设是否合理，得出实验结论	让学生学会用事实说话，用事实的证据来得出科学的结论
进一步假设	在此基础上或者换一个角度，学生再提出新的研究问题，继续进行猜想与假设，设计探究实验来得出科学的结论	引发学生不断地思考和解决问题，加深对科学探究和科学精神的理解和感悟

（二）效果评估

1. 第一次活动总结

我们选取华中师范大学附属保利南湖小学四（2）班实施了第一次教学活动。总的来说，这次活动安排得比较仓促，缺乏经验，存在以下不足。①在时间把握上，讲解与实验的时间分配不当，导致学生没能完成全部实验。应该给学生留足自己探索的时间。②在材料准备上，对学生了解不足，材料没有提前拼装好，应该提前准备好，让学生直接能够投入实验。③在魁北克大桥的案例中，对于事故原因和想让学生体会到的工程师的责任重大这些点讲得太多太直接，没有给学生留下思考的空间。④学生对任务单不熟悉，没有认真思考猜想的意义结论是什么、探究的目的是什么。

2. 第二次活动总结

结合上一次活动的经验，本轮活动做了很多完善，但是由于教学设计改变了，又出现了一些新的问题和不足。①材料提供多余，对学生产生了误导，耽误了一些时间。②对学生的动手能力情况了解不足，虽然留了将近半小时的时间，仍然只有少数小组做出了基本成型的桥，大部分还是半成品，也没有时间做作品展示，只能让学生把材料带走，回去继续完成。③四年级的学生年龄基本在9岁左右，制作一座完整桥梁的任务难度太大，大多难以完成。前面展示时应该选择更加简便易操作的纸桥，以更顺畅地引导学生的思考。

（三）总结建议

1. 前期调查要全面

多方查找相关优秀案例，批判性地思考其优缺点，进行总结，吸收先进经验。展开充分的预调查，多方了解情况，在实际情况的基础上设计能够切合需求的方案，才能更有针对性、提升可行性，为办好活动打好基础。

2. 教学设计要科学

办好一次活动，教学设计是核心。在符合学习者特点的基础上选择合适的教学内容，设计合适的教学方法。要不断地思考并修改完善，教学过程要做到简洁精悍、循序渐进、由浅入深，引导学生真正地理解内容、思考内容并将其运用到实践活动当中。

3. 活动准备要充分

在实施活动前，要充分考察活动场地、工作人员和学习者的情况，与他们多交流。充分考虑活动所需并准备材料，宁多毋缺，有备无患。有条件的情况下，要开展实施的排练工作，争取做好一切能做的准备，尽量保证活动实施万无一失。

三　应用前景

科技馆本身及其展品通过为观众提供体验科技、探索科技的情境，引导观众自主探究展品所蕴含的科学原理、科学方法并体会其中的科学精神。但如果没有对观众进行引导，观众的参观、探索效果会大打折扣。为了达到预期的效果，科技馆的科技辅导员需要对观众进行适当的引导，并引入实验探究的方式开展探究式教学活动，与展品互动，在实验中探究，获得直接经验，理解科学精神。这是科普场馆的必然趋势。

本项目利用科技馆实验室资源提供探究式学习体验，旨在提高科技馆桥梁展区和实验室的利用率、增强展教效果，丰富馆校结合科学教育活动的形式；培养青少年协作探究和动手实践的意识和能力，在"做中学"，在"学中思"，引导其自主探索、实验和制作，发展思维能力，体验创造的快乐。项目策划了两份具体可行的活动设计方案，一份适合馆校结合下的探究式科学教育活动，另一份更适合开展科普场馆的探究式科普活动，希望能为未来相关科普场馆开展科普活动提供经验。

参考文献

朱幼文：《科技馆教育的基本属性与特征》，载《第十六届中国科协年会——分 16 以科学发展的新视野，努力创新科技教育内容论坛论文集》，2014。

孙伟强、张力巍：《引导观众以科学实验的方式操作体验展品——科技馆展品探究式辅导的探讨》，《自然科学博物馆研究》2016 年第 7 期。

李云海：《浅析科技馆探究式科学教育活动》，《科学教育与博物馆》2005 年第 1 期。

黄雁翔、聂海林、蒋怒雪：《建构主义指导下的科技馆实验教育活动设计——以新加坡科学中心 DNA 实验室"案发现场"活动为例》，《科学教育与博物馆》2015 年第 6 期。

鲁文文、李沛：《浅析探究式科学教育在场馆教育活动的应用——"魅力科学课堂——钉子玩杂技"的启示》，载《全球科学教育改革背景下的馆校结合——第七届馆校结合科学教育研讨会论文集》，科学普及出版社，2015。

杨艳艳：《学习单支持下馆校衔接学习活动设计的研究》，上海师范大学硕士学位论文，2013。

陈盛楠：《促进馆校结合科技馆科学教育活动设计研究与案例分析》，华中师范大学硕士学位论文，2016。

王翠：《以"蜜蜂王国探秘"活动为例浅析馆校结合》，《全球科学教育改革背景下的馆校结合——第七届馆校结合科学教育研讨会论文集》，科学普及出版社，2015。

"扎染工艺之美"互动体验式教学

项目负责人：杨琼

项目成员：朱孝妍　沈箐　陈越　汤瑞仪

指导老师：施威　许艳

摘　要：扎染，古称扎缬、绞缬、夹缬和染缬，是中国一种古老的防染工艺。织物在染色时部分结扎起来，使之不能着色，故而叫扎染，是中国民间传统而独特的手工染色技术。手工扎染图案纹样神奇多变，色泽鲜艳明快，具有令人惊叹的艺术魅力，体现出艺术与技术完美结合的整体美，更折射出民族文化的光辉，具有浓郁的民族特色和极高的艺术价值。为避免传统工艺文化走向消亡的尴尬之境，在国家实施"传统工艺振兴计划"的新形势下，实施针对青少年的传统工艺教育活动，以扎染传统工艺为载体，融入图形、图案的概念，将小学数学中的几何知识在扎染制作过程中加以运用和深化，使传统与科学联手，为学生带来不一样的传统工艺互动体验式学习。

一　项目概述

（一）研究缘起

青少年科学素养教育工作，事关国家发展和民族命运。《全民科学素质行动计划纲要（2006－2020年)》指出，要鼓励青少年参与和体验科学探究活动的过程与方法，培养良好的科学态度、情感与价值观，增强创新意识和实践能力。当前，我国青少年科普工作仍存在形式陈旧、项目欠缺探索性、科技教育与人文精神融合性差等现实问题。尤其是科技与人文教育的脱离，不利于青少年品德、意志和审美能力的培养。在孤立的科技教育环境中，学生无法体验"科学所能带给人的最重要的乐趣之一——玄思、沉思自然的乐趣"。因此，应加强馆校合作，通过基础型、拓展型、研究型科普项目的开展，推出更多融科学和人文素养教育于一身的参与性、开放式、体验式科普教育活动。

当前，随着经济社会的快速发展，作为传统文化的重要组成部分，传统工艺在市场化、工业化和产业化的冲击下日渐式微，面临后继无人的窘境。为避免传统工艺文化走向消亡的尴尬之境，在国家实施"传统工艺振兴计划"的新形势下，实施针对青少年的传统工艺教育活动，可谓正逢其时，在理论和实践两个层面上具有重要的价值。此外，以传统工艺为载体开展科学教育活动，促进科学教育与人文教育相结合，也符合当今世界青少年科普的主流方向。扎染作为传统工艺最具代表性的符号之一，蕴含丰富的传统科技元素、人文内涵和民族感情，是开展青少年科学和人文教育最好的载体之一。从技术上讲，扎染是最原始、最朴素的手工艺术，其扎结方法繁多，效果也令人惊艳，因此备受人们关注。扎染工艺中蕴含了各种科学精髓，如化学、数学等相关科目知识，通过观看现场演示和亲自操作体验等方式，青少年能够深刻地体会我国古代印染技术的奇妙，感受古代人民伟大的创造力，同时提高其科学素养和知识水平。

（二）研究过程

1. 准备阶段（2017年5月至2017年6月）

项目立项后，项目组依托国家图书馆、校园图书馆等电子图书资源，搜集相关文献资料，为了解"扎染工艺之美"互动体验式教学现状进行前期的资料收集、整理归纳工作，为项目实施打下了理论基础，丰富了操作技能，构想了具体实施方案。

2. 启动阶段（2017年7月）

通过召开项目讨论会，确定参与人员以及任务分工，分别负责活动前数码相机的调配、活动纪实摄影、活动现场配合指导学生、活动后照片筛选和活动记录。讨论会决定于2017年暑假在江苏科技馆举办第一次扎染体验活动，在此之前，项目组成员在南京信息工程大学亲自体验扎染过程。在确保所有成员熟悉扎染流程的情况下，将活动中的各项分工明确到个人，以确保活动顺利进行。

3. 实施阶段（2017年8月至2017年11月）

2017年7月9日，项目组在江苏科技馆为金陵中学河西分校小学部"雏鹰小分队"的学生们举办扎染体验活动，参加活动的学生和家长有20余人。后期又组织活动两次，每次活动参加的学生有30余人；活动过程中项目负责人和小组成员协力合作，指导学生和家长完成扎染作品。活动完成后，项目组对活动的整个过程进行回顾、反思和总结。

4. 结题阶段（2017年11月至2017年12月）

项目组根据专家意见对"扎染工艺之美"互动体验式学习教案进行重新调整、设计。在江苏科技馆互动体验区进行实际教案教学活动，累计96人次参与。同时，项目组事先设计学习效果调查问卷，向陪同的家长分发问卷。事后，根据问卷数据统计，形成学习效果调查报告。最终，项目组整理汇总项目资料，撰写项目结题报告书，并进行结项工作。

（三）主要内容

本教案借鉴国内部分科技馆已有的关于扎染的学习教案，将扎染与小学数学相结合，设计出适用于科技馆的扎染互动体验式教学活动。采用情境式教学与任务驱动式教学方法，结合青少年心理学研究，着重突出互动体验的学习特点。教学活动各环节循序渐进，从扎染成品观察入手，结合视频教学，充分利用引导式教学将学生引入课程情境。本教案在将扎染传统工艺流程传授给学生的同时，加入图形、图案的知识点，带领学生了解几何，并激发学生自主创作的能力，提高学生对色彩的运用能力，开发学生对于图形的运用和设计创意能力。

二　研究成果

（一）教学方案

该项目结合科技馆已有关于扎染的学习教案，以互动体验式教学为中心，以教师对扎染技术的流程分解、解析、操作和演绎为主线，以学生的"观察""体验""创造"为目标和任务。课程以探究性学习为主，借鉴STEM教育核心理念，强调"实践""跨学科概念""学科核心概念"等要素，由"现象/问题"提出"判断/假说"，然后去"验证"，最终得出"发现/结论"（包括通过科学实验或科学考察的验证，即通过"实践"来验证）。教学方式不是单向传递而是双向交流，让学生在体验中学习传统扎染知识，掌握捆扎、染色等操作技巧，了解中国传统工艺的传承方式和历程；扎结方法中融入小学数学中几何、倍数等知识，可以让学生们在制作扎染的同时学习科学知识。

本项目的教学对象为小学一至三年级学生，适宜的受众人数为 15～30 人；教案具体分为以下三个环节。

1. 教育活动引入

首先，通过布置教室——在教室悬挂展示扎染成品、半成品，准备好冷染剂和染料等来创设情境（见图1）。学生刚刚进入互动体验的教学情境中，以可观可感、色彩图案缤纷的实物拉近其与教师之间的距离，舒缓学生在陌生环境下的紧张感。其次，通过提问的方式，将学生引入扎染相关知识的学习。利用对话的形式，在短时间内消除学生的陌生感，吸引学生的注意力，调动学生积极性，为引出主题做铺垫。最后，发放扎染成品和半成品，观察和总结扎染图案的特点，为后面引入旋转、对称等知识点做铺垫；播放视频，介绍扎染的产地、历史和简单的工艺流程——扎、染、洗、晾。科学技术源于生活，服务于生活，扎染艺术起源于生活，解读扎染的历史、科技、艺术，有助于培养学生对生活中的科技与艺术的感悟能力。

图1　扎染成品展示

2. 教育目标聚焦

首先，根据视频内容做简单提问，旨在让学生了解扎染的基本工艺流程，方便后期扎染教学。学生初步了解扎染，好奇心强，想知道怎么制作扎染。针对扎染方法关键词"扎""叠"或"折"，扎染图案特点"对称""不规则""旋转"，做引导式提问。通过问题引导，让学生理解扎染图案的特点，从而设想扎染的手法，追根溯源，解决问题。其次，总结扎染图案"旋转""对称"等特点，引导学生寻找旋转中心和对称轴，带领学生将扎染成品还原成扎结的样子。在学习之前让学生先仔细观察扎染成品的特点，使其拥有好奇心的同时更懂得思考。由思考到假设，再一步步去验证。解读扎染成品的特点时也由简单至复杂，从"旋转"到"对称"到最复杂的"倍数"，将小学数学中的几个知识点一步步穿插其中。最后，带领学生逐步学习扎染工艺流程：旋转后捆扎、折叠后夹扎。以问题为导向的辅导方法（Problem-based Learning，PBL），是侧重跨学科的一种辅导方式，促使孩子围绕一个事物不断思考，为了解决疑惑，孩子们会从不同角度提出问题并进行主动探究、整理、归纳，直至解决问题。示范扎染方法如图 2 所示。

图 2　示范扎染方法

3. 互动—体验—探究

此环节遵循"分解—体验—认知"思路，将展品的原理、过程、操作等进行分解。首先，让学生在新的方巾上用刚才学习的方法去扎结，染色后放置 15 分钟，其间，教师带领学生认识和解读几何图形。引入新的材料、几何图形，并趁上色时与学生讨论图形的特征，结合之前的旋转和对称，激发学生的创造力。可根据学生的年级相对应地引入不同难度的关于几何、倍数等知识点。然后，请同学们拆洗方巾，打开后分析与扎染成品图案是否相同；如果不同，再次分析扎结方法。鼓励学生运用旋转、对称等来创作新的扎染方法和图案。小学数学中的旋转、对称、倍数等知识点与扎染图案设计息息相关，在科普传统工艺扎染的同时，将其与小学数学的相关知识结合起来，使传统工艺之美与科学知识有机融合，从而达到学生在技能和知识上的同步提高。最后，将学生分成小组进行合作，作品完成后选出 1 名代表，对自己的作品进行解说，要求语句流畅、解说到位，既锻炼学生动手能力，又考验学生语言组织能力（见图 3）。教师对每组作品进行点评，揭秘奇特图案的形成原理。教师根据作品质量、创意、表达能力以及集体协作能力评出一组优秀作品，奖励扎染工具 1 套。

图 3　学生展示扎染作品

（二）实用新型专利

扎染是我国民间传统而独特的染色工艺，织物在染色时部分结扎起来使之不能着色，是中国传统的手工染色技术之一。扎染工艺分为扎结和染色两部分，最关键的一步就是"扎"，前期的扎结是整个染布图案形成的基础，所以扎结方法至关重要。在我们日常的扎染活动中，所使用的大多是普通夹子，其目的仅仅是"夹紧"；在图案的多样性上，则需要借助不同形状的材料。本专利基于普通夹子的构造，对夹子的两个接触面进行改造，把接触面设计成不同的图形。针对以上问题，提供一种新型的扎染工具，不仅可以将防染部分压紧，做到防染的效果；还能控制夹扎部分的图案，以达到夹扎图案多样化的目的。

根据现有的夹子构造，制作一种新型的、简单方便的扎染夹子。在普通夹子的基础上，将原有尺寸适当扩大1倍。现有夹子尺寸较小，接触面为矩形，但是在实际扎染中，用普通夹子夹扎后做出来的图案已不能看出矩形图案，原因是接触面积太小，因此本专利将夹子尺寸定为：2厘米×6厘米（普通夹子尺寸约为1厘米×6厘米）。关于尺寸问题，可根据扎染布料大小及厚度进行放大或缩小调整。

三 创新点

（一）选题创新

本项目借鉴国内部分科技馆已有的关于扎染的学习教案，将扎染与小学数学相结合，设计出适用于科技馆的扎染互动体验式教案。本项目在科技馆更为丰富的古代科技展区内实施，最大化利用其场馆资料、相关器材进行扎染工艺与几何相结合的互动体验式教学，具有针对性、实践性以及现实推广意义。

（二）方法和理论创新

本项目采用情境式教学与任务驱动式教学方法，结合青少年心理学研究，着重突出互动体验的学习特点；借鉴STEM教育核心理念，强调"实践""跨学科概念""学科核心概念"等要素，综合运用文献分析法、实地调研法、行动研究法、跨学科等研究方法，分别归纳出互动体验式教学的理论基础与实践经验，并配合调查与访谈反馈的结果，具有一定理论价值。

四 应用价值

本教案以互动体验式教学为中心，结合"观察""体验""创造"，运用"情境教学""体验式教学"与"任务驱动式教学"等教学方法，使整个教学活动在多种教学方法相融合的模式下进行，以达到"玩"中学、"做"中学和"创"中学的目的。结合小学数学相关知识点，将其运用到扎染传统工艺的制作中，使学生在学习扎染工艺流程时，不仅学习到传统文化和技能，更开发了其运用和设计图形的形象思维。使学生获得知识和技能的"直接经验"，还将原本抽象、枯燥的几何概念巧妙地变成可以体验和实践、创造的亲身经历。科技馆中有关数学的教案相对较少，本教案将传统工艺与数学相结合，做到了文化与知识的结合、人文素养与科学教育相结合，具有一定实践意义和应用价值。

参考文献

石瑞：《传统民族手工艺扎染在当今时代的传承与发展 ——以云南周城白族扎染为例》，《中国民族博览》2017 年第 9 期。

万娟：《科学教育与青少年创新能力的培养》，《科学大众：科学教育》2012 年第 2 期。

曲铁华、梁清：《我国中小学科学教育面临的问题及对策》，《当代教育科学》2003 年第 11 期。

朱幼文：《基于科学与工程实践的跨学科探究式学习——科技馆 STEM 教育相关重要概念的探讨》，《自然科学博物馆研究》2017 年第 1 期。

张秀英：《基于项目的学习（PBL）在我国中小学教学中的应用》，《甘肃科技纵横》2005 年第 4 期。

陈闯：《"分解—体验—认知"——探究式展品辅导开发思路》，《自然科学博物馆研究》2016 年第 4 期。

"逃出生天"

——基于 VR 技术的火场逃生

项目负责人：王先君

项目组成员：靳洪峰　郭聚鑫　徐超　王佩佩

指导教师：李健　郭宗亮

摘　要： 相关研究证明，人在虚拟环境下获得的某些空间知识可以转化到真实的环境中来，如直线以及路径距离的判断，对场景中物体方位的确定等，这也证明了虚拟现实技术在人的空间认知方面的有效性。因此，虚拟现实技术在火场逃生科普教育方面，具有无危险、成本低、可重复等特点。同时，虚拟现实构造的情境学习环境，从学习者的视角出发，使其如同感受真实世界一样，为其提供直观、有效的交互，使学生能从不同的角度进行观察，更好地理解掌握所获得的信息，提高抽象思维能力。

一　项目概述

（一）研究背景

火灾是人类所面临的最严重的灾害之一。灾害损失统计表明：在众多灾害中，火灾的直接损失约为地震的 5 倍，仅次于干旱和洪涝，而火灾发生的频率则位于各种灾害之首。[①] 据公安部消防局官方消息，2016 年全国共接报火灾 31.2 万起，致使 1582 人死亡，1065 人受伤，造成直接财产损失 37.2 亿元。从人员伤亡分布看，住宅火灾死亡 1269 人、受伤 713 人，分别

[①]　肖国清、廖光煊：《建筑物火灾中人的疏散方式研究》，《中国安全科学学报》2006 年第 2 期。

占火灾总量的 80.2％ 和 67％；人员密集场所火灾死亡 107 人、受伤 134 人，分别占 6.8％ 和 12.5％（见图 1）。

大量的建筑物火灾表明：在许多群死群伤的火灾事故中，人员的伤亡主要是不正确的疏散逃生行为造成通道堵塞而产生的，即使初期灭火失败未能控制火势的蔓延，若能有效地组织疏散，也将会大大控制火灾事故损失，减少人员伤亡。因此，人们正确的疏散行为就显得十分重要。①

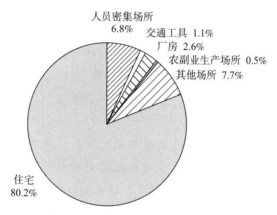

图 1　2016 年中国因火灾死亡分布情况

针对这一情况，无论是社会还是各个学校，都相当注重火场逃生的相关科普教育。火场逃生科普教育要促成学生火场生存素质的提高，逃生知识技能的获取是重点，除了使用常用的宣传手段让学生获得相关知识和技能外，最主要的还是通过培训与体验使相关知识和技能入脑入心，学生才能在实际运用中得心应手。但是，通过走访调查，我们发现目前学校所进行的火场逃生科普教育依然存在一定问题。

当前各中小学的火场安全疏散预案与演练大多已经模式化，而模式化的预案及演练与实际情况存在很大的出入。除了成文的预案以外，还有类似于拍戏的演练计划和安排，在更注重整体效果的流畅性和可观摩性的基础上，并不寻求对于人员疏散活动自身规律的深入探寻。同时，各中小学进行的火场逃生演练存在缺乏专业人员的指导、演练环境较为简单的情况，仍有许多学校尚无应急预案，专门的应急疏散演练预案较少。从教育效果

---

① 王庆娇、方正、张铮：《虚拟现实技术在火灾人员疏散行为调查中的应用》，《测绘信息与工程》2003 年第 4 期。

来看，现阶段学校火场逃生演练可分为三种情况：有计划、无演练；无计划、有演练；无计划、无演练。而有专业人员指导的逃生演练，加上模拟相对真实的火场环境，则需要不菲的费用以及庞大的人力、物力，无法长期开展。

通过走访以及亲身经历中小学组织的火场逃生演练，可以发现，这种常规的演练无法引起中小学生的重视，许多学生将演练当成一场游戏，在演练中存在嘻嘻哈哈、相互打闹的情况，思想上也满不在乎。

此外，真实的疏散现场总会有意外发生，再周密的应对方案在实战中也会存在局限，从近年来一些特大人员伤亡的灾害事故案例可以看出，学校现有的模式化预案与演练存在严重的不足。例如，假想情况简单，忽略了真实应急疏散过程中，随着灾害的发展可能出现的难以控制的次生灾害；演练脱离预案，在开展时根据实地情况进行预期布置，体现不出预案的指导性；演练频次低，过于重视程序化、理想化，降低了实战性，没有考虑演练是否能有效应对大规模、非常规、超极限、复杂性的突发事件等。

随着计算机技术的发展，虚拟现实技术成为人们训练在火灾情况下紧急逃生能力的有效工具。基于虚拟现实技术的火场逃生教育与演练可以有效解决以上问题，通过虚拟现实技术可以创建不同人群所需的特殊场景，允许个人按照自己的节奏来学习，逐步而全面地掌握相关的逃生知识，这正是目前学校以及科技场馆所急需的。例如，英国的 Colt Virtual Reality 公司开发了一个被称为 Vegas 的火灾疏散演示模拟仿真系统。该系统是以三维动画的形式演示火灾发生时人员的疏散情况，可培养人们在火灾发生时良好的逃生自救意识，迅速离开火场或采取报警、营救等措施。

（二）研究目的、预设目标与研究内容

1. 研究目的

本研究是基于虚拟现实技术进行火灾情况下紧急逃生的科普教育活动策划与实施。

整个虚拟现实系统依照消防安全教育理论中的现场仿真体验要求进行设计，在虚拟现实资源的基础上，实现火焰、烟雾、爆炸等视觉效果，以及火警警报、爆炸声、燃烧声等听觉效果的同时，配合虚拟现实观看设备、

旋转座椅与虚拟场景进行交互；利用环境温度仿真设备、气流生成设备及无害烟雾生成设备，根据虚拟现实的实时状况，改变体验环境温度及烟雾浓度，给体验者以真实的嗅觉及视觉刺激，逼真还原火场真实场景，从而营造出更具沉浸性的火灾场景。

通过组织这样的科普教育活动，学生可以了解火场逃生的相关知识，增强在火灾中的互救、自救意识，增加自身的知识储备，在火灾真正来临时可以更好地、本能地、镇静地去面对。同时通过虚拟现实技术，活动对象在以后学习过程中可继续学习，加深记忆，获得比传统科普教育更好的体验—认知效果。

从这一角度看，本项目所进行的基于虚拟现实的火场逃生演练活动，可以应用于各学校、科技场馆以及社会公共场所的逃生教育当中，具备广阔的市场前景，为消防安全科普教育开辟了一条新途径。

2. 预设目标

①设计制作基于虚拟现实技术的科普教育资源；②组织活动对象参加火场逃生科普活动，进行火场逃生的相关体验；③促使活动对象通过活动掌握相关知识，体现火场逃生科普教育活动的教育意义。

3. 预计研究内容

（1）科普活动资源的设计制作：①选择合适的虚拟现实资源；②通过测试和查阅资料，制作成品。

（2）组织科普活动：①根据实际情况召集年龄适当的活动对象；②选择科普活动实施地点；③开展科普活动。

（3）活动后总结：①根据活动过程总结经验；②根据活动对象参与活动前的知识水平，统计活动对象通过活动所掌握的知识。

二 实施方案

（一）确定活动策划方案

1. 前期调研

前期通过图书馆以及网络查找相关资料，后期分别前往中小学以及高校进行调研，发放调查问卷，就虚拟现实技术的理解、应用性，学校火场逃生演习的模式以及不足等方面对学生和老师进行询问；前往科技场馆，对场馆内消防逃生展览的举办情况，以及相关展区展品进行调研，并做总结记录；前往市区人员密集、楼房集中、道路狭窄的区域进行调研；前往消防部门，对相关问题进行请教和咨询，了解火灾发生状况、地点分布以及人员伤亡等信息，补充与项目相关的实践知识。

2. 活动背景

活动的主体对象为在校学生，因此活动中所展现的火灾场景选择在人流密集的教室、图书馆、食堂等场地。以此为基础，选择一处允许有限使用火焰及烟雾的场地进行活动，场地包括水房、楼梯以及相关消防设施等活动所必备的场景需求。

3. 活动目的

学生通过此次活动中的虚拟现实体验部分、火场逃生知识教育、火场逃生技能实践以及亲身经历模拟真实环境下的火场逃生演练，找出自身在这方面的不足，学习并领悟相关知识，增强在火灾中的互救、自救意识，提高自身的知识储备，在火灾来临时可以更好地、本能地、镇静地去面对；同时通过项目组制作的科普教育资源，学生在后续学习过程中可继续学习，加深记忆，获得比传统教育视频更好的体验—认知效果。

4. 活动形式

活动拟通过真实场景布置，采用模拟真实火场情景，配合虚拟现实技术，综合火场逃生知识教育和技能实践等环节，进行火场逃生科普活动。

活动成员为招募的在校学生，并依据学生群体的实际需求设计活动预案，并在活动中对各活动成员的表现及活动状况进行记录，在活动后对活动对象的学习效果进行统计分析。

在活动中同时拟设置火势蔓延、同伴受伤等不同的突发情况，考验活动对象的应变能力和心理承受能力。

（二）制作虚拟现实学习资源

虚拟现实学习资源分为软件设施和硬件设施两个部分。

软件方面，因技术与资金限制，以及为了更好地展示资源的真实性和沉浸性，以开展的第一次科普活动为基础，采用全景相机，将活动的完整过程进行实景记录，并利用相关软件进行后期制作，最终形成完整的、流畅的学习资源。利用相关技术对构成火灾场景的各要素进行真实的现场还原，包括建筑、道路、气象环境、消防安全设备（安全口指示牌、火警铃、烟雾感应装置、灭火器、报警装置）等静态对象和火焰、烟雾、水流、旁人等动态对象。

硬件方面，配合虚拟现实观看设备，活动采用旋转座椅与虚拟场景进行交互，利用环境温度变化设备、气流生成设备及无害烟雾生成设备，根据虚拟现实资源的实时状况，改变活动对象周围的体验环境温度及烟雾浓度，给体验者以真实的嗅觉及视觉刺激，逼真还原火场真实场景，从而营造出一种集视、听、触、动于一体的逼真的虚拟火场环境，使体验者完全沉浸其中，从而达到虚拟体验火场逃生的效果。

虚拟现实科普教育资源采用真实的布景和人员演示，利用 Insta360 全景相机进行记录，后期利用 Insta360 Studio、Insta360 Player、Adobe Premiere Pro CS6、Adobe Audition、Adobe After Effects CS6、Adobe Photoshop CS6 等相关软件，对拍摄到的视频素材和音频素材进行剪辑，制作火场相关特效、字幕，合成最终科普教育资源后进行测试。

（三）活动准备环节

1. 召集活动对象，选择活动场地

为达到科普活动的教育目标，活动对象选择在校学生，活动拟召集学生 12 名。

活动地点根据活动对象目标群体以及活动预案进行选择，要求符合活动开展的基本要求，场地消防设施及疏散标志完善，贴近目标群体的实际生活，同时在安全性方面可以得到保障。

2. 活动用品准备

知识教育物品：展板、灭火器、消防绳、应急灯、烟感报警器、紧急疏散标志、消防标志、自动洒水喷淋器等。

技能实践物品：书包、瓶装水、破窗器、毛巾、手电、瑞士军刀、消防绳、医用急救处置包、防滑手套、防烟防毒口罩、多功能户外口哨、手机、充电宝、食物、扩声器、撬棍、灭火器、逃生灭火毯、工具箱等。

3. 布置活动场景

根据活动场地以及活动预案，对活动所需的虚拟现实体验区、技能实

践区、房间、疏散通道、楼梯等进行布景，同时预置应急灯、烟感报警器、紧急疏散标志等道具，以备活动开展时使用。

（四）开展活动

1. 活动前的调查问卷

根据维果斯基的"最近发展区理论"，学生的发展有两种水平：一种是学生的现有水平，指独立活动时所能达到的解决问题的水平；另一种是学生可能的发展水平，也就是通过教学所获得的潜力。两者之间的差异就是最近发展区。教学应着眼于学生的最近发展区，为学生提供有难度的内容，调动学生的积极性，发挥其潜能，超越其最近发展区而达到下一发展阶段的水平，然后在此基础上进行下一个发展区的发展。[①]

基于以上理论，项目组于活动开始前，对活动对象所掌握的知识情况进行调查，填写调查问卷，问卷内容与火场逃生相关，目的是测试分析其在参与活动前的知识掌握水平，分析结果用于活动总结。

2. 活动对象学习虚拟现实教育资源

参与活动的学生利用相关设备体验教育资源，同时，项目组根据活动对象的体验进度，对外部环境进行调节，以达到更好的体验效果。

依据实例对虚拟现实教育资源进行分析，在针对常见的火灾事故进行总结的同时，选取最典型的、火场中最易忽视的危险行为进行详细讲解；利用专业知识，对火场中的危险行为给出合理建议。以宿舍楼火场逃生为例，典型的危险行为包括跳窗逃生、不按逃生口指示撤离火场、逃生没有秩序形成践踏情况等，结合虚拟的火场环境，在逃生路线上适当布置，形成火场逃生的技能训练。

3. 火场逃生知识教育

学生体验完成后，科技辅导员根据教育资源展示的内容开展火场逃生知识讲解，对其中的要点进行详细阐述，同时利用相关设备，如投影、展板、实物等，开展消防器材展示、消防安全标识展示、报警模拟、火场急救逃生知识教育等。

---

① 王颖：《维果茨基最近发展区理论及其应用研究》，《山东社会科学》2013年第12期。

4. 火场逃生技能实践

火场逃生技能实践包括四部分，即消防绳索结绳练习实践，消防应急包的认识和配备实践，灭火器的使用方法以及灭火实践，邀请专业人员针对火场受伤如何紧急处理和看护进行讲解。每一小项实践活动均会举行小型比赛，以激发学生的学习实践兴趣。

5. 火场逃生实际演练

火场逃生实际演练按照活动预案进行，活动预案如下。

（1）活动模拟教学楼起火并组织学生逃生，分别位于教学楼的第三、四、五层。

（2）将演练所需的物品道具安放好，场景内安装录像设备，工作人员就位。

（3）将学生分为 A、B、C 三个小组，组织学生分别进入 1 号、3 号、4 号教室。

（4）安置好学生后，工作人员退出房间，在学生情绪较为放松的时候，开启演练，启动火焰模拟生成器、烟雾发生器、温度生成器、投影设备，营造环境。

（5）演练开始时暂不启动火警警铃，任由烟雾弥漫，观察学生是否能发现火情。如果学生在规定时间内能发现，按下教室内设置的火警报警按钮，则警铃响起。如果学生在规定时间内没有发现，则由工作人员启动火警警铃。

（6）警铃响起后，1 号教室内的 A 组学生利用教室内的毛巾浸水，捂住口鼻，试探房门是否烫手。学生发现房门很热，门外有火，不可轻易开门逃生。学生分工，一部分人利用房间内的布条浸水，堵住门缝，其余人员在窗口处呼救。随后消防车至，云梯接引，逃生成功。

（7）警铃响起后，3 号、4 号两个教室内的 B 组、C 组学生利用教室内的毛巾浸水，捂住口鼻，试探房门是否烫手。发现房门不热，门外无火，拿好手电开门后依次弯腰前行，根据紧急逃生标志寻找逃生路线，至楼梯间下楼，发现三层火势很大，无法穿行，两组学生折返回四层。

（8）此时按照火场逃生知识，两组学生应行至五层等待救援。在四层上行至五层的楼梯间会设置坍塌物，如学生在规定时间内没有做出决定返回本层或上行至五层，则由工作人员控制坍塌物坠落，形成突发状况。

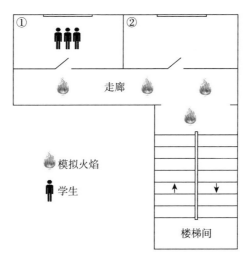

图 2　火场逃生演练三层平面示意

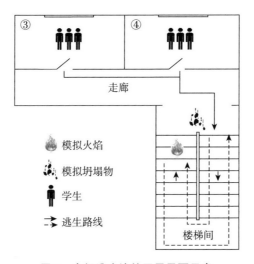

图 3　火场逃生演练四层平面示意

（9）两组学生行至五层 5 号教室，学生分工，一部分人利用房间内的布条浸水，堵住门缝，其余人员在窗口处呼救。随后消防车至，云梯接引，逃生成功。

（10）演练结束。

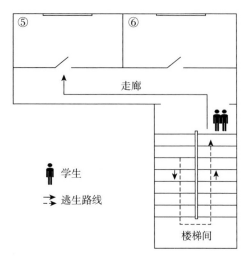

图4　火场逃生演练五层平面示意

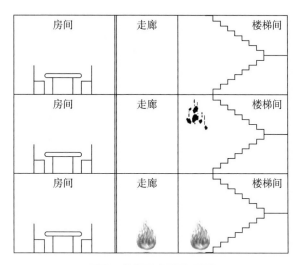

图5　火场逃生演练侧视

（五）活动结束后组织活动对象进行总结

活动结束后，通过回忆活动过程以及设备拍摄记录的视频的简单回放，学生针对活动过程中被指出的错误进行总结。

（六）发放调查问卷

活动结束后发放调查表，目的是统计学生经过本次科普活动掌握火场逃生知识和技能的程度，同时记录学生对本次科普教育活动的感受以及活动结果等。

三　创新点

（一）研究方法

1. 利用虚拟现实技术营造沉浸式体验学习情境

采用以线性多媒体信息技术为技术支撑的现代教育手段，使学生学习兴趣得到了提高，学生的主体性得到了较大的发挥。但不可否认的是，绝大部分多媒体信息系统只能按照电脑程序设计的流向进行浏览和学习，大大降低了学生参与学习的主动性和学习热情，具有明显的局限性。虚拟现实技术创造的环境类似于现实社会，能模拟出具有沉浸感的学习情景，从而弥补传统多媒体技术在创造真实情景和提供自然交互功能上的不足。[①]

2. 利用虚拟现实技术的多感知性提升活动效果

所谓多感知性即除了一般计算机所具有的视觉感知外，还有听觉感知、力觉感知、触觉感知、运动感知甚至味觉感知、嗅觉感知等。虚拟现实技术所创设情景的信息表征具有高度的交互性、多样性、灵活性，要求学生积极参与。[②] 因此，使用者在虚拟环境中可获得多种感知，从而获得身临其境的效果。

3. 打破时间、空间限制，优化教学环境

虚拟现实技术在教育中应用的最大优势就是模拟训练系统的开发与研制，可以打破空间、时间的限制，提供一个理想的虚拟实训教学环境。

4. 虚拟现实技术支持下的模拟情境学习

学习是一种内部发展的过程，是一种同化和顺应交替发生作用，从而

---

① 王同聚：《虚拟和增强现实（VR/AR）技术在教学中的应用与前景展望》，《数字教育》2017 年第 1 期。

② 李士豪：《虚拟现实技术在新媒体展示设计中的应用》，《大众文艺》2016 年第 15 期。

导致生理、心理从平衡状态到不平衡状态的循环过程。因此，教育应当为学生提供一种对自身进行认知加工的特定情境和特殊过程，从而在促进学生认知结构的形成过程中推动学生的认知发展。从这方面看，虚拟现实与教育相结合，从学生的认知心理出发，注重学生的具体经验和对情境的理解，使学习者的新旧知识之间的同化顺利完成，建构起自己的认知结构，促进认知发展。实验结果证明，这种教育方式比抽象空洞的说教更具有说服力，主动地交互与被动地灌输，存在本质的差别。[①]

同时，知识不是通过教师传授得到，而是学习者在一定的情境下，借助一定的资源，利用必要的学习资料，通过建构的方式获得，因此，"情境""协作""会话""意义建构"可以说是学习环境的四大要素。而虚拟现实技术的特性有利于这四大特性的充分体现，从而能有效地创设学习情境，使学习者可以在其中自由探索、自主学习，激发学生的学习积极性。[②]

（二）研究成果

①开发适用于科技展馆的火场逃生虚拟现实科普教育资源；②成功组织了一次火场逃生科普活动，参与活动的学生对相关知识技能的掌握均有大幅度的提升，活动获得成功；③形成一套科普教育方案。

四　应用价值

（一）活动具有深刻的教育意义

通过本次项目我们发现，开展科普教育活动应充分重视活动的教育意义。因此，在开展活动的过程中，我们通过寓教于乐、主动参与的方式，激发学生的兴趣，通过亲身体验达到预期的学习效果。在前期的活动策划中，我们充分考虑到活动的安全性、科学性、可实施性等；活动实施中，学生依靠亲身经历、亲身感受，摒弃以往科普教育抽象空洞的说教与被动

---

① 陈猛、冯寿鹏：《基于情境的虚拟现实教学策略研究》，《中国教育信息化》2011 年第 5 期。
② 罗绮霞：《虚拟现实技术与建构主义学习环境的创设》，《华南师范大学学报》（自然科学版）1999 年第 2 期。

的灌输，让学生主动地交互、主动学习，从而实现探索中启发智慧的教育意义。

（二）利用虚拟现实技术可以降低成本，规避风险

在传统的火场逃生科普教育中，一方面，实际演练需要大量人力、物力的投入，另一方面，消耗材料的持续投入同样需要充裕的资金做保障。而虚拟现实技术的核心是计算机软件，可以在同一场地中实现多种模拟环境功能，由此极大地降低了教学成本。

对于存在危险或对身体健康有危害的灾害演练来说，传统的教学手段一般主要是采用播放电视录像或展示图片的方式来替代部分实际演练，致使学生无法身临其境地参与实训的全过程以获得直观的感性认知，教学效果大打折扣。虚拟现实技术可以模拟真实的场景和过程，所带来的"沉浸感"和"可交互性"可以让学生身临其境地进入观察学习、模拟操作，甚至可以根据教学需要模拟危险体验。

（三）应用前景

组织这样的火场逃生科普教育活动，可以使学生了解火场逃生的相关知识，增强学生在火灾中互救、自救意识，增加其知识储备，使学生在火灾来临时可以更好地、本能地、镇静地面对。同时，虚拟现实技术可以根据不同人群所需的特殊场景，创建不同的火场环境，允许个人按照自己的节奏来学习，逐步而全面地掌握相关防范知识。从这一角度看，本项目所进行的基于虚拟现实的火场逃生科普教育活动，融火灾的预防知识与自救、互救常识于一体，可以应用于各学校、科技场馆以及社会公共场所的逃生教育当中，为消防安全科普教育开辟了另一条途径，具备广阔的市场前景。

附录：中国科协 2017 年度研究生科普能力提升项目结题名单

编号	单位	负责人	项目成员	项目名称	指导教师	对应篇名
kxyjskpxm2017001	清华大学	李森	王腾飞 李麓	植物的使命——净化水主题科普展示设计	于历战	植物的使命——城市河道污水的生态治理
kxyjskpxm2017002	清华大学	郝雨	蔚跃凤 王晨阳	实体儿童游戏系列设计	李朝阳	实体儿童互动游戏
kxyjskpxm2017003	北京航空航天大学	喻红	李培猛 何帆 呼斯勒 刘鹏勇	定制版 3D 打印星球灯	任秀华	"夜空中的星"——定制版 3D 打印星球灯
kxyjskpxm2017004	北京师范大学	张亮	张勇利 顾巧燕 鲁婷婷	"不插电" 的计算思维教育桌游开发	张进宝	"不插电" 的计算思维教育桌游
kxyjskpxm2017005	浙江大学	李宏伟	鲁素苗 陈珍 郭熠	脑电可视化的科普展品及衍生品设计	黄敬华	脑电可视化——大脑对情绪与表情的可控性
kxyjskpxm2017006	华中科技大学	陶睿	孔令瑶 张玉延	"DNA 制造工厂"——科技馆生物展区互动展品案例设计	彭湃	"DNA 制造工厂"
kxyjskpxm2017007	华中科技大学	郑雯婷	柴忆霖 赵婷婷 田婷婷 赵静	中华文明 "不倒翁"——刚柔并济的抗震木塔	曹颖 黄芳	中华文明 "不倒翁"——中国古建筑中的抗震结构
kxyjskpxm2017008	北京邮电大学	傅晓彤	胡启航 王子豪	FAST 动光缆检测	高立 兰名录	"中国天眼" 动光缆检测
kxyjskpxm2017009	北京邮电大学	张树鹏	曹瑞 戴也 陈筱琳	创作《"飞天的梦" 3D 虚交互》科普图书展品	侯文军	《飞天的梦》科普图书 AR 展示系统
kxyjskpxm2017010	合肥工业大学	李超群	俞林锋 刘炎发 胡小品 杨倩	基子离子型电致动聚合物的柔性仿生机器人	常龙飞 胡颖	基子离子型电致动聚合物的柔性仿生机器人

续表

编号	单位	负责人	项目成员	项目名称	指导教师	对应篇名
kxyjskpxm2017011	合肥工业大学	高翔	汪强 孙安顺 李竣豪 丁博文	中国传统木构的演绎——鲁班榫卯系列玩具设计	李早	鲁班榫卯益智玩具——中国传统木构的演绎
kxyjskpxm2017012	南京信息工程大学	陈越	梅皓天 闵海霞 汤瑞仪 谈元媛	微型纺织品织机展品及衍生品设计	王晨 吴又进	微型纺品织机——基于传统缫丝绸织造技艺
kxyjskpxm2017013	山东师范大学	王佩佩	李凯 边均洋 高丽 王先君	舞动七色光——基于光的色散与合成	郭宗亮 王书运	舞动七色光——光的色散与合成
kxyjskpxm2017014	中国科学技术大学	孙松	曹旭 顾姜	基因的奥秘——基于增强现实技术的科普玩具设计与应用	周荣庭	基因的奥秘——基于 AR 技术的科普玩具
kxyjskpxm2017015	重庆大学	寿梦杰	肖允桓 李佩 王林飞	磁性液体音乐演示装置	谢磊 廖昌荣	音乐的可视化——磁性液体的相变物理效应
kxyjskpxm2017016	清华大学	林嘉	吴琪	ColorseeFun——颜色"超能力"科普	付志勇	ColorseeFun——儿童色彩认知
kxyjskpxm2017017	清华大学	吴琪	林嘉	ZooseeFun——动物知识新奇科普	付志勇	ZooseeFun——动物知识新奇科普
kxyjskpxm2017018	清华大学	陈南曈	张军 苏航	《PLANTOPIA》植物乌托邦	严扬	植物乌托邦
kxyjskpxm2017019	北京航空航天大学	田山	张雨薇 姚艳 高元明 吕若凡	3D 打印可降解植介人体科普漫画	樊瑜波 王丽珍	植入人体的小医生——3D 打印可降解植介人体
kxyjskpxm2017020	北京师范大学	张晗	薛晓茹 王涛 杨洋 顾巧燕	基于 AR 技术的数字化科普书《双子星球的光之战纪——光的波粒二象性》	蔡苏 董艳	《双子星球的光之战纪》——基于 AR 技术的数字化科普书
kxyjskpxm2017021	北京师范大学	蔡文君	张晗 张勇利	新媒体科普视频《Let's talk about sex》	王铜	Let's Talk About Sex

续表

编号	单位	负责人	项目成员	项目名称	指导教师	对应篇名
kxyjskpxm2017022	北京师范大学	顾巧燕	魏伟 张晗 陈晶 杨洋	指尖上的"二十四节气"	董艳	指尖上的"二十四节气"
kxyjskpxm2017023	华东师范大学	杜潇	李英 戴歆紫 黄璐	"免疫与健康"系列科普新媒体作品创作	裴新宁	免疫与健康
kxyjskpxm2017024	华东师范大学	曾文娟	许明 翟小涵	漫画图解 VR AR MR 技术及其应用	刘秀梅	图解 VR、AR、MR 技术及其应用
kxyjskpxm2017025	华中科技大学	江珊	王旭 程一航 田婷婷 刘晴	哥伦布的漂流瓶——图解世界洋流	陈刚	哥伦布的漂流瓶——图解世界洋流
kxyjskpxm2017026	北京大学	陈宇	艾思志 孙艳 陈洁	睡得好 记得好	时杰	"睡得好，记得好"——睡眠与学习记忆
kxyjskpxm2017027	北京林业大学	葛应强	裴文娅 王超	蝇类"秘史"	张东	蝇类"秘史"——蝇类生物学与人类社会
kxyjskpxm2017028	北京邮电大学	王汝杰	李露娟 聂菁 高鸿 张艺缤	基于 Aftereffect MG 技术的少儿系列科普动画	高盟	身边的电磁波
kxyjskpxm2017029	北京邮电大学	唐宇	彭心 董文浩 高英达 李梦媛	基于网页虚拟现实技术的 FAST 射电望远镜新媒体作品创作	王海智	基于 VR 技术的"中国天眼"
kxyjskpxm2017030	北京中医药大学	董笑克	张宁怡 王程娜 董昕 赵雪琪	基于新媒体传播的中医药漫画科普原创	董羚	神农就爱尝百草
kxyjskpxm2017031	华中师范大学	邱俊	林欣 朱晓雅 王迪	"农药"的武林大会-科普新媒体作品	郝格非	农药的武林大会

续表

编号	单位	负责人	项目成员	项目名称	指导教师	对应篇名
kxyjskpxm2017032	华中师范大学	尹璐	张豪 余文倩 余睿 孙福珩	石头奇遇记	王玉德 聂海林	石头奇遇记：少年李四光与奇怪的石头
kxyjskpxm2017033	南京航空航天大学	史超	魏炳翌 李珮冉 陈辛 李妍	关于飞向木星的科普新媒体作品	闻新	飞向木星
kxyjskpxm2017034	苏州大学	王晓东	曹开泰 倪家圆 强文静 王雪	中国古代杰出科技视频制作——以苏州为例	王伟群	中国古代杰出科技——以苏州为例
kxyjskpxm2017035	中国地质大学	于皓丞	杨帅斌 于珊涵	新媒体系列科普漫画——"小石头历险记"	欧强	小石头历险记——无处不在的地质学
kxyjskpxm2017036	中国科学技术大学	连昕萌	储彩云 丁献美	墨子访"星"记——"墨子号"量子通讯卫星科普漫画	褚建勋	墨子访"星"记——"墨子号"量子通信卫星
kxyjskpxm2017037	北京航空航天大学	刘杨琪	孙莹 李佳贞 喻红 何帆	"勇闯光影王国"——探究和情境相结合教学活动设计	宋中英	"小魔术大揭秘"——探究与情境相结合的教学
kxyjskpxm2017038	北京航空航天大学	李佳贞	刘杨琪 孙莹 喻红 王楷雯	吃草的"怪物"	于晓敏	吃草的"怪物"——同源器官科普剧
kxyjskpxm2017039	北京师范大学	季小芳	薛晓茹 陈晶 李莉 翁丽华	"人体免疫系统探秘"科学教育活动设计与开发——结合中科馆"健康之路"展区展品	郑葳	"人体免疫系统探秘"——结合中科馆"健康之路"展区展品
kxyjskpxm2017040	北京师范大学	刘广慧	张秋杰 蔡瑞衡 季小芳	馆校结合背景下地学科普类探究性辅助活动设计	吴娟	为什么秋冬北京易出现霾——馆校结合的地学科普类探究性辅助活动

续表

编号	单位	负责人	项目成员	项目名称	指导教师	对应篇名
kxyjskpxm2017041	北京师范大学	高宇	张勇利 蔡文君	"静音电子乐器"探究式电子课程开发与实施	张进宝	"静音电子乐器"探究式电子课程
kxyjskpxm2017042	北京师范大学	李莉	蔡瑞衡 翁丽华 李小芳 王珊	基于展品和乐高的STEM教育活动的设计与开发	江丰光	基于展品的STEM教育
kxyjskpxm2017043	北京师范大学	韩美玲	徐刘杰 汪凡综 李莉 蔡瑞衡	针对小学生的科技馆亲子活动设计与开发	余胜泉	针对小学生的科技馆亲子活动
kxyjskpxm2017044	北京师范大学	吴倩倩	许会敏 魏伟 翁丽华 陈晶	主题式创客教育活动设计与开发——以"小小爱迪生"为例	张志祯	"小小爱迪生"——主题式STEM教育
kxyjskpxm2017045	浙江大学	刘倩	夏文菁 胡玥 陶兰 汪一微	新疆民俗数字博物馆的建设与科普应用	张剑平 杨玉辉	新疆民俗数字博物馆的原型设计与科普应用
kxyjskpxm2017046	华中科技大学	田婷婷	赵婷婷 郑雯婷 杨晓琴 江珊	"地球发烧了?"——科技馆探究式教学活动策划	孙婧	"地球发烧了?"——科技馆探究式教学
kxyjskpxm2017047	安徽师范大学	郝杏丽	胡旭斑 夏苗苗 潘悦 杨一捷	基于馆校结合的小学科学探究式学习活动设计研究	张新明 王士春	基于馆校结合的小学科学探究式学习
kxyjskpxm2017048	华中师范大学	鄂家乐	祝真燕 邢慧敏 刘逸雯 侯银秀	"桥的奥秘"馆校结合下探究式科教活动设计	王勤业 蒋愁雪	"桥的奥秘"馆校结合的探究式科教活动
kxyjskpxm2017049	南京信息工程大学	杨琼	朱孪妍 沈菁 乔洪波	"扎染工艺之美"互动体验式教学活动	施威	"扎染工艺之美"互动体验式教学
kxyjskpxm2017050	山东师范大学	王先君	靳洪峰 郭聚鑫 徐超 王佩佩	"逃出生天"——基于虚拟现实技术的火场逃生科普活动	李健 鄂宗亮	"逃出生天"——基于VR技术的火场逃生

图书在版编目（CIP）数据

科普资源开发与创新实践／中国科学技术馆编. --

北京：社会科学文献出版社，2019.8

ISBN 978 - 7 - 5201 - 5181 - 8

Ⅰ.①科…　Ⅱ.①中…　Ⅲ.①科学普及 - 资源开发 -

研究 - 中国　Ⅳ.①N4

中国版本图书馆 CIP 数据核字（2019）第 146090 号

科普资源开发与创新实践

编　　　者／中国科学技术馆

出 版 人／谢寿光

责任编辑／宋　静　吴云苓

出　　　版／社会科学文献出版社·皮书出版分社（010）59367127
　　　　　　地址：北京市北三环中路甲 29 号院华龙大厦　邮编：100029
　　　　　　网址：www.ssap.com.cn

发　　　行／市场营销中心（010）59367081　59367083

印　　　装／三河市龙林印务有限公司

规　　　格／开 本：787mm × 1092mm　1/16
　　　　　　印 张：27　字 数：437 千字

版　　　次／2019 年 8 月第 1 版　2019 年 8 月第 1 次印刷

书　　　号／ISBN 978 - 7 - 5201 - 5181 - 8

定　　　价／158.00 元

本书如有印装质量问题，请与读者服务中心（010 - 59367028）联系